东江湖水环境

王圣瑞 等 著

科 学 出 版 社
北 京

内 容 简 介

本专著针对东江湖水环境问题，从历史演变角度系统梳理了东江湖水环境变化、流域发展演变及湖泊保护治理发展历程，以防控东江湖富营养化为目标，以东江湖水环境保护与水生态保育为重点，提出了东江湖富营养化防控总体设计方案，从流域产业结构优化调控、污染源综合治理、入湖河流与河口区环境综合整治、流域及湖滨缓冲带生态建设、湖泊水生态保育与应急处理和流域综合管理等方面给出了东江湖水环境保护治理及修复建议。根据流域生态建设最新要求及发展趋势，提出了东江湖水环境保护需要关注的重点问题。

本专著可供从事湖泊环境、生物地球化学、环境管理、水污染治理及水利管理等方面工作的研究人员、管理人员及大专院校师生参考。

图书在版编目（CIP）数据

东江湖水环境/王圣瑞等著. —北京：科学出版社，2018.9

ISBN 978-7-03-058692-6

I. ①东…　II. ①王…　III. ①湖泊-水环境-环境保护-资兴　IV. ①X524

中国版本图书馆 CIP 数据核字（2018）第 202191 号

责任编辑：刘　冉　宁　倩/责任校对：杜子昂

责任印制：肖　兴/封面设计：北京图阅盛世

科学出版社 出版

北京东黄城根北街 16 号

邮政编码：100717

http：//www.sciencep. com

艺堂印刷（天津）有限公司 印刷

科学出版社发行　各地新华书店经销

*

2018 年 9 月第　一　版　开本：720×1000　1/16

2018 年 9 月第一次印刷　印张：14 1/2

字数：292 000

定价：98.00 元

（如有印装质量问题，我社负责调换）

东江湖水环境

著 者 名 单

王圣瑞　李艳平

钱　玲　李贵宝

前　　言

东江湖位于湖南省郴州市境内，属长江流域湘江水系耒水支流上游，自1986年下闸蓄水形成后，其功能定位已由建设之初的以防洪发电为主调整为目前的以饮用水源为主，兼顾生态补水等。因其一直是郴州市辖区内优质稳定的集中式饮用水水源地，也是长沙、株洲、湘潭和衡阳等城市生活饮用水第二水源地，其生态环境质量直接关乎湘江流域乃至湖南省饮用水安全。由于历史遗留和流域发展等原因，东江湖部分区域，尤其是库尾水域水环境遭受破坏，污染主要来自工业、渔业、农业、船只油污、生活污水及旅游污染等。上游有色金属矿遗留的大量尾砂、废石、废渣未得到妥善处理，随生态破坏和水土流失，氮磷营养盐及被污染土壤重金属随雨水不断汇入湖泊，使东江湖水环境面临较大风险。

目前，东江湖水质虽总体较好，但局部水域部分时段，水体氮磷浓度较高，其中氮浓度对东江湖水质影响较大，水质下降和富营养化风险日益增加。特别是近年来，流域污染负荷排放呈增加趋势，尤其总氮和氨氮排放量增加显著，入湖河流总氮和氨氮浓度大幅度增加，东江湖水污染总体呈加重趋势，其中氮浓度升高问题不容忽视。这与东江湖周围不断增长的农村生活、农田径流及畜禽养殖等面源污染和城镇生活与旅游发展等带来的点源污染及处理设施效率较低等有直接关系。流域经济社会快速发展导致东江湖水污染规律已发生了较大变化，湖泊水质已由原来主要受上游污染影响逐步转变为受上游来水和周边区域污染共同影响。

东江湖水污染规律及污染特征已发生变化，与流域经济社会快速发展及治理措施相对滞后等密切相关，特别需要高度重视东江湖临湖区污染控制，应重点加大河流、沟渠、村落污染治理和处理设施运行监管等力度。为保护东江湖，多年来当地政府对东江湖实施了严格的保护措施，不断完善保护政策体系和监督管理体系，加大流域综合整治力度。近年来，东江湖流域处于经济发展转型期，经济发展与环境保护矛盾突出。目前东江湖水生态系统虽总体处于健康状态，但生物多样性和生态系统稳定性下降，部分水域枯水季节甚至会出现富营养化现象。入湖河流污染负荷持续增长，环湖人口增长带来的城镇生活及畜禽养殖污染负荷增长加快，如不及时采取措施，预测到2020年东江湖可能将总体呈中营养化，局部水域将呈富营养化，即未来一段时间东江湖水污染和富营养化防治任务较重。因此，急需强化依法治湖，着力构建监管保障体系，尽快建立健全东江湖水污染治理工程体系和监管体系，加大检查督办力度，确保环保设施能正常运行；需要进一步加强临湖重点区域与敏感区域等的污染控制与生态修复，做好断面达标方案并确保任务分解落实，确保东江湖水质不下降；加强东江湖水污染规律研究，提升保护治理的针对性，全流域统筹考虑东江湖保护治理问题。

基于以上分析，本专著针对东江湖流域水污染治理及富营养化防控需求，从历史演变角度，分析了东江湖水环境特征及演变趋势与东江湖水生态环境所面临的主要问题。在此基础上，针对东江湖保护治理需求，提出了东江湖水环境保护治理措施及建议，以期为东江湖保护治理提供参考。

本专著共分为 12 章，王圣瑞负责专著的总体设计和大部分章节的梳理及加工，并完成了最后的统稿与校对等工作，李艳平、李贵宝参与了本专著的最后统稿工作；李艳平负责编写第 1 章东江湖及流域概况和第 2 章东江湖水环境特征；钱玲负责编写第 4 章东江湖保护治理历程回顾及面临的压力和第 6 章东江湖流域产业结构优化调控；李贵宝和王圣瑞负责编写第 12 章对东江湖水环境保护的总体认识；王圣瑞、李艳平负责完成其他章节的组织编写。作者对北京师范大学、中国环境科学研究院等单位的支持和帮助表示感谢。

本专著的出版得到了北京师范大学引进人才工作运行和科研启动项目（项目编号：12400-312232102）资助，依托课题研究期间资兴市环境保护局给予了极大帮助，刘录三、杨苏文、金位栋、朱延忠、陈刚、倪兆奎及研究生李文章、席银、李秋才等参与了部分工作。专著成稿过程中得到了很多专家学者的指导和帮助，在此一并表示诚挚谢意。由于时间仓促，专著中难免存在不足，恳请读者批评指正。

作　者

2018 年 4 月

目　　录

第 1 章 东江湖及流域概况

东江湖位于湖南省郴州市境内，流域总面积 4719 km^2，涉及资兴、汝城、桂东、宜章四个县市的 30 个乡镇。全流域属亚热带季风性湿润气候，多年平均温度 16.9℃，雨量充沛，共有入湖河流 819 条。东江湖自 1986 年蓄水成库以来，充分发挥了湖南省重要饮用水水源地、湘江生态补水、防洪调峰、生物多样性保护和发电等综合功能，成为湖南省“两型”社会建设的重要战略资源。另外，东江湖流域也是国家级风景名胜区，旅游及矿产资源丰富。

本章意在系统整理东江湖及流域自然与经济社会状况，系统分析东江湖流域主要入湖河流水质及入湖污染负荷特征等，同时调查分析湖滨缓冲带和陆地生态系统状况，试图为东江湖流域生态环境保护提供基础信息。

1.1 自然环境概况

流域自然环境状况决定了湖泊水环境的基本特征，也是湖泊保护治理的重要前提和基础。我国湖泊水污染与富营养化状况在一定程度上与湖泊所处区域和流域的自然环境等条件有关，湖泊保护和治理必须充分考虑区域和流域地形特征、地质背景及来水等流域自然环境状况。本研究通过收集整理东江湖历史资料，并结合现状调查，从地理位置及地形地貌、气候特征与水系概况、土壤及矿产等方面，系统梳理了东江湖及流域自然环境基本情况。

1.1.1 地理位置及地形地貌

东江湖流域横跨东经 113°08′～113°44′，北纬 25°34′～26°18′，是湘江一级支流耒水上游的一座大型水库，其水域面积的 95%处于资兴市(图 1-1)。

东江湖流域属罗霄山脉南段及南岭东段，境内高山耸立，沟谷深切，除汝城城关地势较开阔外，其余均为中低山地貌，中间兼有山间小块盆地。东江湖湖体位于高山峡谷区，湖区是由古生界砂页岩与灰岩组成的背向斜褶皱，四周大部分是由花岗岩、板岩、灰岩及砂页岩组成的坚硬及半坚硬岩石边坡。流域地表起伏较大，地形复杂，山岭平均海拔 1000～1800 m，最高点为桂东八面山(海拔 2042 m)，

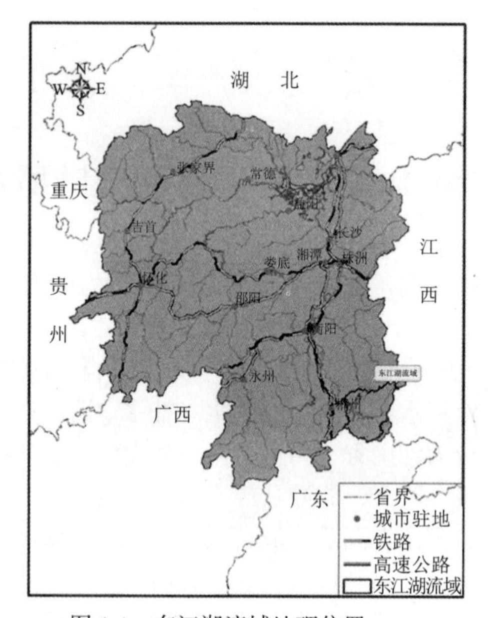

图 1-1　东江湖流域地理位置

资料来源：《东江湖生态环境保护总体方案(2012—2015)》

最低点为资兴东江大坝码头(海拔 290 m)，区内平均海拔 700～800 m，最大高差 1752 m，流域整体地势呈东北 > 东南 > 西南 > 西北的趋势，东江湖水体总体流向呈顺时针。

1.1.2　气候特征与水系概况

东江湖流域属亚热带季风性湿润气候，雨量充沛，气候温和，冬无严寒，夏无酷暑，气候冬长稍冷，夏短温凉。由于地表起伏，温差较大，山地气候明显，垂直方向及水平方向气象要素变化剧烈。多年平均温度 16.9℃，最高气温 37.6℃，最低−7.5℃。多年平均日照时数 1478 h，平均降水量 1325 mm，降水空间分布呈两高一低的趋势，即两个高值区，资兴东北与桂东西北部为八面山降水高值区，多年平均降水量可达 1600～1900 mm；桂东东南、汝城东北部为诸广山降水高值区，多年平均降水量为 1600～2000 mm。一个低值区，资兴黄草和汝城西北的马桥一带，多年平均降水量仅为 1200～1400 mm。

暴雨几乎年年发生，尤以 4 月至 8 月暴雨频繁，6 月发生最为集中，但大于 150 mm 的特大暴雨多发于 8 月，发生地点多见于山间盆地与山麓迎风坡，暴雨造成洪涝灾害则以 6 月和 8 月居多(图 1-2)。

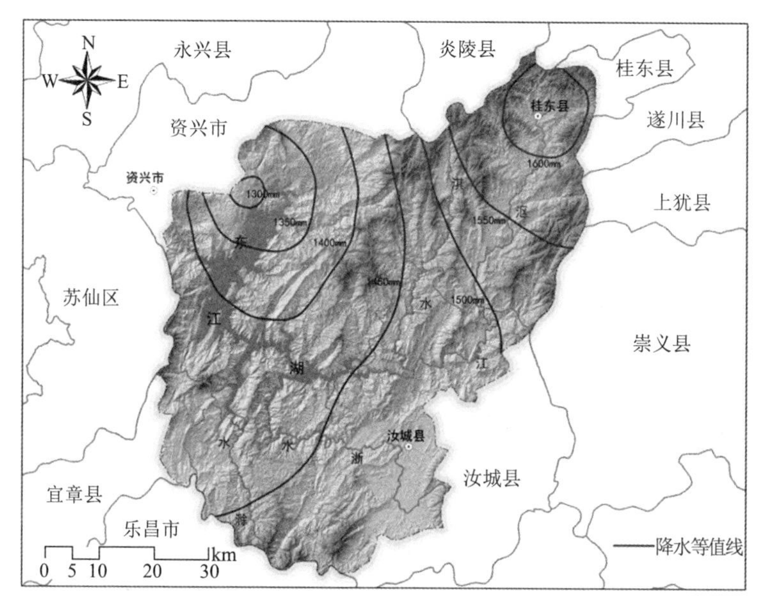

图 1-2　东江湖流域年降水分布图

资料来源：《东江湖生态环境保护总体方案(2012—2015)》

东江湖湖长约 103 km，湖面最宽处约 6.2 km，湖泊水面 160 km^2，平均水深 61 m，最大水深 141 m，总库容 91.5 亿 m^3，正常蓄水量 81.2 亿 m^3。东江湖流域共有大小入湖河流 819 条，其中流域面积在 50 km^2 以上的河流 22 条，10 km^2 的河流 135 条。流域面积最大的河流发源于桂东县烟竹堡，从源头至桂东段称为沤江，桂东至资兴市黄草段称为北水，主要支流有浙水、滁水、淇水等。

其中，沤江发源地至田家段，河长 12 km，流向南，两岸高山峻岭，树林地为主，植被欠佳，河宽 5～16 m，河床为岩石砾石，平均坡降为 44.3‰。田家至寨前段 19.4 km，流向南；田家至枫树下，两岸有宽 200～500 m 的缓坡稻田；枫树下以下，除增口、牛江里、大层里、寨前等区域有成片稻田外，其余两岸为高山峻岭，河宽 15～50 m，河床以砾石为主，坡降 6.2‰，区间有 11 条支流汇入；寨前至文昌段 27.6 km，流向西南，两岸大多山坡变缓，多为零星梯田，局部为高山峡谷；至沙田江湾祠堂，两岸地形开旷，河宽 30～70 m，河床为沙石，平均坡降为 4.2‰，区间有 9 条支流汇入。东江湖流域水系详见图 1-3。

1.1.3　土壤植被与矿产和旅游资源

流域土壤类型主要为红壤、黄红壤、黄棕壤、山地草甸土和紫色土等。流域植被属亚热带常绿阔叶林带，植被类型多样，森林覆盖率达 77.88%，分为 5 个植被类型区；一是栽培植被区，主要分布于海拔 500 m 以下的平地、岗地、低丘与

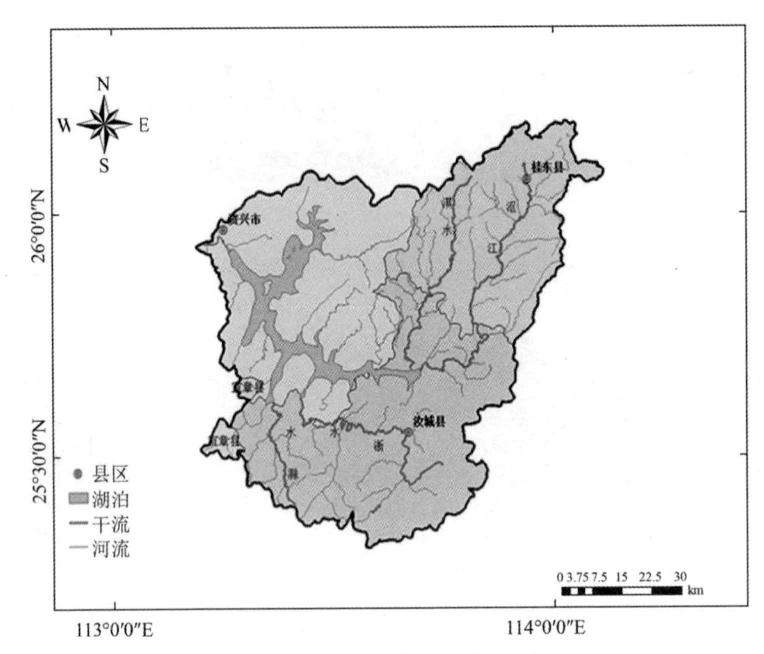

图 1-3　东江湖流域水系图

河谷地带，主要植被是人造材林、竹木、经济林及栽培农作物，如油茶林、果木林、杉木林等，林下植被是灌木和草木等。二是次生针、阔混交林与人造林区，分布于海拔 500～800 m 的中山山腰地带，植被为次生林、阔混交林，亦有大片经封山育林或人造松杉和楠竹等。三是天然针、阔混交林与人造林区，主要分布在海拔 800～1000 m 的中山山腰地带，植被为天然针、阔混交林，亦有人造杉木林。四是天然常绿、落叶阔叶混交林区，分布于海拔 1000～1600 m 的中山上部，植被为天然常绿、落叶阔叶混交林，亦有 20 世纪 70 年代飞播的马尾松林。五是草甸群落区，分布于八面山、瑶岗仙、雷公仙等海拔 1600 m 以上的山巅，分布有野枯草、芒、五节芒等草本植物。

东江湖流域土壤类型图和流域植被类型图详见图 1-4 和图 1-5。流域资源储量大，已探明矿种有煤、钨、铅、硅石、石灰石等 30 余种，种类较多、分布较广。流域钨矿分布在汝城小垣、井坡、马桥、宜章瑶岗仙等乡镇；锡矿主要分布在桂东普乐等乡镇；铁矿主要分布在汝城井坡一带；煤矿属侏罗系高灰分、低硫煤层，主要分布在汝城文明、外沙、土桥、桂东沙田等地。

东江湖是我国国家级风景名胜区，截至 2014 年有国家生态旅游示范区、国家 5A 级旅游景区、国家湿地公园和国家水利风景区等旅游品牌，景区内主要参观景点有：雾漫小东江、东江大坝、龙景峡谷、兜率灵岩及白廊景区等。

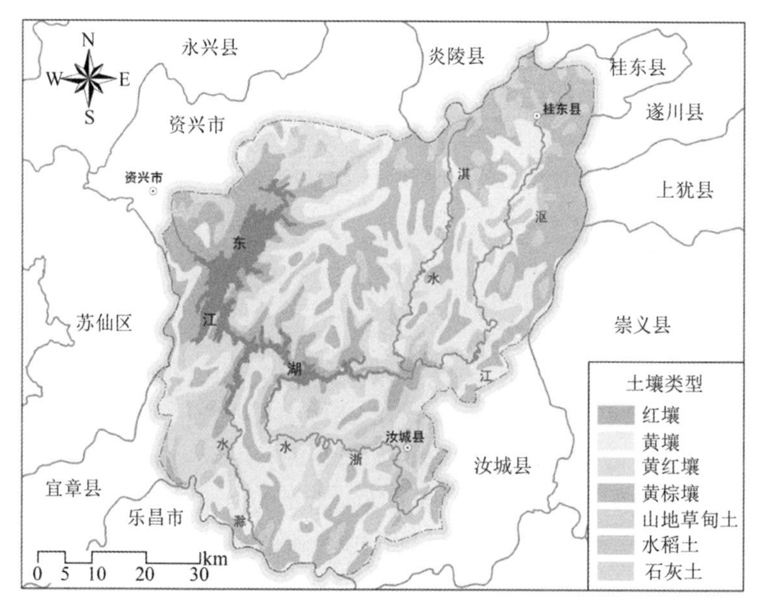

图 1-4　东江湖流域土壤类型图

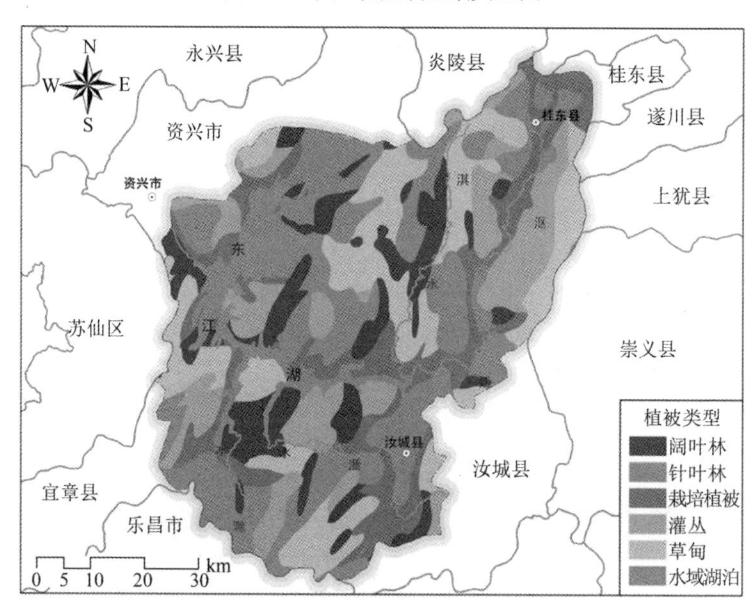

图 1-5　东江湖流域植被类型图

资料来源：《东江湖生态环境保护总体方案(2012—2015)》

1.2　社会经济概况

流域经济社会发展一定程度上决定了湖泊水环境状况，也决定了湖泊保护治理难度。东江湖流域涉及资兴、汝城、桂东、宜章四县市，流域行政区划、分口分布及土地利用与经济社会发展等均对东江湖保护治理具有关键性影响。基于东江湖保护治理需求，本研究就行政区划与人口、土地利用与经济发展等进行了梳理和分析，以期为东江湖提供保护基本数据支撑。

1.2.1　行政区划与人口

根据 2015 年资料，东江湖流域涉及资兴、汝城、桂东、宜章四县市，30 个乡镇，控制单元总面积 4719 km^2。其中汝城流域面积最大，桂东县、资兴市分别位居第二、第三位，宜章最小，有两个乡镇，流域面积 143 km^2。

2014 年，流域总人口 66.75 万人，平均人口密度 141 人/km^2，其中农业人口 46.39 万人，城镇人口 20.36 万人。汝城人口 30.49 万人，占流域总人口的比重最大，达 45.68%；而宜章总人口为 3.80 万人，占总人口比重最小，仅为 5.69%。东江湖流域行政区划及人口见图 1-6 和表 1-1、表 1-2。

图 1-6　东江湖流域行政区划图

表 1-1　东江湖流域行政区划及人口一览表

县(市)	总面积(km^2)	流域人口总数(万人)	规划区涉及的乡镇
资兴	1229	11.46	兴宁镇、白廊镇、黄草镇、滁口镇、清江镇、东江街道、八面山瑶族乡
汝城	2044	30.49	泉水镇、大坪镇、暖水镇、土桥镇、井坡镇、卢阳镇、延寿瑶族乡、文明瑶族乡、濠头乡、南洞乡、马桥乡
桂东	1303	21.00	沤江镇、寨前镇、普乐镇、大塘镇、沙田镇、四都镇、贝溪乡、新坊乡、东洛乡、青山乡
宜章	143	3.80	瑶岗仙镇、里田乡
合计	4719	66.75	30 个

表 1-2　东江湖流域 2014 年人口状况

行政区	总面积(km^2)	占流域总人口比重(%)	农业人口(万人)	城镇人口(万人)
资兴市	1229	17.17	10.63	0.83
汝城县	2044	45.68	20.01	10.48
桂东县	1303	31.46	12.98	8.02
宜章县	143	5.69	2.77	1.03
合计	4719	100	46.39	20.36

1.2.2　土地利用与经济发展

流域各用地类型中农用地总面积 4199.5 km^2，占流域土地总面积的 88.99%；建设用地 255.2 km^2，占 5.41%；未利用地面积 264.3 km^2，占 5.60%。农用地中耕地总面积 406.6 km^2，占流域土地总面积的 8.62%，林地面积 3581.7 km^2，占流域土地总面积的 75.90%。东江湖流域 2014 年土地利用结构详见表 1-3。

表 1-3　东江湖流域 2014 年土地利用结构　　(单位：km^2)

行政区	总计	农用地			建设用地	未利用地
		农用地总面积	耕地	林地		
资兴市	1228.7	992.6	60.9	915.6	157.7	78.4
汝城县	2044.0	1909.2	224.4	1566.3	54.4	80.4
桂东县	1303.5	1183.9	97.8	1018.1	30.2	89.4
宜章县	142.8	113.8	23.5	81.7	12.9	16.1
合计	4719.0	4199.5	406.6	3581.7	255.2	264.3

2014 年末，东江湖流域完成地区生产总值 76.61 亿元，实现农业总产值 39.68 亿元，完成工业总产值 49.45 亿元，实现财政收入 8.79 亿元。东江湖流域 2014 年经济概况见表 1-4(根据年增长率计算)。

表 1-4　东江湖流域 2014 年经济概况　　(单位：亿元)

行政区	GDP	农业总产值	工业总产值	财政收入	固定资产投资	消费品零售
资兴市	16.05	14.65	0.89	0.68	10.42	4.56
汝城县	37.19	17.29	33.57	6.21	38.92	8.76
桂东县	19.37	6.20	12.98	1.55	12.66	4.32
宜章县	4.00	1.54	2.01	0.35	4.55	1.79
合计	76.61	39.68	49.45	8.79	66.55	19.43

1.3 湖滨缓冲带及陆地生态系统

湖滨缓冲带作为湖泊重要组成部分，对湖泊生态系统具有关键性的缓冲和保护作用。受流域经济社会发展和对湖滨缓冲带认识不足等影响，我国湖泊湖滨缓冲带普遍受到侵占和破坏，其缓冲和屏障作用丧失殆尽。陆地生态系统是湖泊营养盐和水资源等的主要来源，其对湖泊的影响可想而知。本研究基于东江湖保护治理需求，系统梳理东江湖湖滨缓冲带及陆地生态系统状况，试图为东江湖湖滨缓冲带修复与保护及流域生态建设等提供基本信息。

1.3.1 湖滨缓冲带

东江湖湖岸线总长约 581 km(湖面高程 285 m)，受流域山地较多及地形复杂等影响，湖岸较陡，湖滨缓冲带较窄。东江湖岸边带湿地及自然湖滨带保护总体较好，缓冲带土地利用形式以果园为主，约占 70%，其他还有农田、山体、村落、景区等类型。但岸边带湿地及自然湖滨带，由于经济发展需要，部分区域出现水土流失、一定程度的重金属污染及周边生活污染等问题。东江湖环湖湿地资源丰富，根据国际重要湿地类型分类系统标准，可分为天然湿地和人工湿地两大类，其中天然湿地包括永久性或季节性河溪，人工湿地包括蓄水区。东江湖湿地面积 16305.9 hm^2，其中蓄水区面积 16005.9 hm^2，河流面积 300 hm^2。

东江湖岸基岩岸段缓冲区较窄，湖浪冲蚀岸壁缓冲带区域，其湖岸土地及生态群落已遭受一定程度的干扰和破坏；以低山丘陵缓冲区分布最广，在东江湖湖滨整体或零散分布；由于受东江湖水位变化等影响，已出现明显消涨带。以村落、农田等为主要土地利用形式的缓冲带，其物理基地和生态群落等已遭受严重干扰或破坏，主要分布在东江湖西岸及西北岸的资兴市白廊、兴宁等区域。另外，河口区湿地规模较小，仅在滁口、黄草等区域零星分布。

1.3.2 陆地生态系统

根据东江湖生态调查资料，东江湖流域林地生态系统丰富，森林覆盖率超过 73%，分布范围较广，也较为集中，主要分布在流域中部和东北部，地势低洼或沿河流湖泊区域，主要生态系统类型为农田，几乎无林地分布。东江湖流域农田生态系统集中分布于沿东江湖、河流及地势比较平坦或低洼的地区，在流域其他区域也有零星分布，东江湖流域草地生态系统分布较少。

由于资兴市山地面积较多，所以林业用地成为资兴的主要土地利用类型，面积达到 2102.85 km^2，占资兴市土地总面积的 77.6%。此外，耕地、园地、草地、水域和建设用地分别是 262.52 km^2、77.44 km^2、28.32 km^2、187.45 km^2、57.77 km^2，分别占资兴市土地总面积的 9.6%、2.8%、1.0%、6.9%、2.1%。资兴市基本农田面积 188 km^2，占耕地面积的 72%，主要分布在资兴市东北和西北片区。东江湖湿地总面积 16305.9 hm^2，林地和其他非林地面积 31733.2 hm^2；湿地面积中，水库面积 16005.9 hm^2，河流面积 300.0 hm^2。土地总面积中，林业用地面积有 28317.1 hm^2，非林业用地有 19722.0 hm^2，分别占土地总面积的 58.9%和 41.1%。东江湖流域的森林覆盖率为 81.0%，林木绿化率为 82.4%(湿地面积未纳入森林覆盖率和林木绿化率计算)。

1.4　东江湖水质状况及入湖污染负荷

水质状况是湖泊保护治理最为关心的问题之一，而入湖污染负荷是影响湖泊水质的首要因素，其中入湖河流则是入湖污染负荷的主要来源。本研究为了切实掌握东江湖及流域状况，试图通过收集东江湖入湖河流历史监测数据，并结合现场调查资料，分析东江湖主要入湖河流水质总体状况、年际变化及入湖污染负荷变化特征，以期为东江湖入湖河流水污染治理及流域污染源综合整治提供支撑。

1.4.1　入湖河流水质状况

1. 入湖河流水质总体状况

2015 年 11 月对浙水、滁水、淇水及龙景峡谷瀑布上游进行了调查，结果见图 1-7。2015 年单次调查东江湖入湖河流水质总体达到Ⅳ类，其中，TN、TP 和氨氮是东江湖氮磷污染主要来源。各支流相比，浙水和沤江水质较差，龙景峡谷 TN 污染较重。单项污染因子浓度来看，TN 处于Ⅱ类～Ⅲ类，但龙景峡谷上游入湖口 TN 污染严重，浓度值为 2.72 mg/L，已超过Ⅴ类水质标准；各入湖河流 TP 浓度在 0.02～0.11 mg/L 之间，总体处于Ⅰ类～Ⅲ类，但浙水 TP 浓度达到Ⅳ类水质标准；淇水、滁水和龙景峡谷瀑布氨氮浓度均处在Ⅱ类，但浙水已超过Ⅱ类上限，沤江则达到Ⅳ类水质标准；(入湖河流) COD_{Mn} 浓度处于Ⅰ类～Ⅱ类。

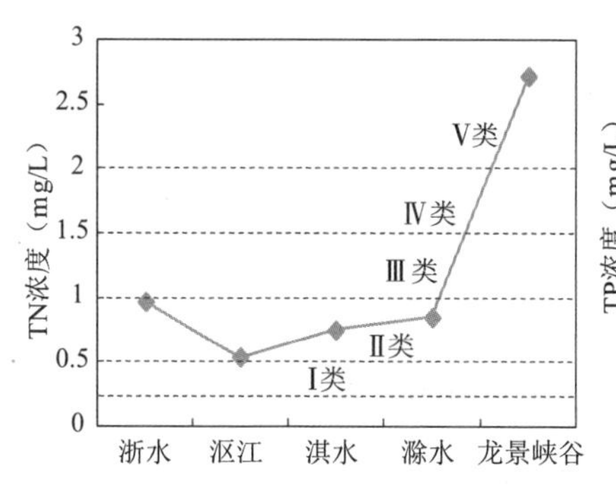

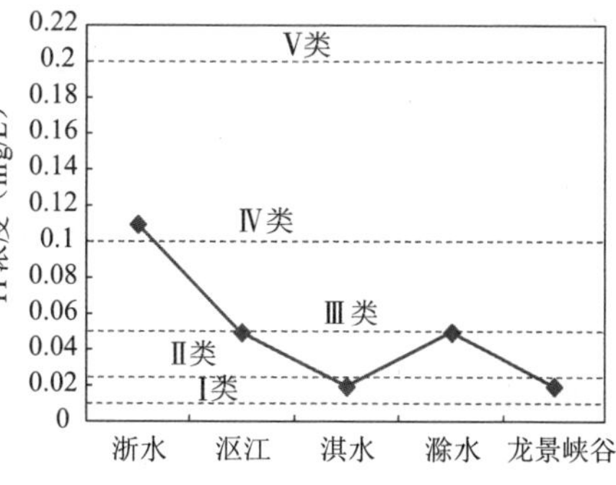

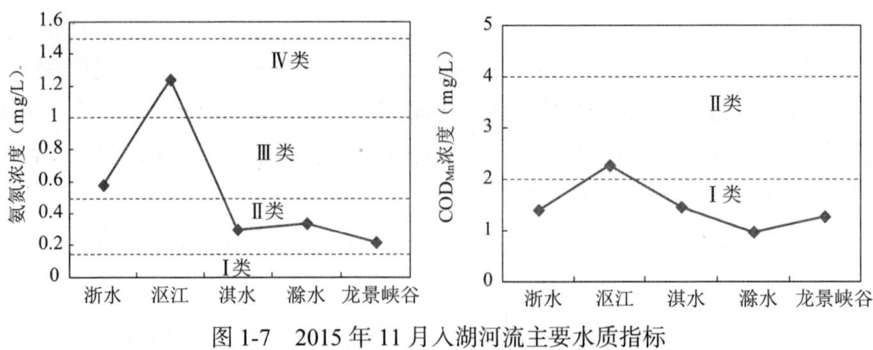

图 1-7　2015 年 11 月入湖河流主要水质指标

2. 入湖河流水质年际变化

根据 2011～2015 年监测数据(图 1-8)，总体来看，入湖河流主要断面氨氮浓度波动较大，TN 浓度升高幅度大，即氮对东江湖水质影响较大。

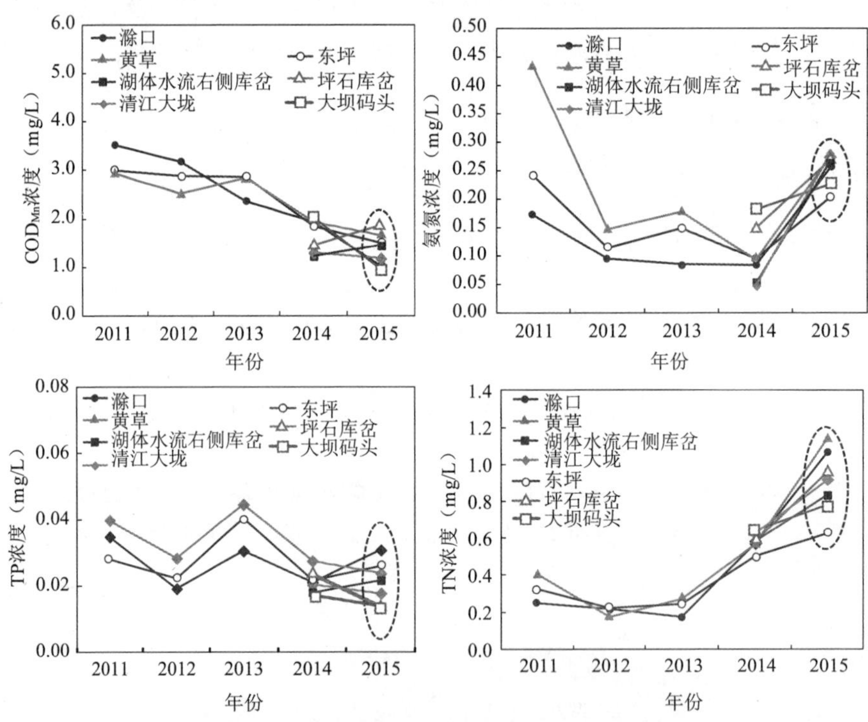

图 1-8　东江湖流域各监测点水质变化趋势

数据来源：郴州市东江湖流域水质监测数据

相比 2011 年，2015 年入湖河流 COD_{Mn} 浓度降低明显，但清江大垅和湖体水流右侧库岔 2015 年浓度有所升高；TP 浓度波动变化，2015 年相对于 2014 年各监测点有升有降，呈波动变化；氨氮浓度波动较大，自 2012 年以来整体呈升高趋势；TN 浓度变化显著，自 2013 年开始显著升高，2013～2014 年监测点年增长率在 19.43%～50.55%，尤其滁口、东坪和黄草监测点 2013～2014 年年平均增长率分别增加了 57.92%、35.72%和 51.44%，由此可见东江湖水污染形势严峻。

根据东江湖主要三条入湖河流调查数据，并结合 2015 年 11 月单次采样数据对比分析，结果见图 1-9。总体来看，TP 浓度波动变化，规律不明显，COD_{Mn} 浓度则呈下降趋势。但从 2011 年到 2014 年间，TN 浓度总体呈升高趋势，尤其 2013 年至 2014 年间增加趋势显著； 2015 年加密数据显示，相比于 2014 年氨氮浓度也显著升高，也进一步表明东江湖主要三条入湖河流总氮和氨氮浓度升高，将导致东江湖氨氮浓度升高。此外，重金属镉和铅浓度也有所升高。因此，入湖河流带入的重金属污染也存在潜在风险，需要高度关注。

2011 年到 2014 年间 TN 浓度年均值在前三年均优于Ⅱ类，而在 2014 年 TN 浓度升高，超Ⅱ类甚至超Ⅲ类水质标准；2015 年单次调查数据显示，TN 浓度相比于 2014 年有所降低，处于优于Ⅲ类水质水平；TP 浓度从 2011 年至 2014 年总体处于优于Ⅲ类水质水平，但对于 2015 年单次调查淇水监测点 TP 浓度升高达到

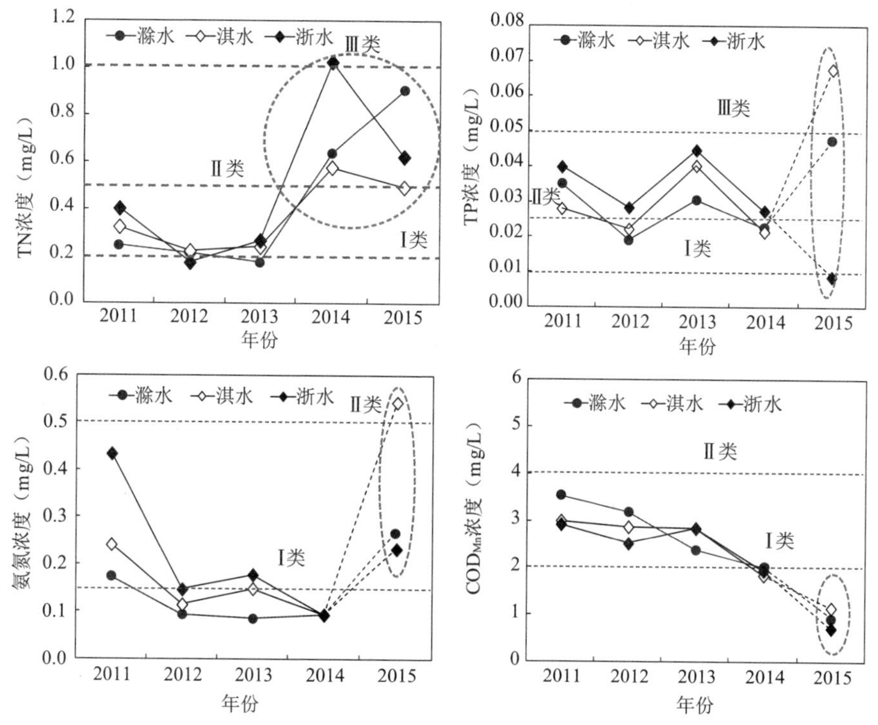

图 1-9　东江湖三条主要入湖河流 2011～2015 年水质变化趋势

数据来源：郴州市东江湖流域水质监测数据

Ⅲ类水质水平；氨氮浓度从 2011 年至 2014 年呈现降低趋势，总体优于Ⅱ类水质，但 2015 年单次调查显示，相比于 2014 年氨氮浓度有所升高，但总体优于Ⅱ类，仅淇水达到Ⅱ类水质水平；COD_{Mn}浓度从 2011 年至 2014 年呈现下降趋势，且优于Ⅱ类，2015 年单次调查显示，相对于 2014 年而言，入湖河流 COD_{Mn}浓度有所降低，属于Ⅰ类水质。

砷浓度从 2011 年到 2014 年呈现降低趋势，且优于Ⅰ类；根据 2015 年单次调查数据可知，砷浓度相比于 2014 年有所降低(图 1-10)。镉浓度从 2011 年到 2014 年一直优于Ⅰ类；而 2015 年单次调查数据显示，虽然镉浓度优于Ⅰ类，但相比于前几年镉浓度呈现升高趋势(图 1-11)。铅浓度从 2011 年到 2014 年有所下降，且优于Ⅱ类，尤其 2012～2014 年均优于Ⅰ类，但 2015 年单次调查数据表明，铅浓度相比于 2014 年有所升高，尤其在淇水和浙水入湖口断面，均超过Ⅰ类水平(图 1-12)。

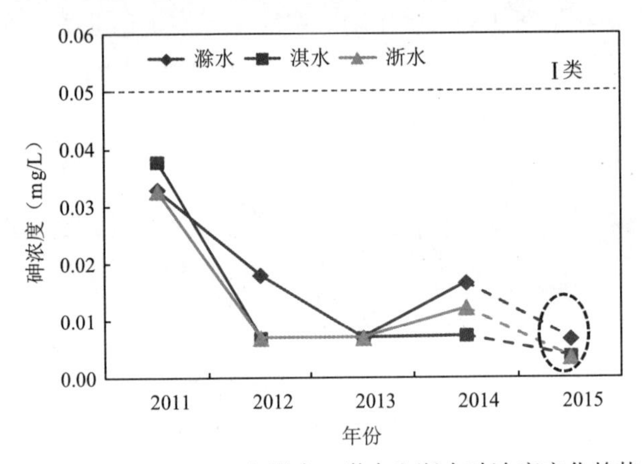

图 1-10　2011～2015 年滁水、淇水和浙水砷浓度变化趋势

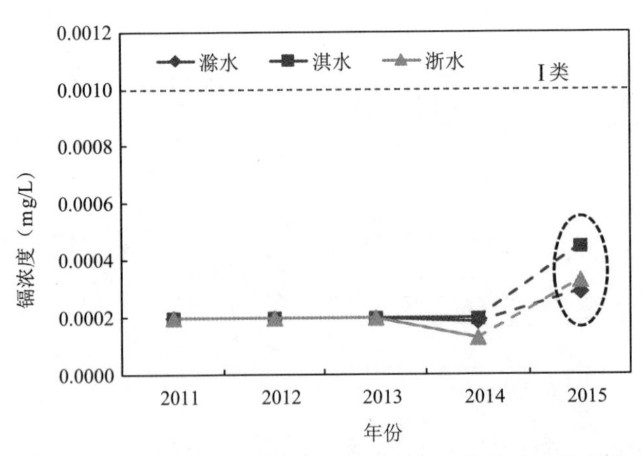

图 1-11　2011～2015 年滁水、淇水和浙水镉浓度变化趋势

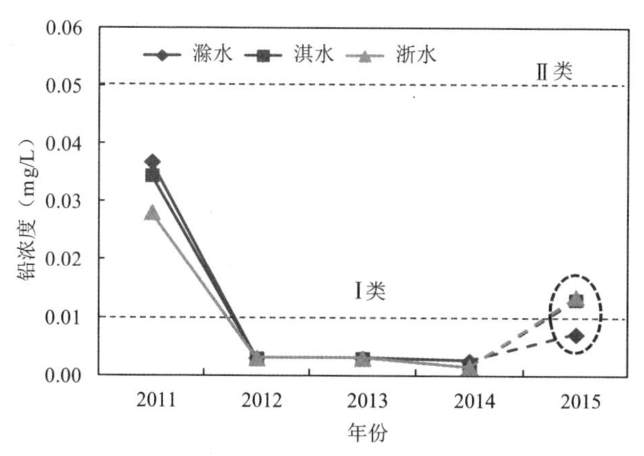

图 1-12　2011～2015 年滁水、淇水和浙水铅浓度变化趋势

数据来源：郴州市东江湖流域水质监测数据

1.4.2　东江湖水质空间和垂向变化

1. 东江湖水质空间变化

在分析东江湖历史水文资料及现场调研数据基础上，于2015年11月13日～2015年11月17日在东江湖布设了22个水质调查断面(图1-13)。调查结果表明(图1-14)，从单项污染因子浓度来看，TN 浓度在 0.50～2.85 mg/L 之间，总体处于Ⅲ类水质水平，但局部断面水质有所下降，如下洞河入湖断面、东江湖白廊区断面、东江湖兜率区和东部湖湾断面水质下降到Ⅳ类水质标准，而东江湖中部典型断面水质则下降到Ⅴ类水质标准。TP 浓度在 0.01～0.14 mg/L 之间，平均浓度达到Ⅲ类水

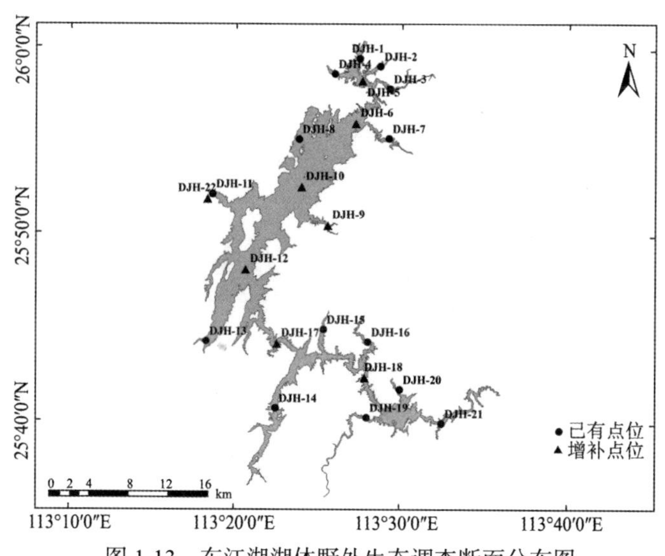

图 1-13　东江湖湖体野外生态调查断面分布图

质，虽然个别采样点位也处于Ⅰ类或Ⅱ类水质，但局部采样点位如光桥河、下盈河和下洞河入湖断面等表现为Ⅳ类水质标准。NH_3-N 浓度在 0～0.54 mg/L 之间，基本稳定在Ⅰ类到Ⅱ类水质标准。COD_{Mn} 值浓度在 0.59～2.15 mg/L 之间，除下洞河入湖断面达到Ⅱ类外，其余均稳定在Ⅰ类标准。

东江湖不同区域 TN 和 TP 浓度均值以北部、中部较高（均达到Ⅲ类水质标准），氨氮浓度则以中部和南部较高（达到Ⅱ类水质标准），而 COD_{Mn} 浓度则以北部和南部居高（但仍维持在Ⅰ类水质标准）。COD_{Mn} 和总磷浓度变化趋势相似，而氨氮和总氮浓度变化趋势相似。与 COD_{Mn} 和总磷浓度变化相比，氨氮和总氮浓度变化较大，且明显较高，即东江湖氮污染风险较大。

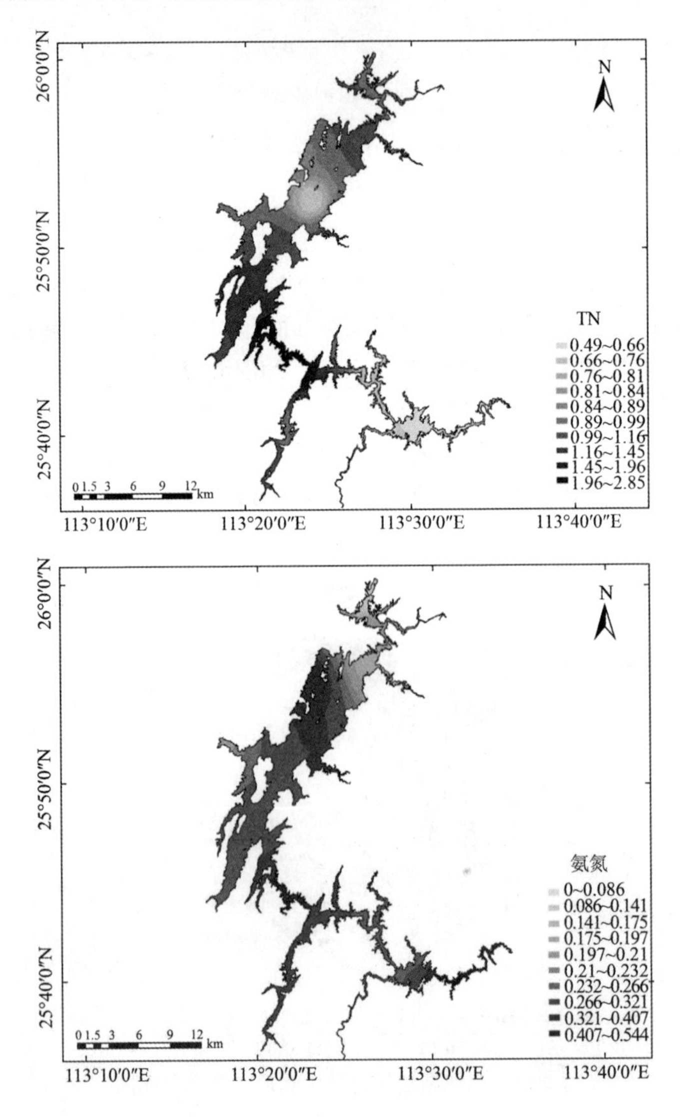

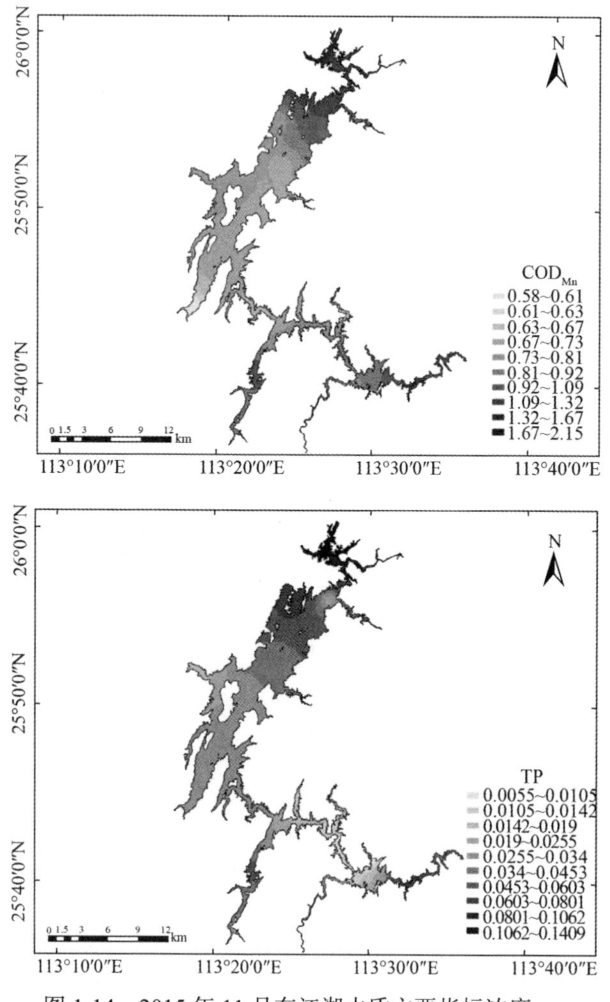

图 1-14　2015 年 11 月东江湖水质主要指标浓度

2. 东江湖水质垂向变化

2015 年 11 月于头山监测断面，分别采集 0 m、5 m、10 m、15 m、20 m、30 m、40 m、50 m、100 m 等不同深度水样，水质指标结果见图 1-15，其中 TP 和 COD_{Mn} 浓度总体在 10～20 m 之间较高，而 TN 浓度在 0～10 m 之间较高，氨氮浓度在 10～30 m 之间较高，表明东江湖氮浓度增加明显；11 月东江湖温度跃层依然明显存在，25～50 m 水层温度变化剧烈，可能对污染物扩散具有一定的影响。由此可见，东江湖水污染呈现加重趋势，尤其氮浓度增加明显，应予以高度重视。

1.4.3　东江湖饮用水水源地水质

东江湖是资兴市和郴州市优质稳定的集中式饮用水水源地。根据《湖南省主

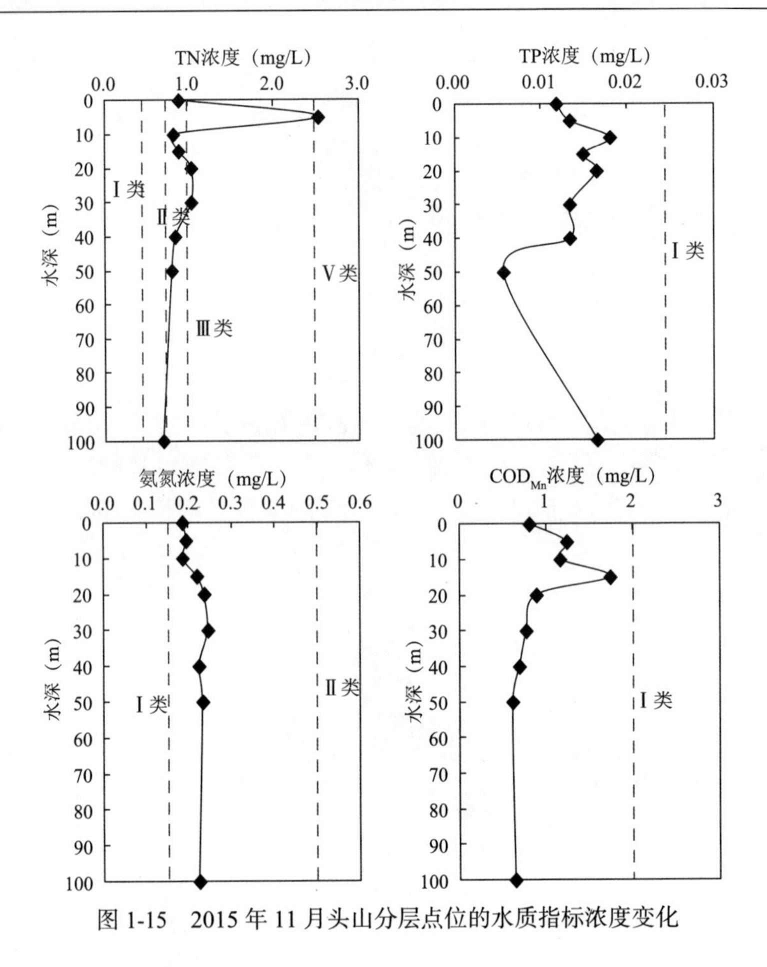

图 1-15　2015 年 11 月头山分层点位的水质指标浓度变化

要水系地表水环境功能区划》，饮用水水源保护区为东江湖全部水域。其中一级保护区包括：①小东江水库大坝至东江水库大坝间水域；②东江水库大坝至兜率岩岛之间，南部以兜率岩岛山脊线南端与对岸磨刀石的连线为界，北部以兜率岩岛山脊线北端与东江木材厂集材场 1 号码头之间的连线为界的水域；③与上述①、②两个水域水面相连的第一层山脊线向水坡地区域；④兜率岩岛水域。二级保护区包括东江湖除一级保护区外水域与东江湖水面相连的第一层山脊线向水坡地除一级保护区之外陆域。

1. 一级保护区水质

东江湖水源地一级保护区监测断面位于小东江和头山。根据近 9 年(2006～2014 年)监测数据，小东江和头山水质变化如图 1-16 所示，TN 浓度总体处于Ⅰ类或Ⅱ类水质标准，个别年度微超Ⅱ类标准，但小东江 TN 浓度在 2014 年达到Ⅲ类水平；TP 浓度小东江与头山总体处于优于Ⅱ类水平，但个别年份有所波动，其中，头山在 2008 年到 2012 年 TP 浓度一直保持平稳，处于Ⅰ类水质水平，小东江则在 2008 年到 2013 年 TP 浓度优于Ⅱ类水质；COD_{Mn} 浓度从 2007 年到 2014 年较为稳定，优于Ⅰ类水质；小东江和头山的氨氮浓度虽然一直优于Ⅰ类水质标准，但从 2006 年到 2014 年浓度变化幅度较大。

因此，一级保护区水质总体处于Ⅱ类水质。小东江和头山总体水质状况良好，但 2014 年小东江受氮污染影响较大，应予以足够重视。

2. 二级保护区水质

东江湖二级保护区水质监测断面滁口乡高垅村、东坪乡和燕子排，结合 2015 年 11 月本研究调查数据，对二级保护区水质对比分析(图 1-17)。总体而言，2015 年单次调查相比于 2011 年以来，二级保护区水质呈下降趋势，TN 浓度从优于Ⅱ类下降到Ⅱ类，而 TP 浓度从Ⅱ类下降到Ⅲ类，氨氮浓度则呈现升高(超Ⅰ类)趋势，甚至达到Ⅱ类；COD_{Mn} 浓度一直呈降低趋势，且优于Ⅰ类；重金属镉和铅浓度则有所升高。

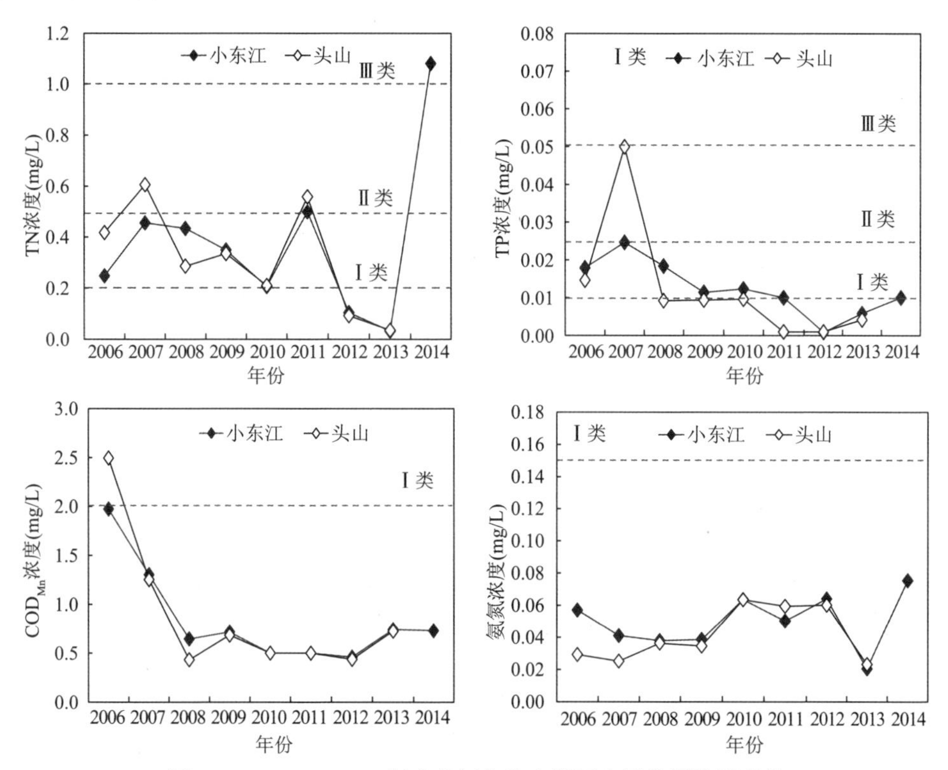

图 1-16　2006～2014 年小东江和头山断面水质指标浓度变化

数据来源：郴州市东江湖流域水质监测数据

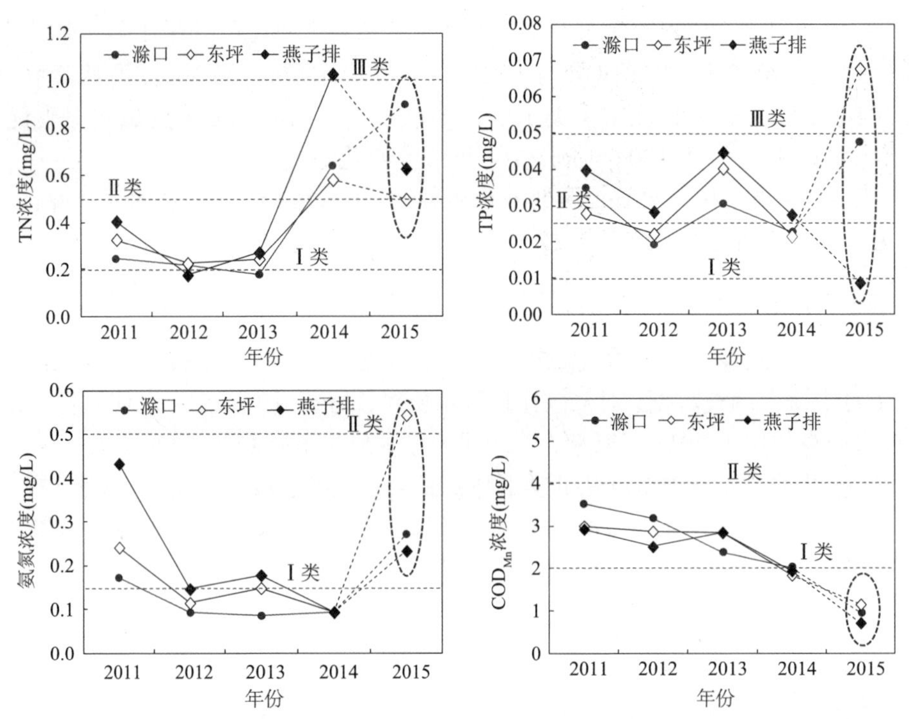

图 1-17　2011～2015 年滁口、东坪和燕子排断面主要水质指标变化趋势

数据来源：郴州市东江湖流域水质监测数据

2011 年到 2014 年间，TN 浓度年均值前三年均优于Ⅱ类，而 2014 年 TN 浓度升高，达到劣于Ⅱ类甚至Ⅲ类水平；2015 年单次调查显示，TN 浓度相比于 2014 年有所升高，优于Ⅲ类。TP 浓度从 2011 年至 2014 年总体优于Ⅲ类；2015 年单次调查，东坪监测点 TP 浓度升高处于Ⅲ类。氨氮浓度从 2011 年至 2014 年呈降低趋势，总体优于Ⅱ类，2015 年相比于 2014 年氨氮浓度有所升高，但总体优于Ⅱ类，仅东坪为Ⅱ类。COD_{Mn} 浓度从 2011 年至 2014 年呈下降趋势且优于Ⅱ类，2015 年单次调查显示，相对于 2014 年 COD_{Mn} 浓度有所降低，处于Ⅰ类。

镉浓度从 2011 年到 2014 年一直处于Ⅰ类，而 2015 年单次监测数据显示，镉浓度虽处于Ⅰ类，但相比于前几年呈升高趋势(图 1-18)。

砷浓度从 2011 年到 2014 年呈降低趋势，且处于Ⅰ类，2015 年单次调查数据显示，砷浓度相比于 2014 年有所降低(图 1-19)。

铅浓度从 2011 年到 2014 年有所下降，但优于Ⅱ类，而 2012～2014 年均处于Ⅰ类，但 2015 年单次调查数据显示，铅浓度相比于 2014 年有所升高，尤其是东坪和燕子排监测点位均超过Ⅰ类水平(图 1-20)。

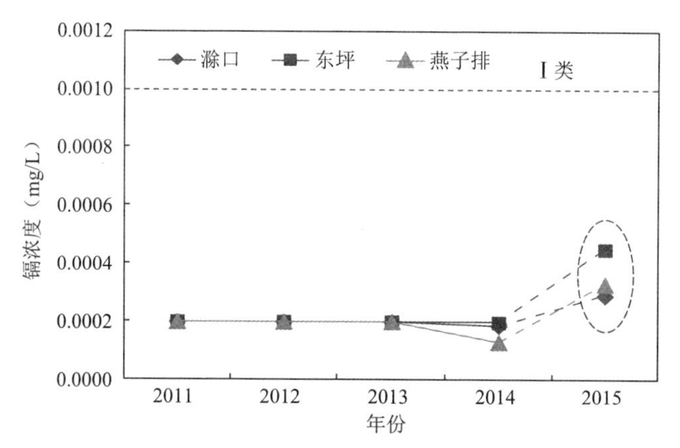

图 1-18　滁口、东坪和燕子排断面镉浓度变化

数据来源：郴州市东江湖流域水质监测数据

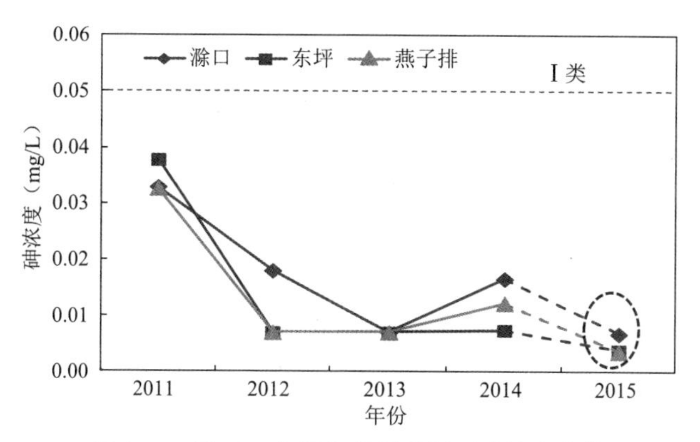

图 1-19　滁口、东坪和燕子排断面砷浓度变化

数据来源：郴州市东江湖流域水质监测数据

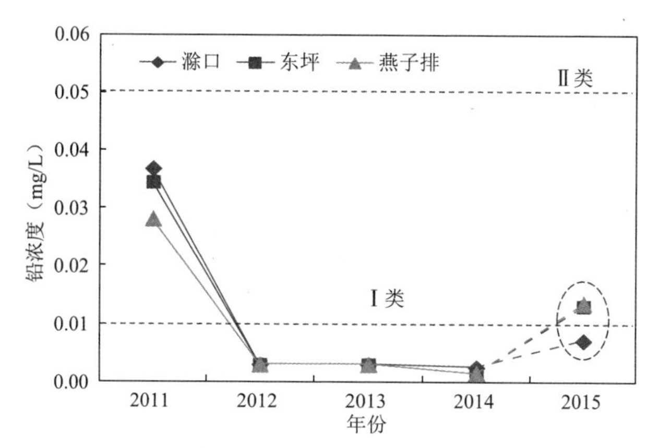

图 1-20　滁口、东坪和燕子排断面铅浓度变化

数据来源：郴州市东江湖流域水质监测数据

1.4.4　东江湖入湖污染负荷变化

为了进一步揭示东江湖水污染特征，分析了 2012 年滁口、黄草和东坪监测断面氨氮和 TN 数据(图 1-21)，结果可见，三个断面氨氮和 TN 浓度变化趋势较稳定，表明 2012 年断面水质总体较好。根据 2015 年监测断面氨氮和 TN 数据分析(图 1-22)可知，2015 年入湖断面 TN 和氨氮浓度变化较大，且 TN 与氨氮变化趋势不一致；与 2012 年相比，2015 年入湖河流 TN 浓度为 2012 年的 2～3 倍，入湖氨氮浓度比 2012 年升高 1 倍左右，表明 TN 和氨氮浓度已大幅增加，东江湖来水水质下降明显。

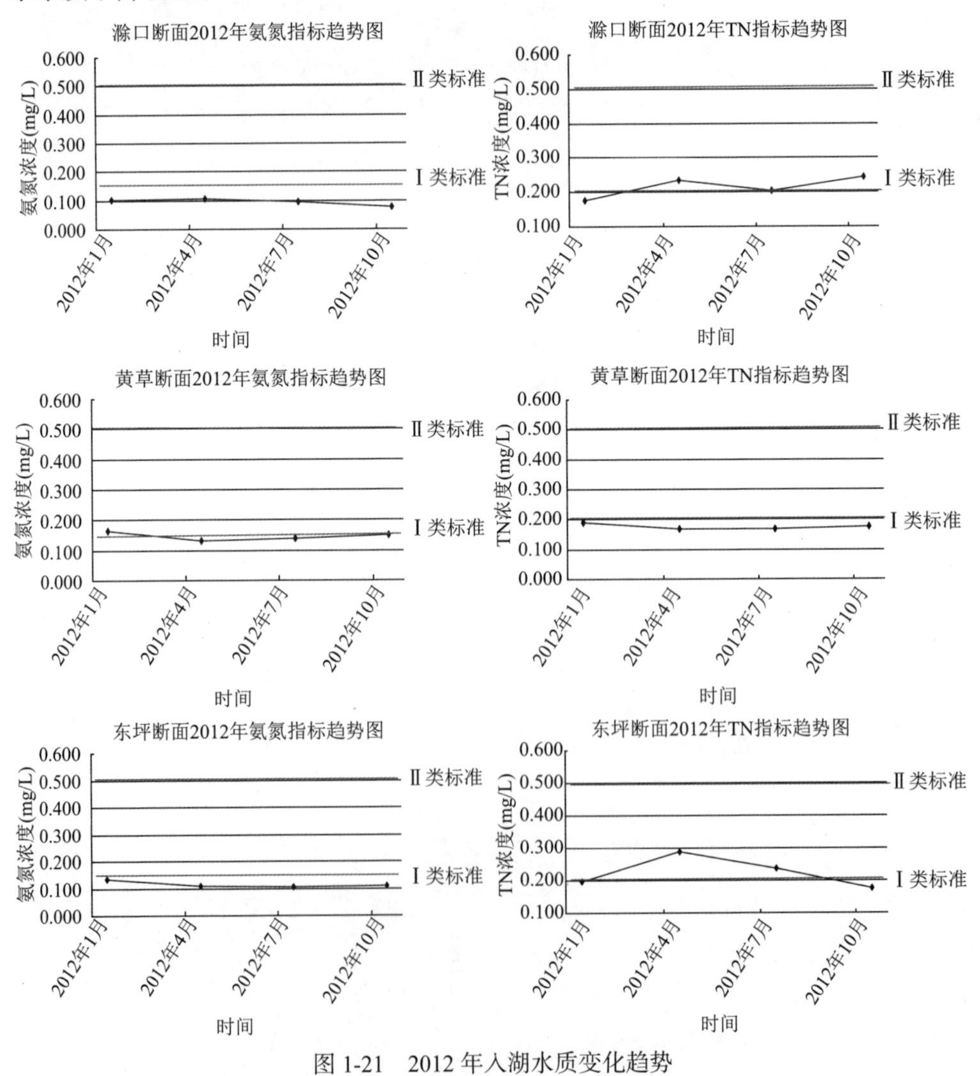

图 1-21　2012 年入湖水质变化趋势

数据来源：郴州市东江湖流域水质监测数据

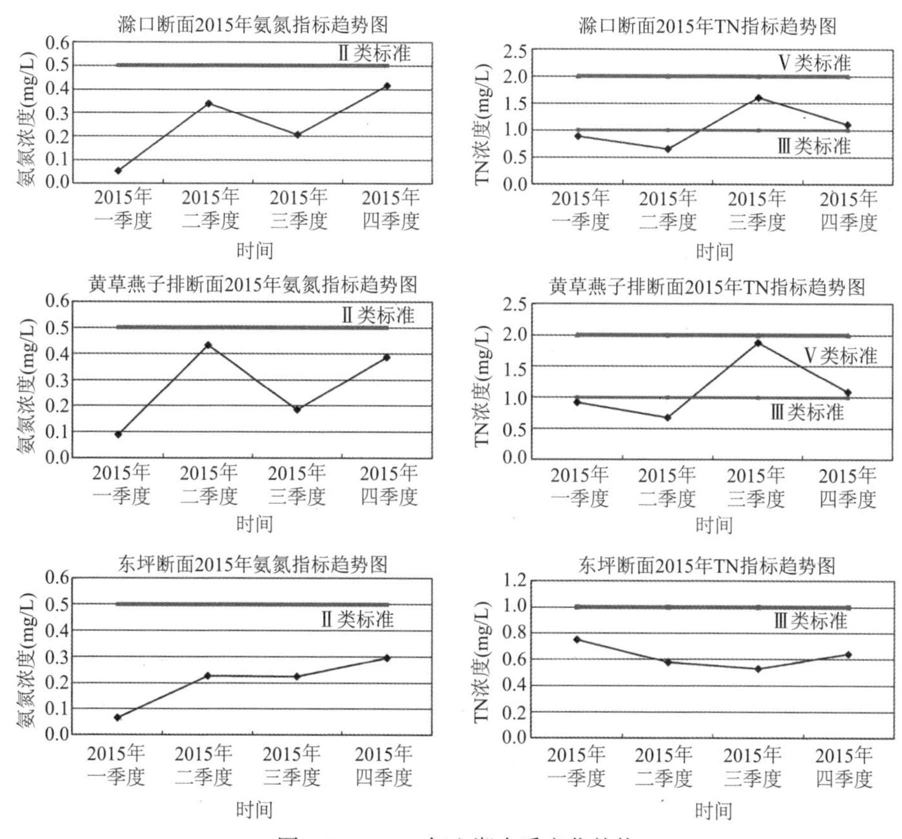

图 1-22　2015 年入湖水质变化趋势

数据来源：郴州市东江湖流域水质监测数据

综上分析可见，近年来东江湖入湖氮磷负荷明显增加，与周围近年不断增加的农村生活、农田径流、畜禽养殖等面源污染和城镇生活、旅游发展等点源污染及处理设施效率较低等有关，尤其以迅速发展的旅游等污染增加更为突出，进而影响入湖河流水质，进一步说明东江湖水污染规律已发生变化，水质已由原来主要受上游污染影响逐步转变为受上游来水和周边区域污染共同影响。

1.4.5　东江湖水污染规律变化

根据 2010 年和 2015 年监测断面数据可知(图 1-23 和图 1-24)，与 2010 年三个监测断面 TN 和氨氮浓度相比，2015 年东江湖 TN 和氨氮浓度明显增加。同时，氨氮增加趋势更加显著，尤其以头山监测断面增加明显，小东江和白廊断面则增加趋势较缓慢，也表明近年来东江湖水质下降明显。

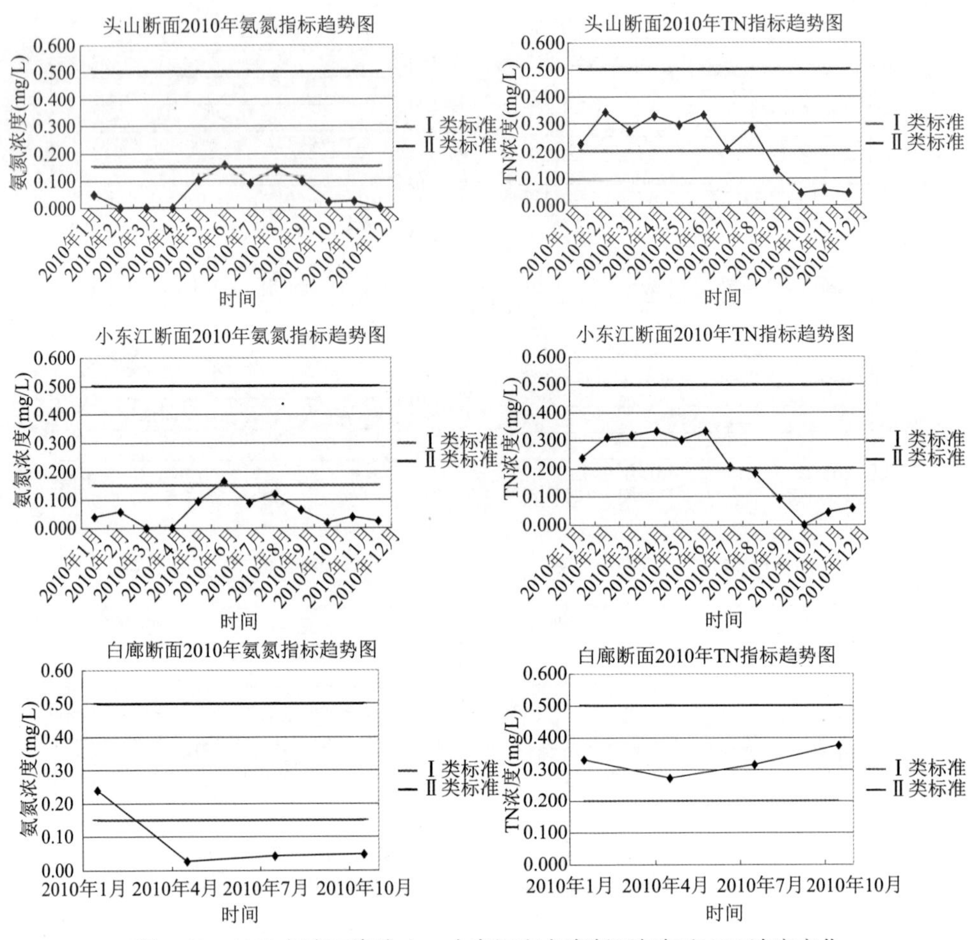

图 1-23　2010 年东江湖头山、小东江和白廊断面氨氮和 TN 浓度变化

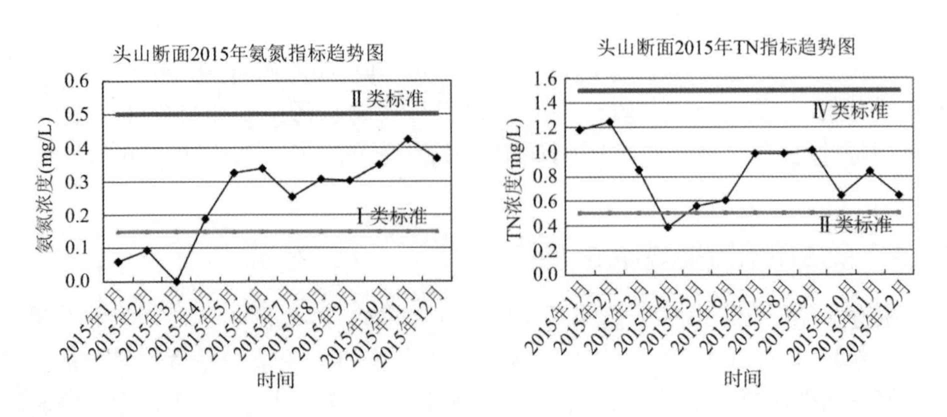

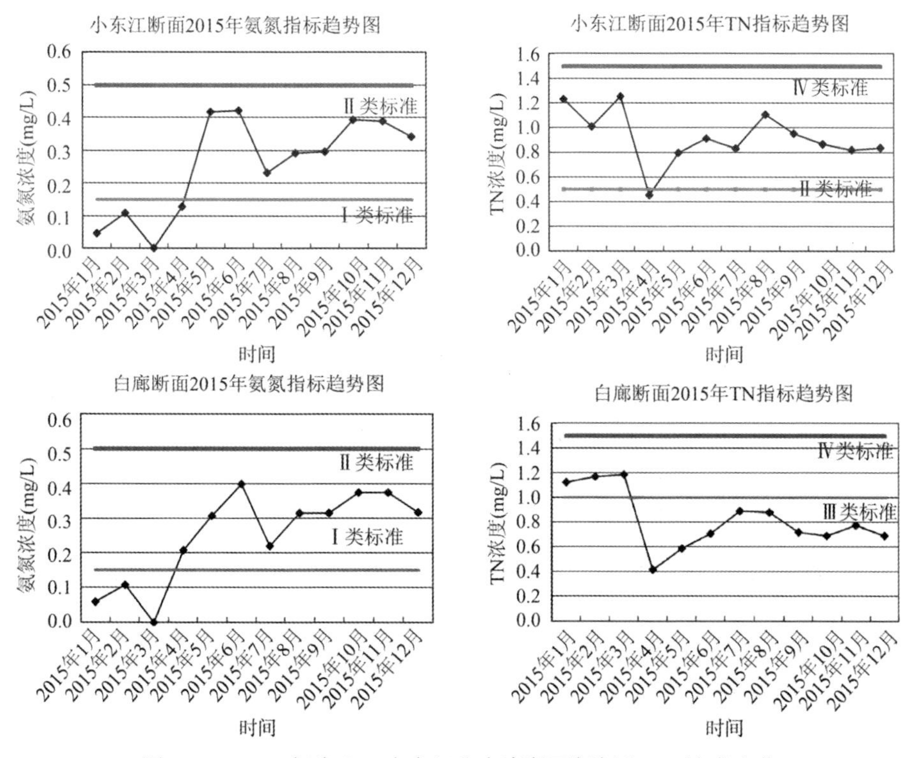

图 1-24　2015 年头山、小东江和白廊断面氨氮和 TN 浓度变化

此外，2010 年头山与小东江断面氨氮、TN 浓度变化趋势相类似，而白廊断面与头山、小东江不同；且 2010 年头山和小东江氨氮浓度在雨季较高，旱季较低，说明氨氮浓度随降雨增加而增高；TN 浓度则上半年较高，下半年较低。而白廊氨氮浓度总体旱季较高，雨季较低，总氮浓度则上半年较低，下半年较高。

东江湖头山、小东江和白廊断面监测点位置如图 1-25 所示，白廊相比于小东江和头山距离入湖河流较远。根据 2010 年数据可见，小东江和头山断面来水总体较好，而白廊断面受入湖河流影响较小，主要是受周边生活污水、禽畜养殖和网箱养殖等排污影响。2015 年监测数据则显示，头山、小东江和白廊监测断面氨氮和 TN 浓度变化趋势一致；与 2010 年数据有所不同，意味着东江湖水污染变化规律已发生了变化。因此，东江湖保护应加强水污染规律研究，提升保护治理的针对性。

1.5　本 章 小 结

东江湖位于湖南省郴州市境内，是湘江一级支流耒水上游的一座大型水库，

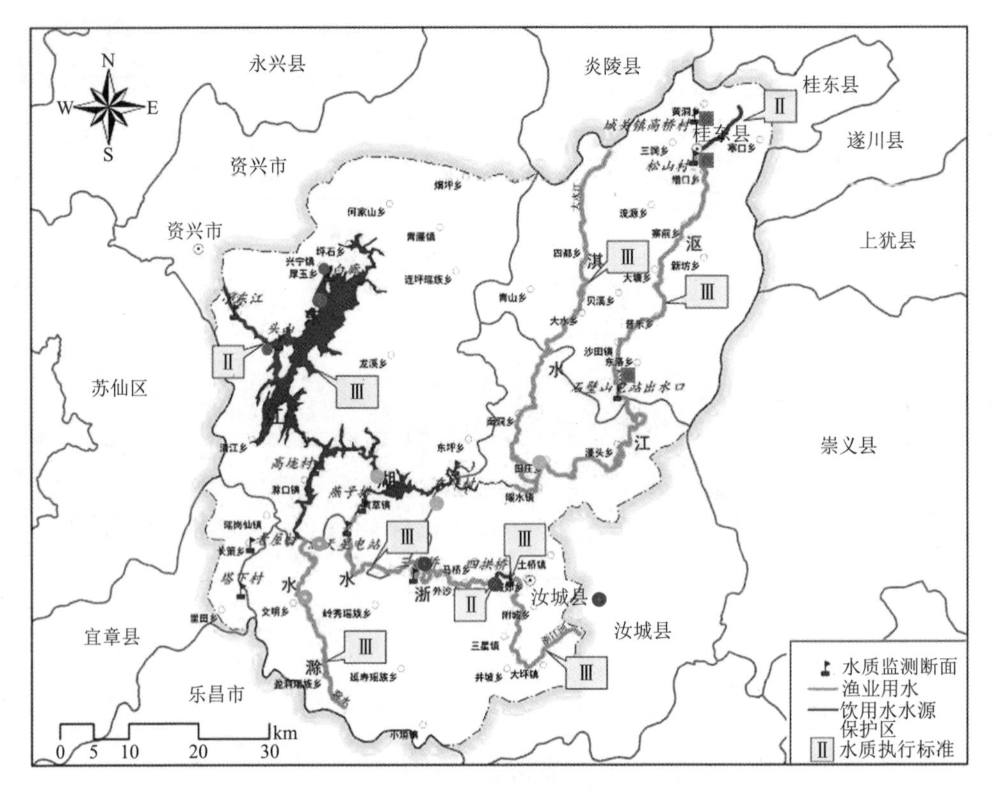

图 1-25　东江湖水质监测断面图

流域总面积 4719 km^2，涉及资兴、汝城、桂东、宜章四个县市的 30 个乡镇，其水面 95%处于资兴市。2014 年，东江湖流域总人口 66.75 万人，平均人口密度 141 人/km^2；流域共有大小入湖河流 819 条。东江湖自 1986 年蓄水以来，充分发挥了湖南省重要饮用水水源地、湘江生态补水、防洪调峰、生物多样性保护和发电等综合功能，成为湖南省“两型”社会建设的重要战略资源。因此，其生态环境质量状况关乎湘江流域乃至湖南省饮用水安全。

近年来东江湖入湖河流氮磷浓度有所升高，尤其总氮和氨氮浓度升高显著，水质下降趋势明显。2015 年东江湖入湖河流总氮浓度为 2012 年的 2～3 倍，入湖氨氮浓度比 2012 年升高 1 倍左右，进一步说明东江湖来水水质下降明显。同时，入湖氮磷负荷明显增加，与东江湖周围近年不断增加的农村生活、农田径流、畜禽养殖等面源污染和城镇生活、旅游发展等点源污染及处理设施效率较低等有直接关系，尤以迅速发展的旅游等点源污染增加更为突出，进而影响了入湖河流水质，进一步说明东江湖水污染规律已发生变化，水质已由原来主要受上游污染影响逐步转变为主要受上游来水和周边区域污染共同影响。

东江湖岸带湿地及自然湖滨带保护总体较好，缓冲带土地利用形式以果园为主，约占 70%，其他还有农田、山体、村落、景区等类型。但岸边带湿地及自然湖滨带由于经济发展等需要，部分区域出现了水土流失、重金属污染及生活污染等问题。以村落、农田等为主要土地利用形式的缓冲带，受人为干扰强度大，其物理基底和生物群落已遭受严重干扰或破坏。

与 2010 年三个监测断面总氮和氨氮浓度相比，2015 年东江湖总氮和氨氮浓度明显增加，且头山、小东江和白廊三个监测断面的氨氮和总氮监测结果与 2010 年有所不同，也表明东江湖水污染变化规律已经发生了变化。

因此，东江湖富营养化潜在风险较大，保护东江湖应加强湖泊水污染规律研究，并针对性地提出有效截污等保护治理措施及应对策略。

第 2 章　东江湖水环境特征

健康的生态系统不仅可保持其结构的完整性和功能的稳定性，而且具有抵抗干扰和恢复自身结构及功能的能力，并能够提供合乎自然和人类需求的生态服务功能。生态系统健康评价的目的是对生态系统进行健康管理，从而实现人和生态系统和谐发展。因此，开展湖泊水生态系统健康评价尤为重要。

东江湖水质总体较好，但部分时段局部水域氮磷浓度较高，水质下降及富营养化风险呈增加趋势。本章基于东江湖保护治理需求，通过收集整理历史资料，结合现场调查数据，评价东江湖水生态系统健康状况，分析其水环境状况和水质特征及变化原因，以期掌握东江湖水环境及水生态系统状况。

2.1　东江湖水生态系统健康状况

评价水生态系统健康状况是湖泊水环境保护治理的重要前提。水生态系统健康评价不仅可为确定湖泊保护治理目标提供参考，而且可解析主要影响因素，确定湖泊保护治理的主要方向和重点任务。本研究试图通过收集调查东江湖水生态数据，依据东江湖水生态系统健康评价方法，评价东江湖水生态系统健康状况，以期为东江湖流域水生态保护和修复提供理论基础和数据支撑。

2.1.1　湖泊水生态系统健康评价方法

应用生态系统健康理论，采用生态系统健康结构功能指标体系评价方法，根据评价指标选取原则，建立了由物理化学指标体系、生态指标体系和社会经济指标体系三个二级指标体系组成的完整的综合评价指标体系，按照从上到下逐层整合的办法，得出生态系统健康综合指数(ecosystem health comprehensive index，EHCI)。生态系统健康综合指数公式如下：

$$\mathrm{EHCI}=\sum_{i=1}^{n} W_i \times I_i$$

式中，EHCI 为生态系统健康综合指数，其值在 0～1 之间；W_i 为评价指标权重值，其值在 0～1 之间；I_i 为评价指标的归一化值，其值在 0～1 之间。

1. 评价指标选取原则

(1)在确保合理性和可能性的基础上，指标层选取可获得、操作性强的指标变量；

(2)为避免单一要素的片面性和监测的不精确所造成的误差,指标主要以综合指数形式表示。

2. 确定评价指标权重

层次分析法(AHP)是简单易行且行之有效的系统分析方法，在模糊评价中作为定权方法被广泛应用。本研究采用的 AHP 法首先在专家咨询基础上构建判断矩阵，然后计算判断矩阵的特征向量和最大特征根，确定要素层和指标层的单排序权重，最后计算指标层相对于目标层的总排序权重，并进行一致性检验。根据权重计算结果，得到各层次指标归一化权重(表 2-1)。

表 2-1　生态系统健康评价指标及权重

准则层	要素层	指标层	归一化权重
压力评价(1/3)	人为干扰(0.6)	生活废水排放量年均增长率(0.3559)	0.0712
		畜禽养殖主要污染物年均增长率(0.2833)	0.0567
		化肥施用强度(0.2546)	0.0538
		人类活动干扰强度(0.1062)	0.0212
	自然干扰(0.4)	物种入侵控制率(0.33)	0.0440
		自然灾害(0.67)	0.0890
状态评价(1/3)	理化指标(0.4)	水质综合指数(0.5815)	0.0775
		水体富营养化程度(0.3031)	0.0404
		土壤有机质(0.1154)	0.0153
	生态指标(0.6)	生物多样性指数(0.5815)	0.1163
		生物均匀度指数(0.4185)	0.0837
响应评价(1/3)	系统功能变化(0.75)	物质生产功能变化(0.0733)	0.0147
		维持生物多样性功能变化(0.75)	0.1500
		科考、旅游功能变化(0.1767)	0.0350
	管理水平(0.25)	管理机构(0.5815)	0.0775
		社区参与度(0.1095)	0.0146
		有效财政支出(0.3090)	0.0412

3. 评价指标标准化处理

由于各指标原始数据、类型和来源都不相同，且数量级相差悬殊而无可比性，因此需要根据所建立数学模型的要求，对原始数据进行归一化处理。根据数据归一化的数学原理，将实际数据按比例归一到 0～1 范围。

假设各指标数值与对应的相应标准的关系是：

$$Ⅰ级：X_b \leqslant X_i < X_a;$$

$$Ⅱ级：X_c \leqslant X_i < X_b;$$

$$Ⅲ级：X_d \leqslant X_i < X_c;$$

$$Ⅳ级：X_e \leqslant X_i < X_d;$$

$$Ⅴ级：X_f \leqslant X_i < X_e;$$

当指标值越大越好时，如下式所示：

$$X_i = \begin{cases} 1 & X_i \geqslant X_a \\ 0.8 + \dfrac{0.2}{X_a - X_b}(X_i - X_b) & X_b \leqslant X_i < X_a \\ 0.6 + \dfrac{0.2}{X_b - X_e}(X_i - X_e) & X_e \leqslant X_i < X_b \\ 0.4 + \dfrac{0.2}{X_e - X_d}(X_i - X_d) & X_d \leqslant X_i < X_e \\ 0.2 + \dfrac{0.2}{X_d - X_e}(X_i - X_e) & X_e \leqslant X_i < X_d \\ \dfrac{0.2}{X_e - X_f}(X_i - X_f) & X_f \leqslant X_i < X_e \\ 0 & X_i < X_f \end{cases}$$

当指标值越小越好时，如下式所示：

$$
X_i=\begin{cases}
0 & X_i \geqslant X_a \\
1-\dfrac{0.2}{X_a-X_b}(X_i-X_b) & X_b \leqslant X_i < X_a \\
0.8-\dfrac{0.2}{X_b-X_e}(X_i-X_e) & X_e \leqslant X_i < X_b \\
0.6-\dfrac{0.2}{X_e-X_d}(X_i-X_d) & X_d \leqslant X_i < X_e \\
0.4-\dfrac{0.2}{X_d-X_e}(X_i-X_e) & X_e \leqslant X_i < X_d \\
0.2-\dfrac{0.2}{X_e-X_f}(X_i-X_f) & X_f \leqslant X_i < X_e \\
1 & X_i < X_f
\end{cases}
$$

4. 评价标准

在调研国内外相关研究基础上，本研究提出了水生态系统健康评价标准，即分为很健康、健康、亚健康、一般病态、疾病五级，详见表 2-2。

表 2-2　生态健康综合指数分级

分级	生态系统健康综合指数（EHCI×100）	健康状态
Ⅰ	80～100	很健康
Ⅱ	60～80	健康
Ⅲ	40～60	亚健康
Ⅳ	20～40	一般病态
Ⅴ	0～20	疾病

2.1.2　东江湖水生态系统健康评估

基于本研究提出的 14 项指标归一化值和归一化后权重（图 2-1 和表 2-3），计算得到的东江湖水生态系统健康指数为 0.715。对照评价等级表，东江湖水生态系统正好处于Ⅱ级的健康状态，即东江湖水生态系统总体较好，结构较合理。

由图 2-1 可知，东江湖生态系统虽然总体处于健康状况，但生态系统功能变化明显，与其他评价指标相比，生态指标变化较大，人为干扰较大，管理薄弱，由此导致东江湖生态系统稳定性和抗干扰能力下降。

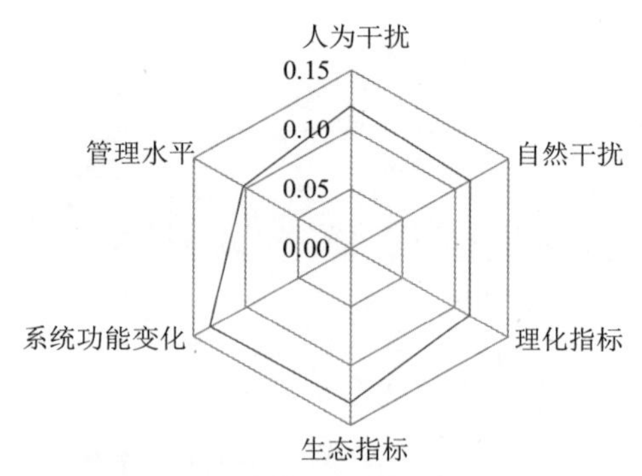

图 2-1　生态系统健康评价指标雷达图

表 2-3　评价指标的数据与归一化处理

评价指标	评价数据	归一化结果	对应等级
生活废水排放量年均增长率 C1	18.82%	0.024	Ⅴ
畜禽养殖主要污染物年均增长率 C2	20.82%	1	Ⅴ
化肥施用强度 C3	5.87%	0.966	Ⅰ
人类活动干扰强度 C4	29.12%	0.418	Ⅲ
物种入侵控制率 C5	88.60%	0.772	Ⅱ
自然灾害 C6	5.10%	0.898	Ⅰ
水质综合指数 C7	1.214	0.757	Ⅰ
水体富营养化程度 C8	3.849×10^4 ind./L	1	Ⅰ
土壤有机质 C9	2.947	0.979	Ⅰ
生物多样性 Shannon-Weaner 指数 C10	2.31	0.831	Ⅰ
Pielou 生物均匀度指数 C11	0.40	0.412	Ⅳ
物质生产功能变化 C12	9.79%	0.992	Ⅰ
维持生物多样性 C13	0.61%	0.624	Ⅱ
科考旅游价值 C14	74.2%	0.742	Ⅱ
管理机构 C15	0.725	0.725	Ⅱ
社区参与度 C16	0.612	0.612	Ⅱ
有效财政支出 C17	2	0.9	Ⅰ

评价指标体系中各项指标计算方法及考核目标不同，分级标准也不同。(1)C1～C3 分级标准为Ⅰ级(≤−5%)、Ⅱ级(−5%～0)、Ⅲ级(0～5%)、Ⅳ级

(5%～10%)、V 级(≥10%);

(2)C4 分级标准为Ⅰ级(0～10%)、Ⅱ级(10%～20%)、Ⅲ级(20%～30%)、Ⅳ级(30%～40%)、V 级(≥40%)。

(3)C5 分级标准为Ⅰ级(90%～100%)、Ⅱ级(80%～90%)、Ⅲ级(70%～80%)、Ⅳ级(80%～60%)、V 级(≤60%)。

(4)C6 分级标准为Ⅰ 级(≥5%)、Ⅱ级(0～5%)、Ⅲ级(−5%～0)、Ⅳ级(−10%～−5%)、V 级(≤−10%)。

(5)C7 分级标准为Ⅰ级(1～2)、Ⅱ级(2～3)、Ⅲ级(3～4)、Ⅳ级(4～5)、V 级(≥5)。

(6)C8 分级标准为Ⅰ级(≤30×10^4 ind./L)、Ⅱ级(30×10^4～50×10^4 ind./L)、Ⅲ级(50×10^4～80×10^4 ind./L)、Ⅳ级(80×10^4～100×10^4 ind./L)、V 级(≥100×10^4 ind./L)。

(7)C9 分级标准为Ⅰ级(≥2)、Ⅱ级(1.5～2)、Ⅲ级(1～1.5)、Ⅳ级(0.5～1)、V 级(≤0.5)。

(8)C10、C11 经过专家咨询，确定其基准值为 2 和 1。

(9)C12、C13 分级标准为Ⅰ 级(≥5%)、Ⅱ级(0～5%)、Ⅲ 级(−5%～0)、Ⅳ级(−10%～−5%)、V 级(≤−10%)。

(10)C14 科考旅游价值由参加科考旅游人数来反映。

(11)C15～C17 为定性判断，主要根据保护区管理、财政管理机构、社区群众意识等进行分级。

生活废水排放量和畜禽养殖主要污染物年均增长率(C1 和 C2)根据调查流域生活废水排放量得出；化肥施用强度(C3)根据调查流域施用化肥种类及化肥总量利用公式得出：化肥施用强度=农作物化肥使用总量折纯/播种面积 × 100%；人类活动干扰强度(C4)根据附近村民生活对东江湖影响调查得出；物种入侵控制率(C5)主要考虑本地物种占所有物种种类比重；自然灾害(C6)通过最近几年灾害发生频率得出；水质综合指数(C7)采用公式计算得出；水体富营养化程度(C8)根据水体浮游动物密度得出；土壤有机质(C9)根据土壤有机质所占百分比得出。

生物多样性 Shannon-Weaner 指数 C10(H)和 Pielou 均匀度指数 C11(J)的计算公式如下:

$$H = I\sum_{i=1}^{S}\left(\frac{n_i}{N}\right)\ln Y\frac{n_i}{N}Y$$

$$J=H/H_{\max}$$

$$H_{max}=\ln S$$

式中，S 为总物种数；n_i 为第 i 物种个体出现次数；N 为所有物种个体总数。

物质生产功能变化(C12)以物质生产总值年增长率表示；科考旅游价值(C14)由参加科考旅游人数反映：以实际旅游人数/最适合人数表示，得到科考旅游价值为 0.740；C15～C17 由于是定性指标，通过实地调研、资料收集及专家咨询得出。综合指数必须通过对一系列数值大小意义的限值界定，才能表达其形象的含义。目前各类有关生态学方面的评价，特别是生态系统健康评价并没有统一的评价标准分级方法。由于研究区域条件不同，评价目的不同，评价标准也不同，且各项指标计算方法及考核目标不同，分级标准也有所不同。

根据东江湖生态系统健康评估结果，其问题可概括为以下两点。

1. 生物多样性降低

目前，由于东江湖流域经济社会发展需要，流域人类活动加剧，东江湖流域水土流失、重金属污染及生活污染等问题有加重趋势，导致水生植物群落总体分布范围小且狭窄，植物物种丰富度低，物种组成单一，生物多样性较低；且随东江湖流域渔业开发加速，农业面源污染问题日渐严重，大量饲料的投入、人类活动产生的污染及植被枯枝落叶等自然有机物的流入等，使东江湖生态系统结构与功能受损，枯水季节部分水域甚至发生富营养化。

2. 人为干扰较大，流域监管薄弱

东江湖流域主要以畜禽养殖及种植业等为主，尤其近几年旅游业迅速发展，旅游规模快速增加，导致流域污染负荷增加明显，但环境监管仍然薄弱。湖面保洁与日常维护是保障东江湖水生态健康的重要措施，需要制定清除湖面垃圾，降低人为活动对湖滨带、鱼类及水生植被等影响的管理措施。此外，东江湖湖区缺少生态灾害应急监测，伴随对水污染突发事件应急能力不足，且缺乏水污染应急处理措施及预案等。因此，流域人类活动的加剧，加之管理措施不到位等，将进一步增大东江湖水生态系统健康状况下降风险。

2.2　东江湖水环境状况

掌握水环境状况对湖泊保护治理至关重要，水质、沉积物及主要生物类群状况是湖泊水环境保护关注的重要内容。本研究通过收集整理历史资料，结合现场水质、沉积物等调查，从东江湖水质状况，沉积物有机质、氮磷及重金属含量状况、湖泊主要生物类状况等方面，较为全面地了解东江湖水环境特征，为保障东

江湖水生态系统环境健康提供基础数据支撑。

2.2.1　东江湖水质总体特征

1. 水质虽总体较好，但氮污染趋势明显，水质下降风险较大

目前东江湖水质总体较好，但部分时段局部水域氮磷浓度较高，特别是近年来氮污染加重趋势明显，水质下降风险较大。TP 浓度 2015 年相对于 2014 年各监测点有所升高；氨氮浓度波动变化较大，自 2012 年以来呈升高趋势；TN 浓度变化显著，自 2013 年开始显著升高，2013～2014 年监测点年增长率在 19.43%～50.55%，说明东江湖水污染形势严峻。此外，东江湖水质空间分布显示，东江湖 COD_{Mn} 和 TP 浓度变化相似，均在北部区域较高，而氨氮和 TN 浓度变化趋势相似，与 COD_{Mn} 和 TP 浓度变化相比，氨氮和 TN 浓度变化较大，且浓度明显较高，氮污染风险较大。不同深度 TP 和 COD_{Mn} 浓度总体在 10～20 m 之间较高，而 TN 浓度在 0～10 m 之间较高，氨氮浓度集中在 10～30 m 间较高。由此可见，东江湖水污染呈加重趋势，尤以氮浓度增加明显，应予以高度重视。

2. 东江湖水污染规律已经发生了较大变化

根据本研究分析 2010 年东江湖头山、小东江和白廊断面监测点数据可见，小东江和头山水域来水水质总体较好，而白廊水域受入湖河流影响较大，主要是受周边生活污水、禽畜养殖和网箱养殖等排污影响。但 2015 年头山、小东江和白廊三个监测断面氨氮和 TN 浓度变化趋势则较一致。

以上结果与 2010 年三个监测断面监测数据结果有所不同，意味着东江湖水污染变化规律已经发生了较大变化。因此，东江湖保护急需加强其水污染规律研究，精确解析污染来源特征，提升保护与治理的针对性。

2.2.2　东江湖沉积物污染状况

于 2015 年 11 月 13 日～2015 年 11 月 17 日采集了东江湖水质监测常规点位对应水域的 14 个沉积物样品。通过数据分析可知，东江湖沉积物有机质含量在 10.22～49.89 g/kg 之间(均值为 29.5 g/kg)；TP 含量在 0.28～3.29 g/kg 之间(均值为 0.74 g/kg)；TN 含量在 0.57～3.46 g/kg 之间(均值为 1.68 g/kg)。

空间分布特征明显，TN 含量以北部、中部和南部部分湖岔较高，尤以北部较高(图 2-2)；而 TP 含量则以北部含量较高，有机质含量是以中部和北部含量居高(图 2-3 和图 2-4)。东江湖沉积物重金属浓度如图 2-5 所示，沉积物镉、砷、铅、铜浓度均大于土壤背景值，尤其镉、砷和铅含量远大于土壤背景值。而东江湖沉积物镉含量较高，达到了土壤Ⅲ类标准；砷含量总体优于土壤Ⅱ类标准，但

北部和中部局部点位达到土壤Ⅲ类标准；铜含量处于土壤Ⅰ类标准，除中部滁水入境考核断面达到了土壤Ⅲ类；铅含量达到土壤Ⅱ类标准，除南部典型断面和滁水入境考核断面达到土壤Ⅲ类。总体而言，东江湖沉积物局部区域重金属含量逐渐积累，含量较高，尤其镉、砷和铅含量较高，需要关注。

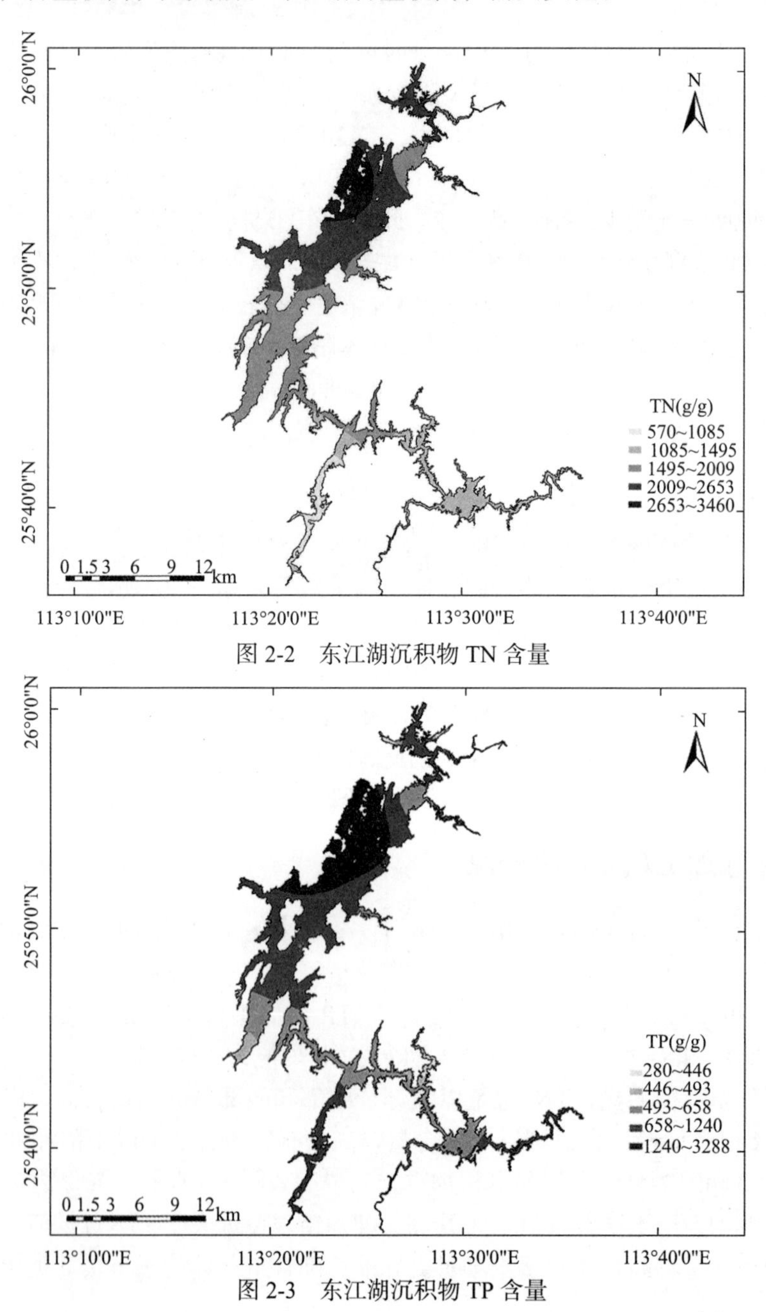

图 2-2　东江湖沉积物 TN 含量

图 2-3　东江湖沉积物 TP 含量

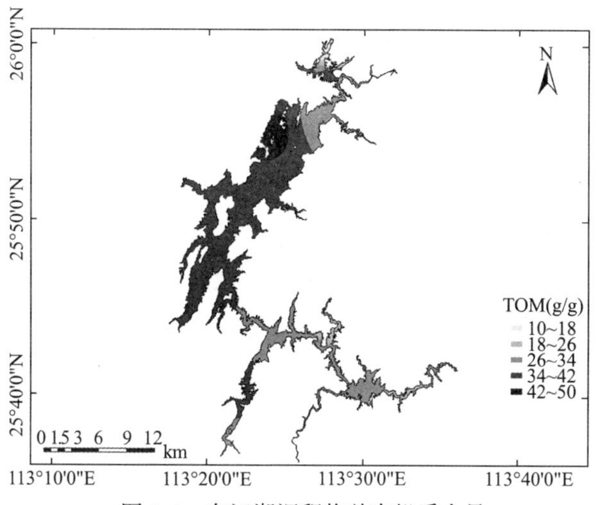

图 2-4　东江湖沉积物总有机质含量

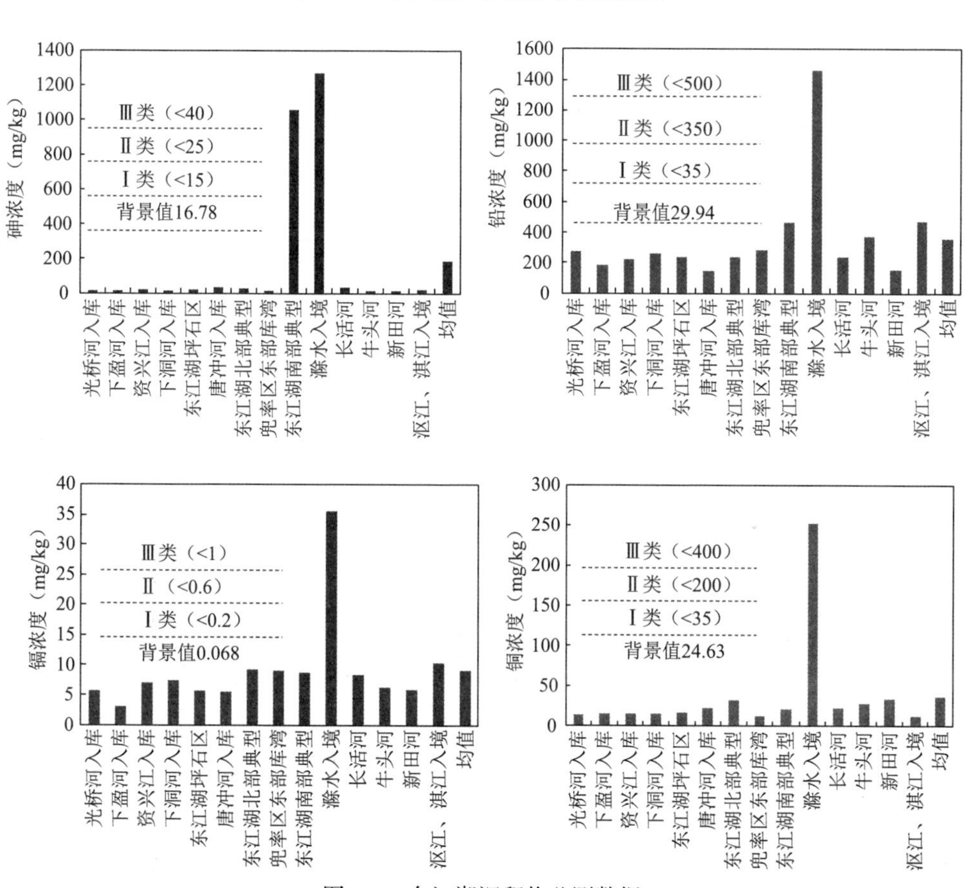

图 2-5　东江湖沉积物监测数据

数据来源：郴州市东江湖流域水质监测数据

2.2.3　东江湖主要生物类群状况

1. 浮游植物

1) 种类组成

根据研究和总结相关资料，共鉴定出浮游植物 6 门 57 种，其中绿藻门最多，共 26 种，占种类总数 45.62%；硅藻门为 13 种，蓝藻门为 10 种，分别占种类总数 22.81%和 17.54%；裸藻门 5 种，占种类总数的 8.77%；甲藻门 2 种，占总数的 3.51%；金藻门 1 种，占总数 1.75%(表 2-4)。

表 2-4　东江湖浮游植物种类组成

门类	种数	比例(%)
绿藻门 Chlorophyta	26	45.62
蓝藻门 Cyanophyta	10	17.54
硅藻门 Bacillariophyta	13	22.81
裸藻门 Euglenophyta	5	8.77
甲藻门 Pyyrophyta	2	3.51
金藻门 Chrysophyta	1	1.75
总计	57	100

注：采样时间 2015 年 11 月，样品量 n=22。

2) 浮游植物密度

东江湖全湖浮游植物总密度为 1.40×10^8 cells/L，全湖平均值为 7.12×10^6 cells/L，其中硅藻门最高，为 3.13×10^6 cells /L，最低为裸藻门 2.87×10^4 cells /L(表 2-5)。空间分布呈现出北部湖心及中部和南部湖汊等区域浮游植物密度较高(图 2-6)。

表 2-5　东江湖浮游植物密度　（单位：cells/L）

门类	总密度	密度平均值
绿藻门 Chlorophyta	5.57×10^7	2.13×10^6
蓝藻门 Cyanophyta	1.29×10^7	1.35×10^6
硅藻门 Bacillariophyta	6.81×10^7	3.13×10^6
裸藻门 Euglenophyta	2.08×10^6	2.87×10^4
甲藻门 Pyyrophyta	6.32×10^5	9.47×10^4
金藻门 Chrysophyta	6.95×10^5	9.26×10^4
总计	1.40×10^8	7.12×10^6

资料来源：中国环境科学研究院，2016 东江湖水生态系统健康评估及富营养化防控方案。

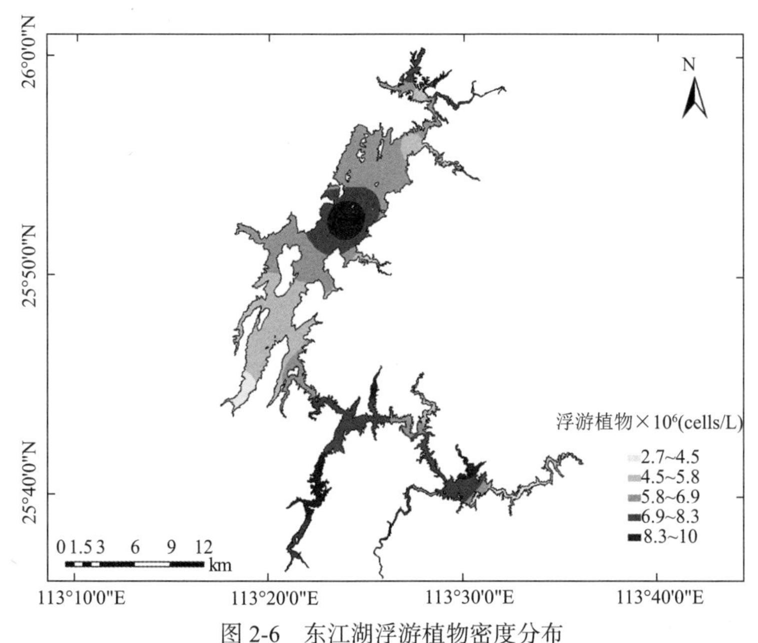

图 2-6　东江湖浮游植物密度分布

资料来源：中国环境科学研究院，2016 东江湖水生态系统健康评估及富营养化防控方案

3) 浮游植物优势种

东江湖浮游藻类优势种群主要有硅藻门的颗粒直链藻（*Melosira granulata*）、具星小环藻（*Cyclotella stelligera*），绿藻门的网状空星藻(*coelastrumreticulatum*)普通小球藻(*Chlorella vulgaris*)、四尾栅藻(*S. quadricauda*)、衣藻(*Chlamydomnas*)，蓝藻门的蓝纤维藻和细小隐球藻，以及甲藻门的微小原甲藻。从调查数据变化来看，硅藻、绿藻和蓝藻优势明显，裸藻门、金藻门少有出现(表 2-6)。

表 2-6　东江湖浮游植物优势种

硅藻门	绿藻门	蓝藻门	甲藻门	裸藻门	金藻门
颗粒直链藻、具星小环藻	网状空星藻、普通小球藻、四尾栅藻、衣藻	蓝纤维藻、细小隐球藻	微小原甲藻	微小变胞藻	分歧锥囊藻

资料来源：中国环境科学研究院，2016 东江湖水生态系统健康评估及富营养化防控方案。

4) 浮游植物多样性指数变化

根据浮游植物调查数据，利用 Shannon-Wiener 多样性指数(H)、Margalef 丰富度指数(M)和 Pielou 均匀度指数(J)等对各湖泊水质进行初步评价，如表 2-7 所示。

表 2-7　东江湖浮游植物多样性指数

丰富度指数	数值
H	2.31
M	2.77
J	0.40

2015 年东江湖浮游植物的 Shannon-Wiener 多样性指数的数值为 2.31，Margalef 丰富度指数数值为 2.77，Pielou 均匀度指数数值为 0.40。根据以上生物多样性指数可判断东江湖水质为中污染水平。

5) 浮游植物变化

通过资料调查(表 2-8)，东江湖在 2006～2007 年间浮游植物优势种主要有硅藻门的颗粒直链藻、具星小环藻和舟形藻，绿藻门的普通小球藻、卵囊藻、二形栅藻、四尾栅藻、衣藻，蓝藻门的色球藻，隐藻门的隐藻及裸藻门的具尾裸藻 11 种，全年硅藻、蓝藻和绿藻优势明显，甲藻、金藻少见。

表 2-8　东江湖浮游植物密度年变化趋势

门类	浮游植物密度 (×10^5 cells/L)			
	2006 年平水期	2007 年枯水期	2006 年与 2007 年平均值	2015 年枯水期
绿藻门 Chlorophyta	0.101	0.27	0.186	21.3
蓝藻门 Cyanophyta	0.019	0.038	0.029	13.5
硅藻门 Bacillariophyta	0.265	0.588	0.427	31.3
隐藻门 Cryptophyta	—	0.182	0.091	—
裸藻门 Euglenophyta	0.002	0.041	0.022	0.287
甲藻门 Pyyrophyta	0.001	0.001	0.001	0.947
金藻门 Chrysophyta	—	0.003	0.002	0.926
黄藻门 Xanthophyta	0.001	0.001	0.001	—
总计	0.389	1.124	0.759	68.26

门类	浮游植物的种类(种)	
	2006～2007 年	2015 年
绿藻门 Chlorophyta	39	26
蓝藻门 Cyanophyta	13	10
硅藻门 Bacillariophyta	25	13

续表

门类	浮游植物的种类(种)	
	2006～2007 年	2015 年
隐藻门 Cryptophyta	2	—
裸藻门 Euglenophyta	4	5
甲藻门 Pyyrophyta	3	2
金藻门 Chrysophyta	6	1
黄藻门 Xanthophyta	1	—
总计	93	57

根据中国环境科学研究院 2015 年 11 月调查显示(中国环境科学研究院,2016 东江湖水生态系统健康评估及富营养化防控方案),东江湖浮游植物主要优势种为颗粒直链藻与具星小环藻，绿藻门的网状空星藻、普通小球藻、四尾栅藻、衣藻，蓝藻门的蓝纤维藻和细小隐球藻及甲藻门的微小原甲藻种。硅藻、绿藻和蓝藻优势明显，裸藻、金藻少有出现，藻类多样性下降。

2. *浮游动物*

1)种类组成

东江湖中共鉴定浮游动物 34 个种属，其中原生动物 18 个种属，占 52.94%；轮虫 5 个种属，占浮游动物总数的 14.705%；枝角类 6 个种属，占 17.65%；桡足类 5 个种属占 14.705%。东江湖浮游动物种类组成详见表 2-9。

表 2-9　东江湖浮游动物种类组成

类别	种数(种)	比例(%)
原生动物	18	52.94
轮虫	5	14.705
枝角类	6	17.65
桡足类	5	14.705
总计	34	100

资料来源：中国环境科学研究院，2016 东江湖水生态系统健康评估及富营养化防控方案。

2)浮游动物密度

东江湖浮游动物全湖总密度为 38488 ind./L，平均值为 1451.2 ind./L，其中最高为原生动物 1209.1 ind./L，最少为枝角类 3.3ind./L(表 2-10)。空间分布呈出北部大部分地区和中部湖汉等区域浮游动物密度较高(图 2-7)。

表 2-10　东江湖浮游动物密度　　（单位：ind./L）

门类	总密度	密度平均值
原生动物	31200	1209.1
轮虫	6900	231.8
枝角类	132	3.3
桡足类	256	7.0
总计	38488	1451.2

资料来源：中国环境科学研究院，2016 东江湖水生态系统健康评估及富营养化防控方案。

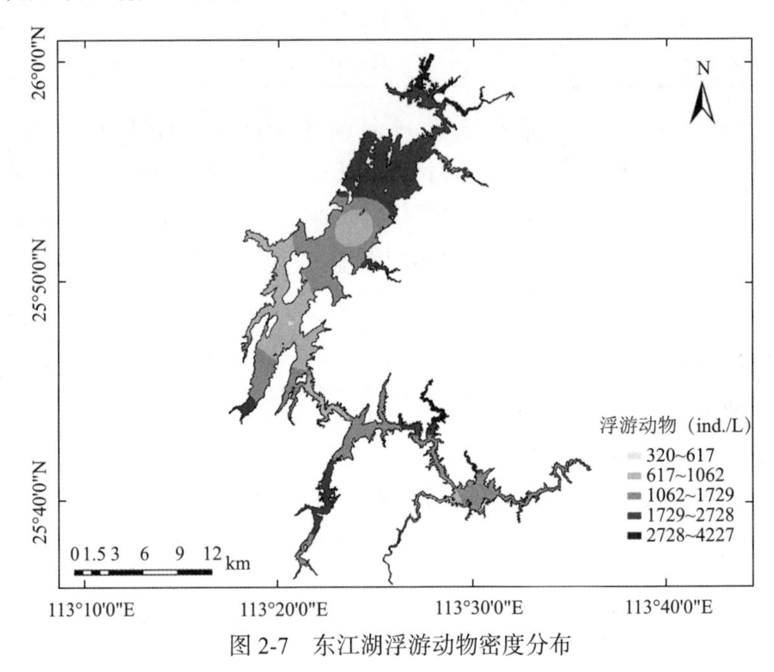

图 2-7　东江湖浮游动物密度分布

3）浮游动物优势种分布

浮游动物优势种为杯状似铃壳虫（*Tintinopsis cratera*），密度为 13200 ind./L，其次是王氏似铃壳虫 5400 ind./L；旋回侠盗虫（*Stribilidium gyrans*）3900 ind./L；泥炭刺胞虫（*Acanthocystis turfacea*）2100 ind./L，绿刺日虫（*Raphidiophrys viridis Archer* ）1200 ind./L，鳞壳虫（*euglypha*）1500 ind./L。轮虫优势种为螺形龟甲轮虫（*Keratella cochlearis*）3600 ind./L，其次是暗小异尾轮虫（*Trichocerca pusilla*）和长刺异尾轮虫（*Trichocerca longiseta*），密度均为 1500ind./L。枝角类优势种为长额象鼻溞（*Bosmina logirostris*），密度为 91 ind./L；其次是简弧象鼻溞（*Bosmina coregoni*）14ind./L，僧帽溞（*Evadne nordmanni*）12 ind./L，长肢秀体溞（*Diaphanosoma leuchtenbergianum*）11 ind./L。桡足类优势种为广布中剑水蚤

(*Mesocyclops leuckarti*) 166 ind./L，舌状叶镖水蚤(*Phyllodiaptomus tunguidus*) 52 ind./L，无节幼体(*nauplius*) 32 ind./L。东江湖浮游动物优势种详见表 2-11。

表 2-11　东江湖浮游动物优势种

原生动物	轮虫	枝角类	桡足类
杯状似铃壳虫	暗小异尾轮虫	长额象鼻溞	广布中剑水蚤
王氏似铃壳虫	螺形龟甲轮虫	简弧象鼻溞	舌状叶镖水蚤
旋回侠盗虫		僧帽溞	无节幼体
泥炭刺胞虫		长肢秀体溞	
绿刺日虫			
鳞壳虫			

4) 浮游动物多样性指数变化

Hakkari 等(1978)应用浮游动物中的富营养型种(E)和贫营养型种(O)种数 CC 值(E/O)来判定水体类型。

表 2-12 为东江湖浮游动物营养性。水体类型：E/O 营养类型；<0.5 为贫营养型；0.5～1.5 之间为中营养型；1.5～5 之间为富营养型；>5 为超富营养型。E/O=10/21=0.47，由 E/O 指数计算可知，东江湖水体为贫营养型。

东江湖 2015 年单次调查，浮游动物的 Shannon-Wiener 多样性指数(H)的数值为 2.279，可判断水质正从寡污到轻度污染发展。

表 2-12　东江湖浮游动物营养型

种类	贫-中营养型(O)	中-富营养型(E)
原生动物	王氏似铃壳虫、杯状似铃壳虫、拟砂壳虫、球状砂壳虫、尖顶砂壳虫、表壳虫、刺胞虫、侠盗虫、弹跳虫、单环栉毛虫、筒壳虫、帆口虫	斜毛虫、鳞壳虫、刺日虫、板纤虫、急游虫、裸口虫
轮虫	暗小异尾轮虫、长刺异尾轮虫、等刺异尾轮虫、罗氏异尾轮虫	螺形龟甲轮虫
枝角类	长肢秀体溞、长额象鼻溞、简弧象鼻溞	僧帽溞、方形网纹溞、透明溞
桡足类	舌状叶镖水蚤、跨立小剑水蚤	广布中剑水蚤、短尾温剑水蚤
种类数	21	12

5) 浮游动物变化

根据 2013 年《东江湖生态环境保护 2013 年度实施方案》得到的东江湖流域 2006 年平水期及 2007 年枯水期浮游动物数据可知，优势种变化明显，2006～2007 年主要优势种为剑水蚤、似铃虫、多肢轮虫、晶囊轮虫、透明溞和龟甲轮虫，而

2015 年单次调查显示浮游动物优势种原生动物主要是杯状似铃壳虫、王氏似铃壳虫；轮虫优势种为螺形龟甲轮虫、暗小异尾轮虫和长刺异尾轮虫；枝角类优势种为长额象鼻溞；桡足类优势种为广布中剑水蚤(图 2-8)。

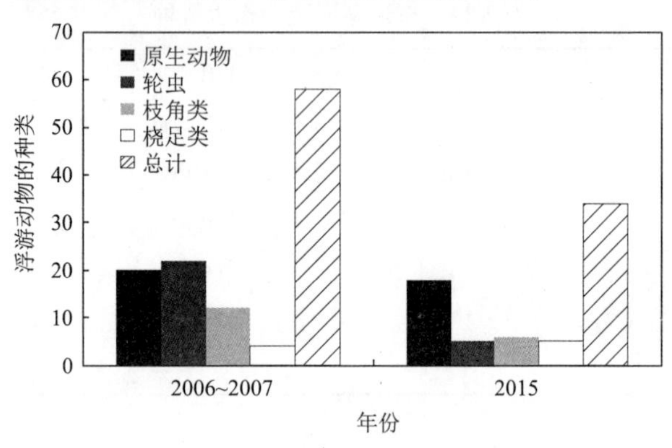

图 2-8 浮游动物种类变化趋势

自 2007 年以来，东江湖浮游动物密度总量总体波动变化较大。2015 年枯水期浮游动物密度总量为 38488 ind./L，比 2006 年丰水期、2007 年枯水期及平均值分别高了 8.2 倍、10.6 倍和 9.2 倍。但发现枝角类和桡足类等大中型浮游动物减少，2015 年枯水期枝角类比 2006 年平水期和 2007 年枯水期及平均值分别减少了 66.6%、57.1%和 62.4%，而以桡足类减少幅度最大，2015 年枯水期桡足类比 2006 年平水期和 2007 年枯水期及平均值分别减少了 76.8%、90.3%和 86.3%，浮游动物呈现小型化。浮游动物密度变化趋势详见图 2-9。

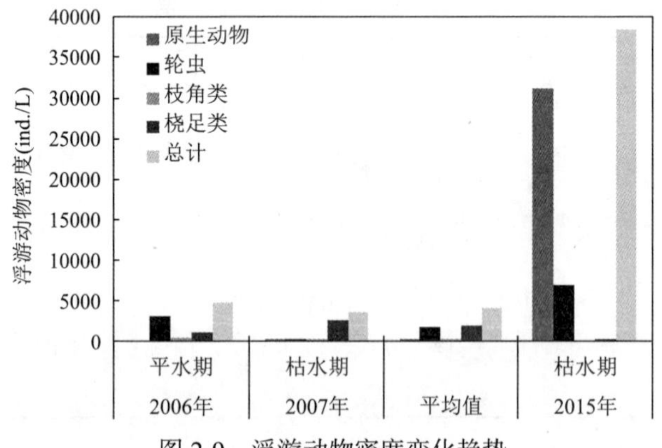

图 2-9　浮游动物密度变化趋势

6) 浮游动植物总体评价

东江湖全湖可见，颗粒直链藻、具星小环藻、网状空星藻、杯状似铃壳虫、异尾轮虫、舌状叶镖水蚤等寡污性指示种优势度较高，CC 值判断东江湖为贫营养湖泊，但局部出现了污染种，如东江湖中部兜率区出现了一定数量的微囊藻(2.84×10^6 cells/L)，而北部地区如光桥河入湖断面、下盈河入湖断面、资兴江入湖断面和东江湖北部典型断面及中部东江湖兜率区东部湖湾断面、滁水入境断面，南部牛头河断面及新田河考核断面均出现了螺形龟甲轮虫(300～900 ind./L)，且根据生物多样性指数评价结果，东江湖水质已从寡污发展为轻度污染，因此，若不采取有效截污措施，东江湖局部区域将存在一定富营养化风险。

3. 鱼类资源

2014 年，水产放养水面面积 20.96 万亩①，其中池塘养鱼 2.845 万亩，池塘精养面积 2.11 万亩，放养 17.7 万亩，网箱养殖面积 14.75 万 m^2。全年共投放鱼种 3.53 亿尾，约 6330 多 t，水产品总产量达 3.14 万 t，产值 31656 万元，同比上涨 8.65%。主要养殖品种有草鱼、鳙鱼、虹鳟、翘嘴红鲌、鲟鱼、斑点叉尾鮰、三角鲂、鲢鱼等 20 多个。流域有 8 个科 54 种鱼类，其中鲤科 36 种，鳅科 5 种，鱼危科 4 种，刺鳅科 1 种，鱼夹科 1 种，平鳍鳅科 2 种，鮨科 4 种，攀鲈科 1 种。其中，有经济价值的鱼类 31 种，分属于杂食性与肉食性等类型。

4. 大型水生植物资源

水生维管束植物中千金子和五节芒在河道出现率最高。本研究共采得水草 20 种，分别代表着 12 种、17 属。按其生长习性可分成三个类型，即沉水植物共 4 种，飘浮植物 1 种，湿地植物 15 种。

2.3　东江湖溶解性有机质特征及指示意义

系统梳理和分析水质变化及原因对湖泊保护治理具有针对性指导作用。本研究选取了 22 个水质调查断面，采样研究了东江湖水质变化特征，利用光谱学技术进一步揭示了溶解性有机物(DOM)组成结构特征对水质的指示作用，由此探讨了东江湖水质变化原因，以期为制定东江湖水环境保护治理方案提供理论支撑。

2.3.1　东江湖溶解性有机质含量及分布

东江湖水体 DOM 含量[以 DOC(溶解性有机碳)计算]如图 2-10 所示，DOC 含量在 0.871～2.404 mg/L 之间，平均值 1.261 mg/L，由于北部白廊等区域受周边生活污染排放及网箱养殖遗留污染等影响，该湖区(均值 1.497 mg/L)较中部(均值 1.191 mg/L)和南部湖区(均值 1.009 mg/L)含量高。

---

① 1 亩≈666.67 m^2。

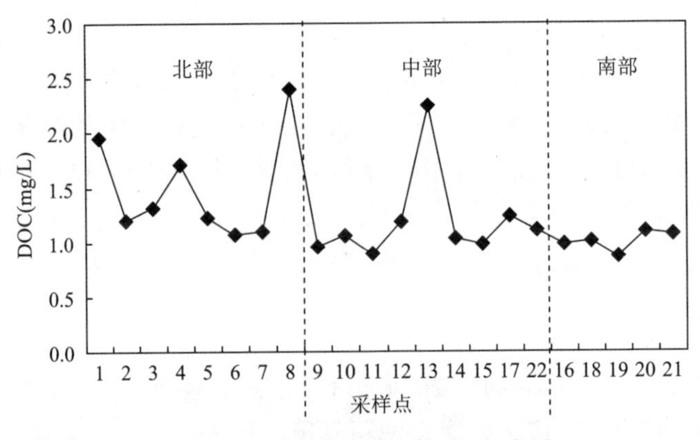

图 2-10 东江湖表层水体 DOC 含量

此外，东江湖水体不同深度 DOC 含量变化见图 2-11，DOC 含量呈现随深度增加升高的趋势，在 30 m 处出现拐点，达到最高值。

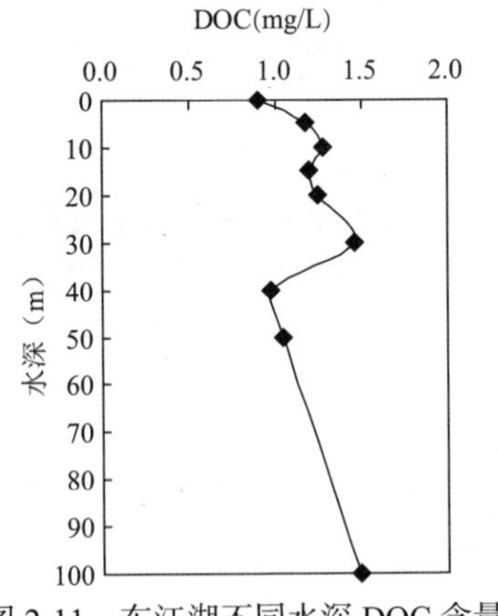

图 2-11 东江湖不同水深 DOC 含量

2.3.2 东江湖表层水体溶解性有机质结构组成

$SUVA_{254}$ 值是单位浓度溶解性有机物在 254 nm 下的紫外吸光度，可反映物质的芳香性(Nishijima et al.，2004)。大分子量有机物质较小分子量有机物质有较高含量的芳香族和不饱和共轭双键结构（Peuravuori et al.，1997）。如图 2-12 所示，东江湖表层水体 DOM 的 $SUVA_{254}$ 值在 1.072～4.582 之间(均值为 2.252)。另外，不同湖区 $SUVA_{254}$ 值有所不同，北部湖区 $SUVA_{254}$ 值在 1.072～2.019 之间(均值为 1.648)；中部湖区 $SUVA_{254}$ 值在 1.148～4.582 之间(均值为 2.465)；南部湖区 $SUVA_{254}$ 值在 2.248～3.696 之间(均值为 2.834)。Li 等(2014)的研究表明，DOM 分子腐殖化程度较高，可维持有机质释放和转化，可缓解有机质释放营养盐而造成的水体富营养化风险。本研究结果表明，东江湖南部湖区表层水体 DOM 分子腐殖化程度和芳构化程度较高，活性较低，利于水质保护(He et al., 2011)。

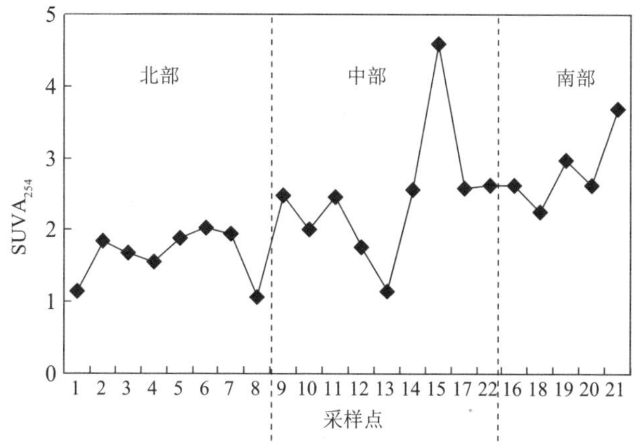

图 2-12　东江湖表层水体 DOM 的 $SUVA_{254}$ 值分布

A_{253}/A_{203} 值是有机物在 253nm 与 203 nm 处紫外吸光度比值，能反映其芳香环的取代程度与取代基种类。A_{253}/A_{203} 值较高，芳香环上的取代基中羰基、羧基、羟基、酯类含量较高；而 A_{253}/A_{203} 值较低，则取代基以脂肪链为主(Korshin et al., 1997)。如图 2-13 所示，东江湖表层水体 DOM 的 A_{253}/A_{203} 在 0.010～0.099 之间，平均值为 0.054。不同湖区 DOM 的 A_{253}/A_{203} 值有所不同，北部湖区 A_{253}/A_{203} 值在 0.049～0.06 之间(均值 0.053)；中部湖区 A_{253}/A_{203} 值在 0.01～0.099 之间(均值 0.045)；南部湖区 A_{253}/A_{203} 值在 0.059～0.091 之间(均值 0.074)，表明南部湖区 DOM 分子较北部和中部湖区含有较多的羰基、羧基、羟基、酯类，而脂肪链较少。

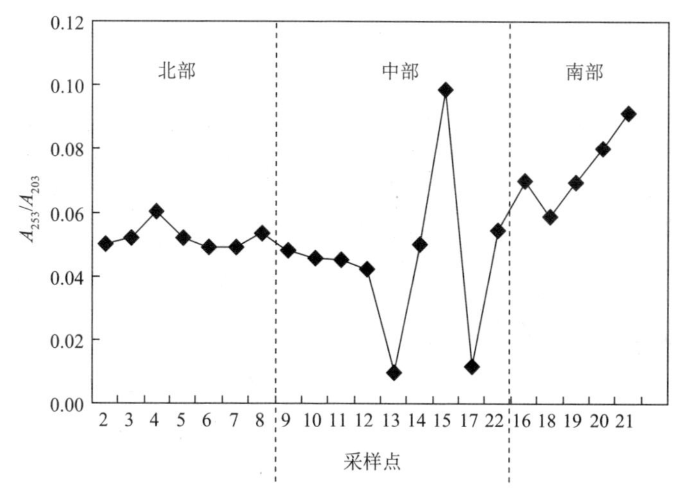

图 2-13　东江湖表层水体 DOM 的 A_{253}/A_{203} 值特征

平行因子分析能把三维荧光光谱分解成独立的荧光组分(Wu et al., 2012; He et al., 2013)。利用三维荧光光谱，结合平行因子分析法，分析东江湖全湖采集的22个表层样品三维荧光光谱。图2-14为在激发和发射方向残差平方和绘制的三种不同模型，有四个以上组分是适合的数据集，利用平行因子鉴定东江湖表层水体DOM 4个荧光组分(图2-15)。根据前人研究可知，C1来源于陆源类腐殖质物质(Yamashita and Jaffe, 2008), C2也为陆源腐殖质组分(Yao et al., 2011), C3和C4是与微生物活动有关的类色氨酸组分(Coble et al., 1996; He et al., 2014)。因此，东江湖表层水体DOM主要为两类物质，一类为类腐殖质物质，包括C1和C2，另一类为类蛋白物质包括C3和C4。

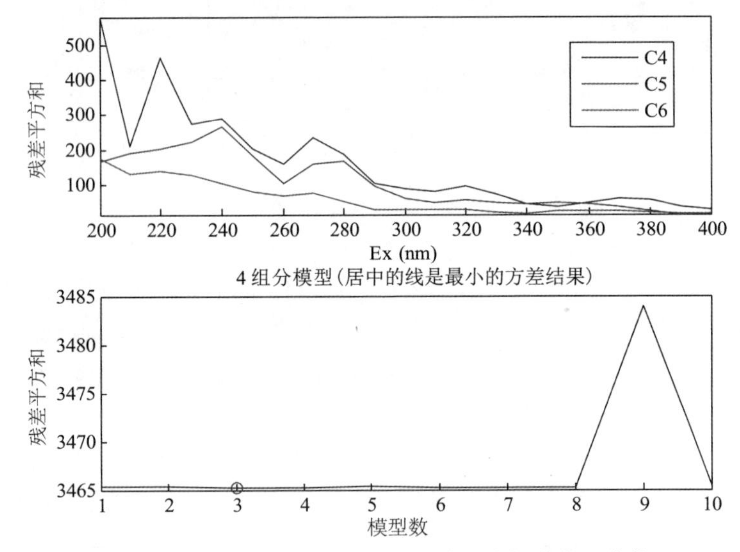

图2-14　荧光光谱平行因子方法残差分析确定组分数

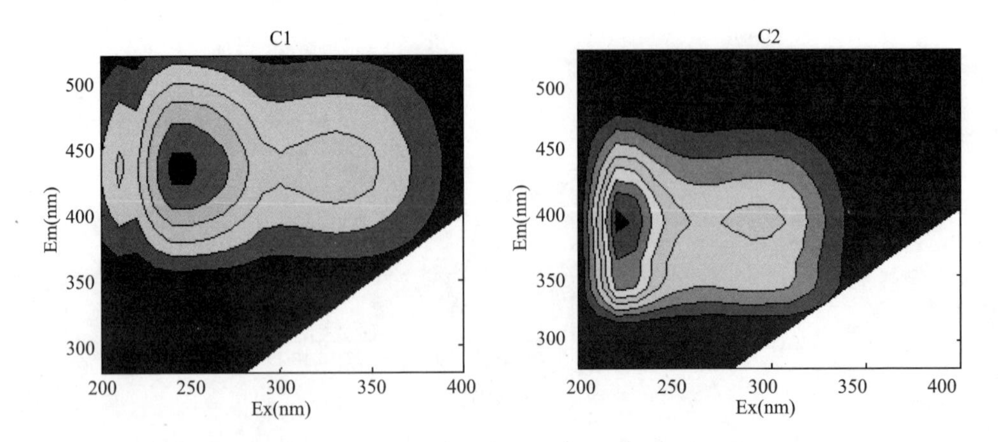

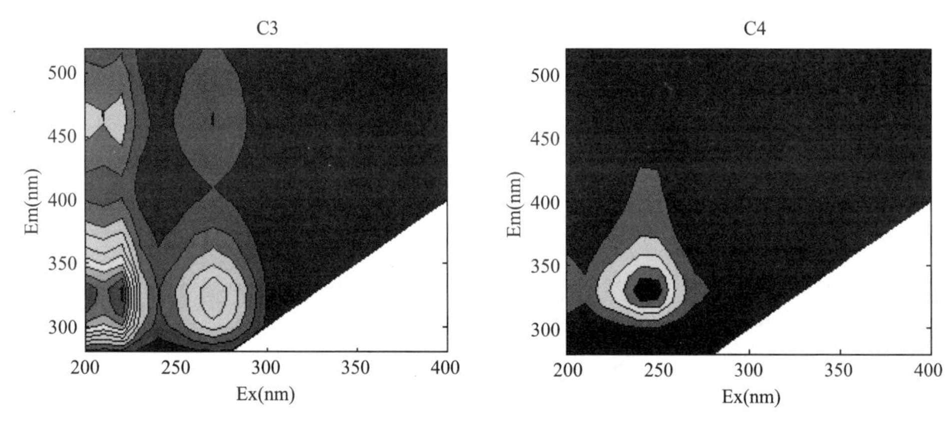

图 2-15　表层水体 DOM 经平行因子分析法鉴定出的 4 个荧光组分

此外，东江湖水体 DOM 平行因子分析所得 4 个荧光组分荧光强度 F_{max} 特征如图 2-16 所示。不同样品 C1 组分的 F_{max} 值在 7.45～14.25 之间(平均值为 10.03)，C2 组分的 F_{max} 值在 8.12～13.01 之间(平均值为 10.30)，C3 和 C4 组分 F_{max} 值分别在 6.55～11.99 之间(平均值为 8.49)和 0～15.12 间(平均值为 4.84)。

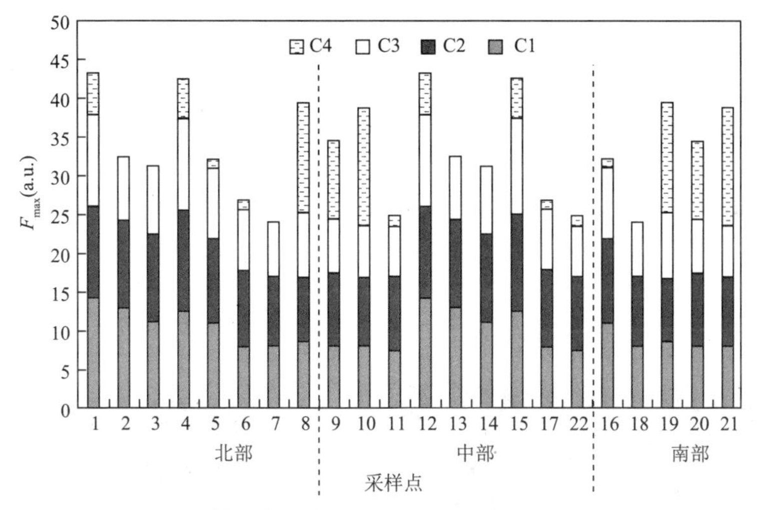

图 2-16　东江湖水体 DOM 4 个荧光组分的 F_{max} 分布

(1)C1 组分北部湖区在 7.90～14.25 之间(平均值为 10.83)，中部湖区在 7.45～14.25 之间(平均值为 9.99)，南部湖区在 8.08～11.04 之间(平均值为 8.79)；

(2)C2 组分北部湖区在 8.12～13.01 之间(平均值为 10.70)，中部湖区在 8.76～13.01 之间(平均值为 10.54)，南部湖区在 8.12～10.92 之间(平均值为 9.24)；

(3) C3 组分北部湖区在 6.92～11.99 之间(平均值为 9.14)，中部湖区在 6.55～11.99之间(平均值为8.38)，南部湖区在6.82～9.12之间(平均值为7.67)；

(4) C4 组分北部湖区在 0～14.19 之间(平均值为 3.34)，中部湖区在 0～15.12 之间(平均值为 4.36)，南部湖区在 0～15.12 之间(平均值为 8.10)。

由于 C1 和 C2 组分为类腐殖质物质，而 C3 和 C4 组分为类蛋白物质，C1+C2 组分占总物质的 61.70%，而 C3+C4 则占总物质 38.30%。C1+C2 组分占比排序：北部(均值 63.31%)>中部(均值 61.72%)>南部(均值 53.35%)；C3+C4 组分占比排序：南部(均值 46.65%)>中部(均值 38.28%)>北部(均值 36.69%)。

由以上研究结果可见，东江湖表层水体 DOM 主要以类腐殖质物质为主，而类蛋白物质含量相对较少，并且北部湖区类腐殖质物质含量较高，类蛋白物质含量较少；而南部湖区类蛋白物质含量较高，类腐殖质物质较少。以上结果可能是由于北部湖区白廊等区域受周边生活污染排放及网箱养殖遗留污染等影响较大，而致使陆源类腐殖质物质含量较高。

三维荧光光谱区域积分方法能定量DOM不同组分，已被广泛应用于研究DOM组成结构特征和探索理解 DOM 在天然环境下的环境行为(Marhuenda-Egea et al., 2007；Ishii and Boyer，2012；Li et al.，2016)。东江湖表层水体 DOM 三维荧光光谱(EEM)主要显示了类蛋白与类腐殖质两类荧光峰(图 2-17)。由于样品数据荧光图较多，仅选择了能代表总体荧光图谱趋势的北部、中部和南部湖区各 2 个点 6 个荧光图谱为例分析。根据荧光区域指数(FRI)得到了东江湖表层水体 6 个荧光图谱(图 2-17)的 5 个区域，其中区域Ⅰ和Ⅱ主要代表色氨酸和酪氨酸等简单芳香蛋白类物质含量(Ahmad et al.，1999)；区域Ⅲ主要代表类富里酸、酚类、醌类等物质的含量(Mounier et al.，1999)；而区域Ⅳ与可溶性微生物代谢产物有关(Coble，1996)；区域Ⅴ与类胡敏酸、多环芳烃等分子量较大，且芳构化程度较高的有机物有关(Artinger et al.，2000)。

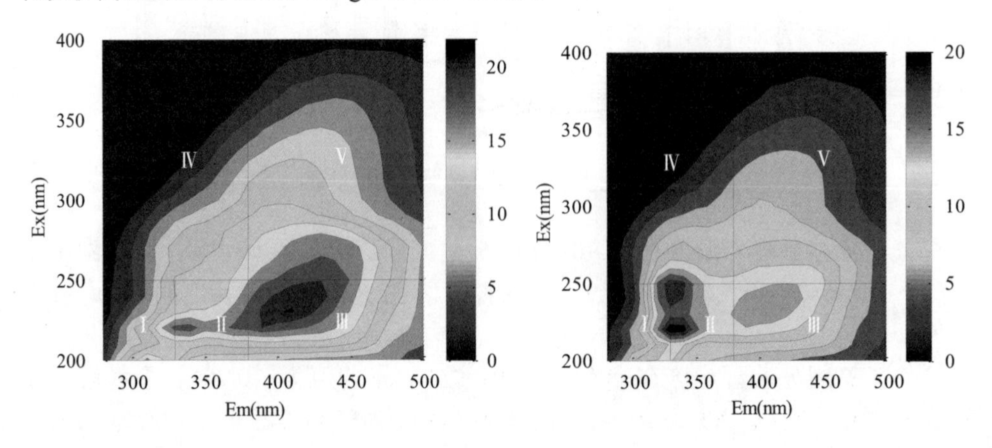

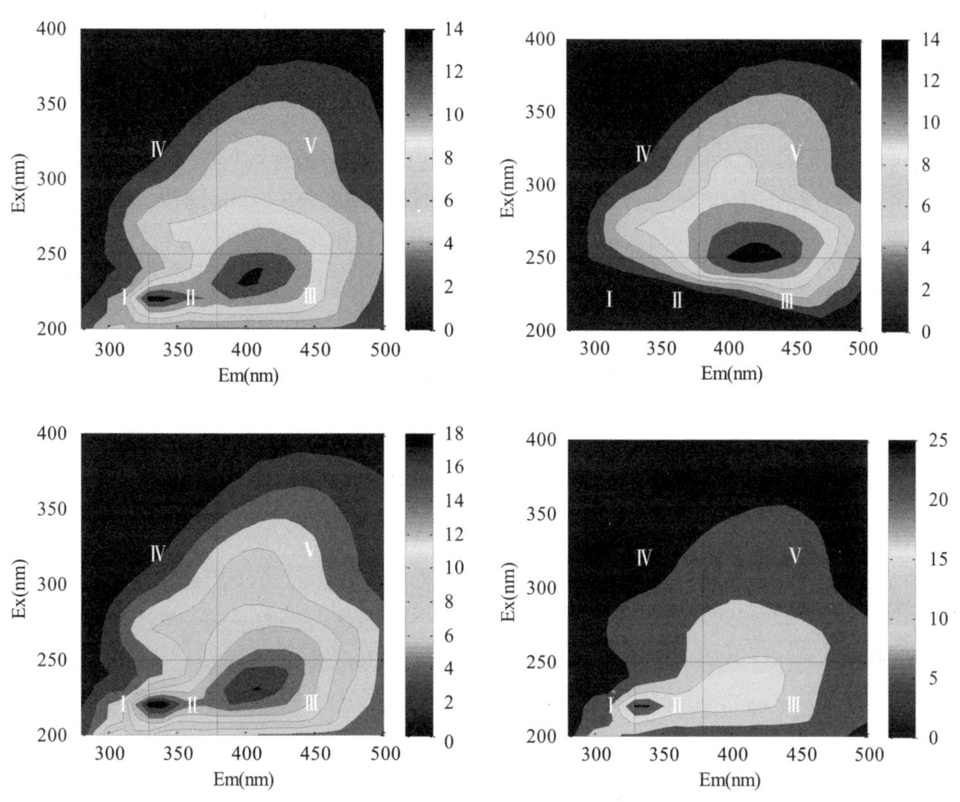

图 2-17　东江湖表层水体 DOM 三维荧光光谱

$P_{\mathrm{I},n}$和$P_{\mathrm{II},n}$均由简单芳香蛋白类物质所产生，因此，可将两个区域归为一类$P_{(\mathrm{I}+\mathrm{II},n)}$，$P_{(\mathrm{III},n)}$和$P_{(\mathrm{V},n)}$均由腐殖质类复杂有机物质产生，可将这两个区域归为一类$P_{(\mathrm{III}+\mathrm{V},n)}$，结果如图 2-18 所示。

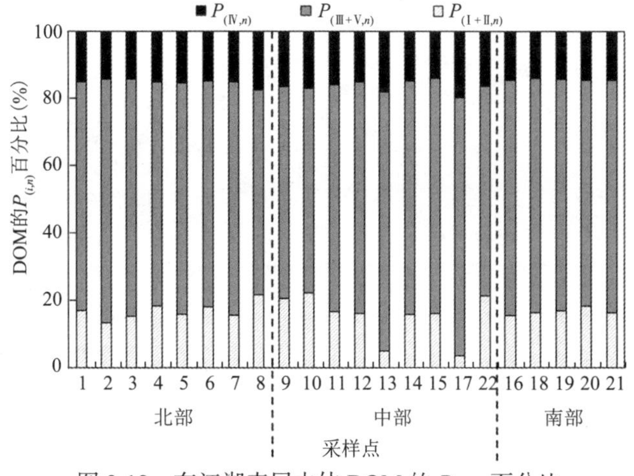

图 2-18　东江湖表层水体 DOM 的$P_{(i,n)}$百分比

东江湖不同湖区表层水体 DOM 的 $P_{(\mathrm{I+II},\ n)}$在 3.44%～22.10%之间(平均值 16.00%)；$P_{(\mathrm{III+V},\ n)}$在 60.99%～76.97%之间(均值为 68.43%)；$P_{(\mathrm{IV},\ n)}$在 14.09%～19.83%之间(平均值为 15.58%)。

(1)北部湖区 $P_{(\mathrm{I+II},n)}$在 13.31%～21.38%之间(均值为 16.65%)，中部湖区在 3.44%～22.10%之间(均值为 15.10%)，南部湖区在 15.50%～18.11%之间(均值为 16.56%)；

(2)$P_{(\mathrm{III+V},\ n)}$北部湖区在 60.99%～72.25%之间(均值为 68.08%)，中部湖区在 60.90%～76.97%之间(均值为 68.45%)，南部湖区在 67.27%～69.80%之间(均值为 68.94%)；

(3)$P_{(\mathrm{IV},\ n)}$北部湖区在 14.37%～17.63%之间(均值为 15.27%)，中部湖区在 14.09%～19.83%之间(均值为 16.45%)，南部湖区在 14.14%～14.70%之间(均值为 14.50%)。

因此，东江湖表层水体 DOM 以类腐殖质物质为主，其次为类蛋白物质和微生物代谢产物。根据前人研究发现，腐殖质物质的形成有助于固定如氨基酸和多糖等营养物质，且能抑制土壤硝化作用从而影响氮循环，同时腐殖质能限制碱性磷酸酶活性，从而阻碍有机磷转化为无机磷(Newman et al.，1993)。因此，东江湖表层水体 DOM 以类腐殖质物质为主，有助于防止大量营养盐释放。

此外，荧光特征参数也可反映 DOM 来源特征。自生源指数(biological index，BIX)是可用来反映 DOM 自生贡献比例的指标，BIX 值大于 1 时代表 DOM 主要来源于湖内生物、细菌及其代谢产物；而介于 0.6～0.7 之间时，表示主要来源于外源输入，即受流域人类活动影响较大(Huguet et al.，2009)。由图 2-19 可知，东江湖表层水体 DOM 的 BIX 值在 0.867～1.017 之间(均值为 0.965)。不同湖区有所不同，其中北部湖区在 0.949～1.014 之间(均值为 0.986)，中部湖区在 0.904～1.017 之间(均值为 0.966)，南部湖区在 0.867～0.965 之间(均值为 0.930)。

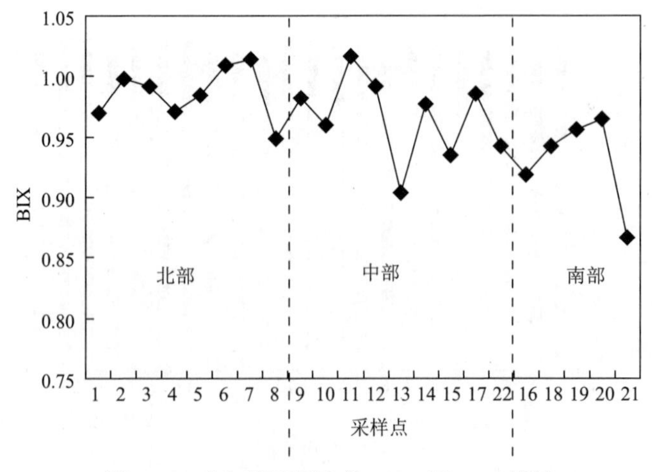

图 2-19　东江湖表层水体 DOM 的 BIX 特征

以上结果表明，东江湖表层水体 DOM 主要来源于湖内生物代谢，但也受外源输入影响，尤其在南部湖区如淇水、浙水等受入湖河流影响较大。因此，东江湖保护不仅要注意内源释放作用，更应重视控制外源输入影响。

2.3.3 东江湖垂向水体溶解性有机质结构组成

东江湖不同水深 DOM 的 $SUVA_{254}$ 值和 A_{253}/A_{203} 值特征如图 2-20 所示，$SUVA_{254}$ 值总体呈现先降低后升高趋势，且在 30 m 处达到最低值，相比于表层 0.5 m 降低了 34.61%，而在 100 m 处达到最高值，相比于表层升高了 6.11%。意味着 DOM 分子腐殖化程度随水深增加先出现分子腐殖化程度降低后升高的趋势，可能与 30 m 水深之上微生物活动代谢旺盛，有利于 DOM 矿化降解而致使分子腐殖化程度降低等有关。而在 30 m 水深之下，尤其深水区微生物代谢活动降低，而使 DOM 分子逐渐累积转化成结构复杂的物质，导致 DOM 分子腐殖化程度升高。

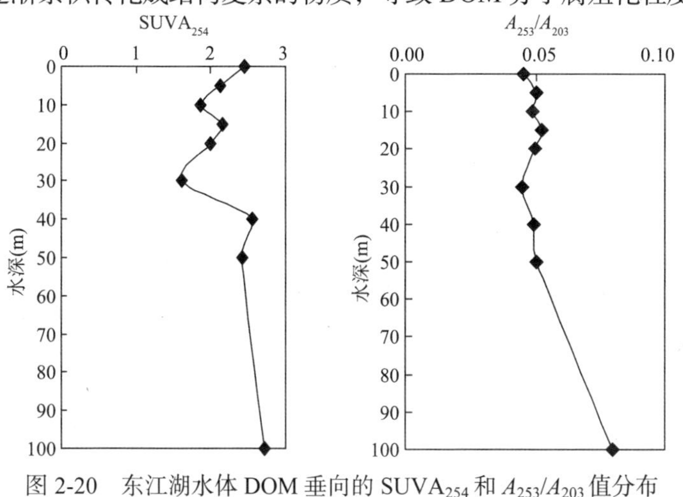

图 2-20　东江湖水体 DOM 垂向的 $SUVA_{254}$ 和 A_{253}/A_{203} 值分布

A_{253}/A_{203} 值总体呈现先升高再降低又升高的趋势，30 m 处为临界点，与表层水体相近，但在 30 m 以下至 100 m 水深范围又逐渐升高，且最深水层处相比于表层高了 43.20%。意味着 DOM 分子芳香环上的取代基种类，随水深的增加逐渐由以脂肪链为主向以羰基、羧基、羟基、酯类为主转化。

图 2-21 为在激发和发射方向残差平方和绘制的三种不同模型，很显然有三个以上组分是适合的数据集。平行因子鉴定东江湖不同水深水体 DOM 有 4 个荧光组分（图 2-22），C1 组分来源于陆源类腐殖质物质（Burdige et al.，2004），C2 组分来源于自源微生物代谢活动有关的类色氨酸组分（Murphy et al.，2008；Yao et al.，2011），C3 组分来源于陆源腐殖质物质，是传统的腐殖质 A 峰和 C 峰的混合（Murphy et al.，2008），C4 组分来源于自源微生物代谢活动有关的类酪氨酸组分

(Stedmon et al., 2005; Murphy et al., 2008)。因此，东江湖不同水深 DOM 主要为两类物质，一类为类腐殖质物质，包括 C1 和 C3，另一类为类蛋白物质包括 C2 和 C4。

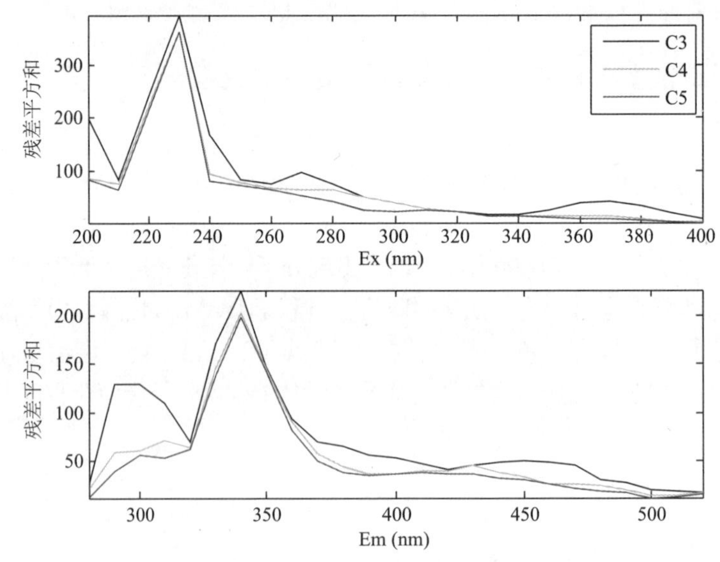

图 2-21　荧光光谱平行因子方法残差分析确定组分数

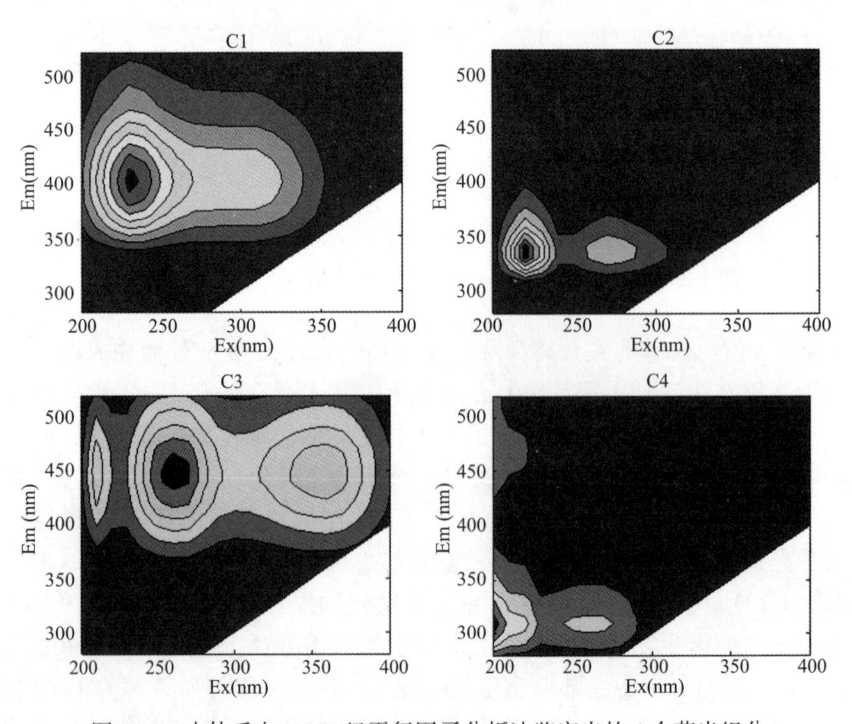

图 2-22　水体垂向 DOM 经平行因子分析法鉴定出的 4 个荧光组分

此外，东江湖水体 DOM 经平行因子分析所得 4 个荧光组分的荧光强度得分值 F_{max} 特征如图 2-23 所示，不同水深 C1、C2 和 C4 组分的 F_{max} 值随水深增加总体呈现增加的趋势，而 C3 组分则总体呈现先降低后升高再降低趋势，且在 15 m 达到最高值。研究指出，沉积有机物质释放而使水体 DOM 组分随深度增加而增多(Fu et al.，2007)。另外，DOM 荧光强度在 20 m 处和 50 m 处明显增加，可能是成岩污染而引起的微生物活动加强所致(Fu et al.，2007；Wang et al.，2013)。

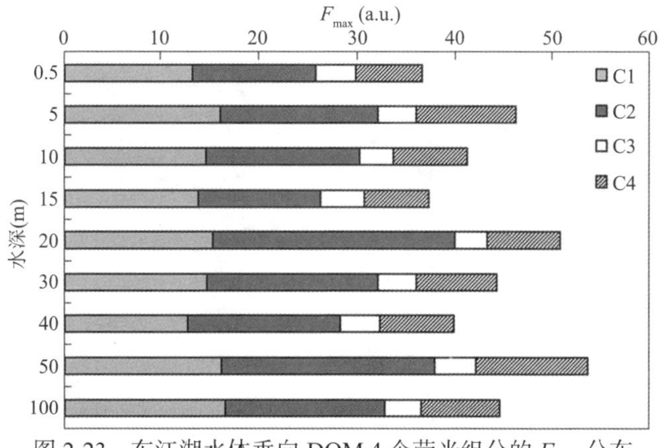

图 2-23　东江湖水体垂向 DOM 4 个荧光组分的 F_{max} 分布

同时，东江湖不同深度水体 DOM 三维荧光光谱也主要显示了类蛋白与类腐殖质两类荧光峰(图 2-24)，根据 FRI 值得到了东江湖表层及不同水深水体 DOM 的 8 个荧光图谱的 5 个区域。

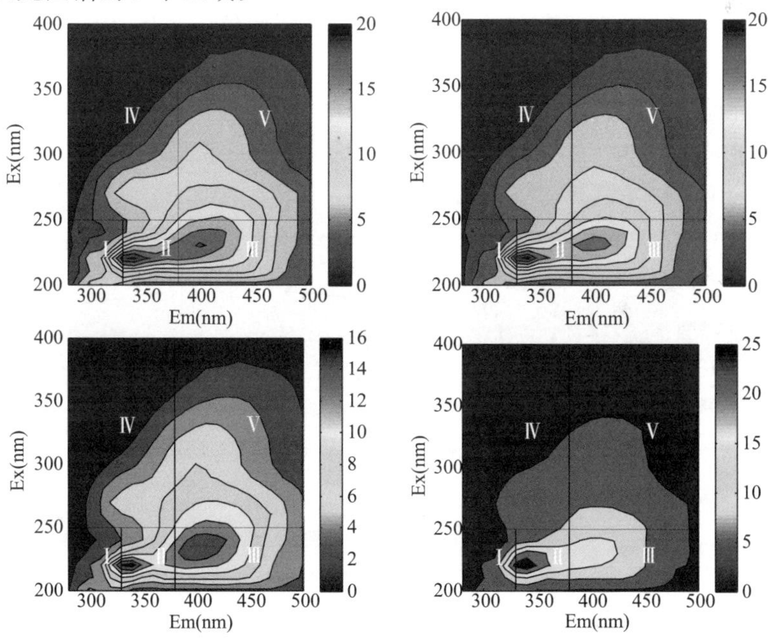

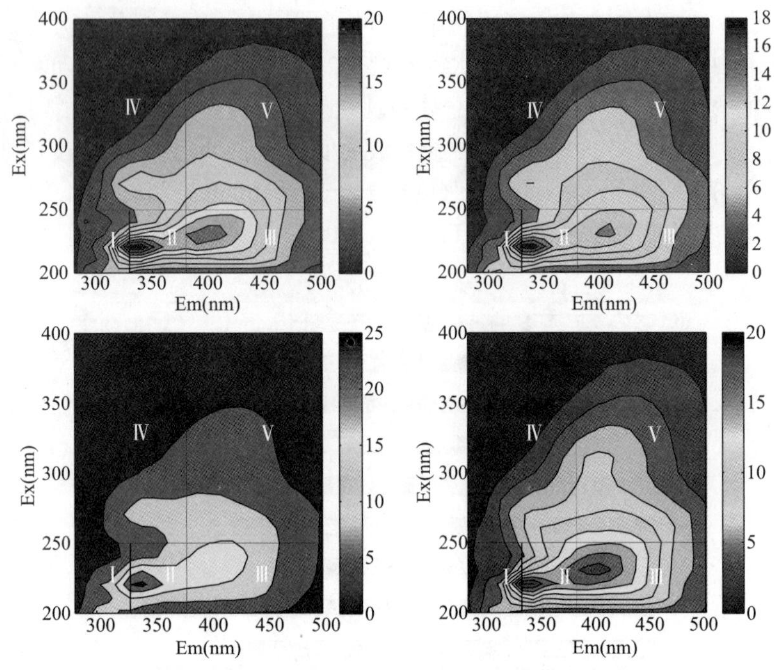

图 2-24 东江湖水体 DOM 垂向三维荧光光谱

根据不同水深水体 DOM 的 $P_{(i,\ n)}$百分比可知(图 2-25)，不同水深 DOM 的 $P_{(\mathrm{I+II},\ n)}$总体呈现升高趋势，且在 20 m 处达到最高值，而 15 m 处达到最低值；$P_{(\mathrm{III+V},\ n)}$呈现先降低后升高再降低趋势，在 15 m 处达到最高值，而在 20 m 处达到最低值；$P_{(\mathrm{IV},\ n)}$总体呈现降低趋势，在 50 m 处达到最高值，而在 10～15 m 值较低。以上结果说明类蛋白物质含量随深度增加出现累积增加趋势，类腐殖质物质则可能由于沉积过程中微生物活动降解而降低，可溶性微生物代谢产物总体呈现降低趋势，可能随深度增加微生物代谢活动降低，而致使可溶性微生物代谢产物减少。

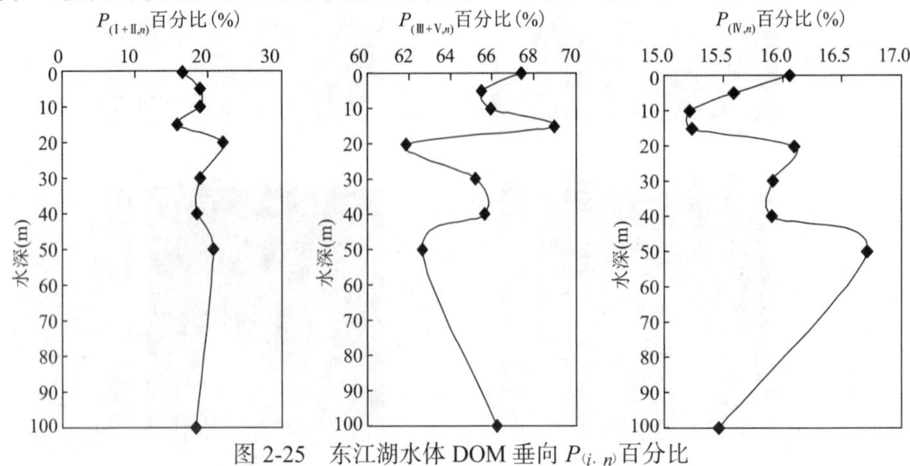

图 2-25 东江湖水体 DOM 垂向 $P_{(i,\ n)}$百分比

此外，东江湖不同水深 BIX 分布特征可见(图 2-26)，BIX 值由表层到深层总体呈升高趋势，说明随水深增加，DOM 来源主要受湖内生物代谢活动影响；20 m 处达到最高值，表明 20 m 处温度适宜，微生物活动代谢较旺盛。

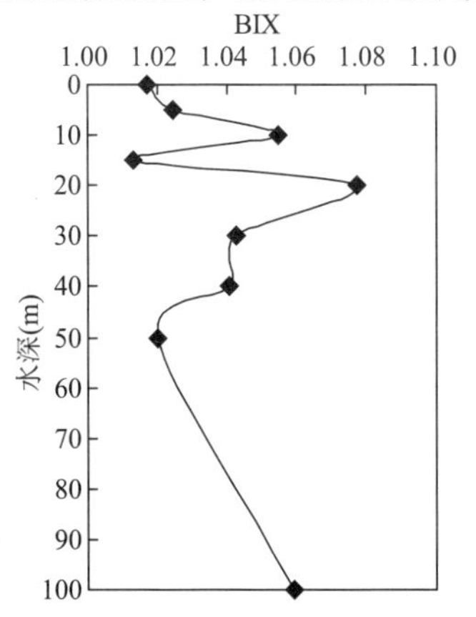

图 2-26　东江湖水体 DOM 垂向 BIX 特征

2.3.4　东江湖溶解性有机质与水质关系及指示意义

为了揭示 DOM 结构特征与氮磷含量及水质间关系，本研究利用聚类分析方法(hierarchical cluster analysis)，分析了 DOM 荧光紫外特征参数与沉积物氮磷含量及其水质指标间相关关系(图 2-27)。根据前人研究指出，参数间距离越近，其组分越相似(Zbytniewski and Buszewski，2005)。

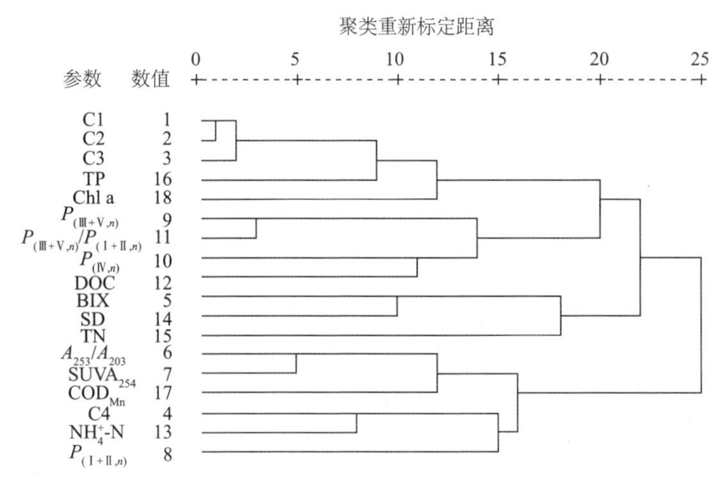

图 2-27　洱海、洞庭湖及东江湖 DOM 不同特征参数与水质指标间关系

本研究不同参数可大致分为三组，其中一组为 A_{253}/A_{203}、$SUVA_{254}$、COD_{Mn}、

C4、NH_4^+-N 和 $P_{(\text{I}+\text{II},\ n)}$，表明东江湖水体 DOM 结构(DOM 分子腐殖化程度、取代基种类和类蛋白物质)对水体 COD_{Mn} 和 NH_4^+-N 浓度影响较大。另一组由 C1、C2、C3、TP、Chl a、$P_{(\text{III}+\text{V},\ n)}$，$P_{(\text{III}+\text{V},\ n)}/P_{(\text{I}+\text{II},\ n)}$、$P_{(\text{IV},\ n)}$、DOC 组成，表明 DOM 结构组成(类腐殖质物质、可见区类色氨酸等物质、类腐殖质与类蛋白物质含量比例、可溶性微生物代谢产物、DOC 含量及自生贡献比例)对水体 TP 及叶绿素 a 浓度有积极影响。BIX、SD 和 TN 为第三组，表明 DOM 自生源贡献比例对水体透明度及 TN 浓度有积极影响。

因此，以上结果表明东江湖水体 DOM 组成结构变化对水体氮磷浓度具有重要作用，也进一步说明 DOM 组成特征变化可在一定程度指示湖泊水体营养状态。再者，本研究将 DOM 组成结构，例如 DOC 浓度、分子腐殖化程度、类腐殖质物质与类蛋白物质含量比例和生物自贡献比例对水体TN和TP浓度影响与前人研究结果比较(Li et al.，2015，2016)，如图 2-28 所示。洱海水质为Ⅱ～Ⅲ类(Li et al.，2014)，洞庭湖为Ⅳ类(Du et al.，2011)，而东江湖属于水质良好湖泊，水质在Ⅰ～Ⅱ类之间。不同营养水平湖泊展示出相类似结果，意味着 DOM 组成结构改变可影响水体氮磷浓度变化，进一步表明水质状况在一定程度上能被 DOM 组成特征所指示。根据水体 DOM 的指示意义可见，对于东江湖的保护应着重加强外源污染控制，减少内源 DOM 释放，尤其在北部 DOC 和类腐殖质物质含量较高湖区及临近入湖河流区域等。同时，应加强内源污染控制，优化和调整水生态系统结构和功能，促进东江湖生态修复，是提高东江湖保护水平的关键。

2.4 本 章 小 结

目前东江湖水生态系统总体较好地保持了近自然状态，但存在系统功能变化明显、人为干扰较大及管理薄弱等问题。尽管东江湖水质总体较好，但部分时段局部水域氮磷浓度较高，特别是近年来氮浓度升高趋势明显，水质下降风险较大。东江湖沉积物局部区域重金属含量逐渐积累，含量较高，尤其是镉、砷和铅需要关注。TP 浓度相对于 2014 年各监测点有所升高；氨氮浓度波动较大，自 2012 年逐年升高；TN 浓度变化显著，自 2013 年开始显著升高，2013～2014 年监测点年增长率在 19.43%～50.55%，表明东江湖水污染形势严峻。

东江湖水质空间分布显示，与 COD_{Mn} 和 TP 浓度变化相比，氨氮和 TN 浓度明显较高，氮污染风险较大。不同深度 TP 和 COD_{Mn} 浓度总体在 10～20 m 之间较高，而 TN 浓度在 0～10 m 之间较高，氨氮浓度在 10～30 m 之间较高。由此可见，东江湖水污染呈加重趋势，尤其氮浓度增加明显，应高度重视。

近年来，东江湖浮游生物变化较大，水生植物群落分布范围小且狭窄，物种

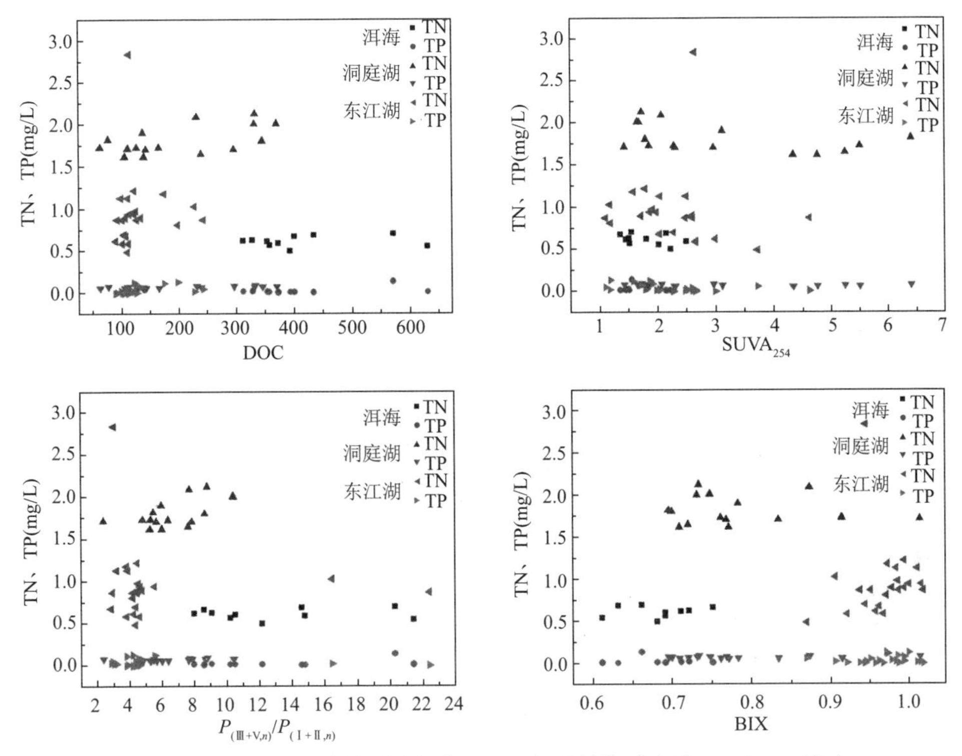

图 2-28　洱海、洞庭湖及东江湖 DOM 组成结构对水体 TN 和 TP 影响

丰富度较低，物种组成单一，生物多样性较低；藻类生物多样性下降，浮游植物密度呈现逐年增加趋势；东江湖局部水域已出现一定数量的微囊藻(2.84×10^6 cells/L)及螺形龟甲轮虫(300～900 ind./L)。浮游动物密度剧烈波动，呈现小型化趋势；大中型浮游动物减少，其中桡足类减少幅度最大，东江湖正在从寡污染到轻度污染发展。若不采取有效截污等措施，东江湖局部水域富营养化风险较大。

东江湖水体 DOM 以类腐殖质物质为主，主要来源于湖内生物代谢，也受外源输入影响。DOM 组成结构变化对水体氮磷浓度有较大影响，表明 DOM 组成特征变化可在一定程度指示水体营养状态。东江湖保护应重视外源污染控制，减少内源 DOM 释放，尤其在北部 DOC 和类腐殖质物质含量较高湖区及入湖河流等区域。同时应加强内源污染控制，优化和调整水生态系统结构和功能，促进东江湖生态修复。

第 3 章　东江湖污染负荷特征及主要水环境问题

随自然环境条件变迁，湖泊要经历形成、发展、衰老和消亡等必然过程，由初始形成阶段的贫营养逐渐向富营养发展，直到消亡(吴锋等，2012)。自然状态下湖泊演变极为缓慢，而在人类活动影响下，湖泊演化过程会大大加快，其中流域不合理人类活动引起的富营养化问题日益严重就是很好的例证(Paer，2006)。自 1980 年以来，我国富营养化湖泊面积增加了近 60 倍(Ni and Wang，2015)，致使我国成为全球湖泊富营养化最为严重的国家之一(王圣瑞，2015)。

防控富营养化首先必须全面了解湖泊水环境面临的主要环境问题，诊断流域污染特征及污染负荷入湖途径等，基于对水环境问题的正确诊断和识别，才能更进一步切实落实好治理和保护的各种措施。因此，本研究试图通过现场调查，结合流域环境统计数据，评估东江湖富营养化状况，核算环境容量，预测东江湖氮磷来源及排放和富营养化趋势，对东江湖富营养化防控具有重要意义。

3.1　东江湖流域污染源及污染负荷特征

系统控制污染源，有效削减入湖污染负荷是湖泊保护治理的首要任务。由于我国正处于经济社会快速发展的特殊阶段，湖泊普遍存在较为严重的水污染与富营养化问题，其重要原因之一是污染来源不清，排放特征不明，入湖污染负荷没有得到有效控制。本研究试图通过现场调查及资料收集，计算东江湖流域污染物产生量和污染负荷排放量，全面掌握流域污染负荷排放及变化与入湖特征及趋势等，对有效控制流域污染源，削减入湖污染负荷具有重要意义。

3.1.1　流域污染源状况

1. 工业污染状况

目前，流域重点工业企业 71 家(图 3-1)，主要集中在汝城县和桂东县，其中汝城县 47 家，占总工业企业数的 66.20%；桂东县 19 家，占总工业企业数的 26.76%；资兴市 3 家，占总工业企业数的 4.22%；宜章县 2 家，占总工业企业数的 2.82%。

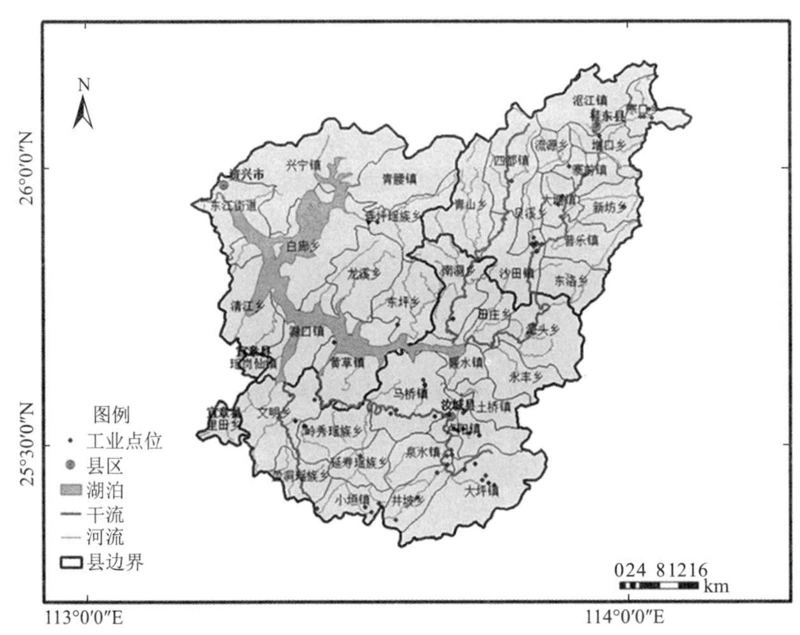

图 3-1　东江湖流域工业企业分布图

该区域工业企业主要涉及稀土金属矿采选业、非金属矿物制品业(主要为黏土砖瓦及建筑砌块制造)、有色金属合金制造业和无机盐制造业等，其中稀土金属矿采选业为流域主要工业行业，占整个流域工业行业的 52.1%。从分布区域来看，主要集中在汝城浙水流域，占整个采选行业企业的 83.8%。

该区域工业企业污水大多直排进入江河湖库等水环境。根据环统数据，2014 年排入东江湖水体的工业废水为 505.25 万 t，废水 COD 排放量 481.69 t、氨氮 33.48 t、铅 45.99 kg。可见，工业行业污染 COD 和氨氮排放量较大。

另外，本研究该区域工业行业主要污染物排放主要集中在汝城和桂东。东江湖流域各县市工业污染物排放量详见表 3-1。

表 3-1　东江湖流域各县市工业污染物排放量

区域	废水(万 t)	COD(t)	氨氮(t)	铅(kg)
资兴	19.12	31.64	0	19.98
汝城	294.26	155.38	20.31	23.40
桂东	166.53	284.18	13.17	0.12
宜章	25.34	10.49	0.0	2.49
总计	505.25	481.69	33.48	45.99

2. 生活污染状况

1) 城镇生活污染

2014 年，东江湖流域城镇人口总计 20.36 万人，主要集中在汝城和桂东等区域。依据《生活源产排污系数及使用说明》(2011 年修订版)，其核算方法如下：

$$G = 365 \times N_c F \times 10$$

式中，G 为城镇生活源水污染物年产生量，kg/a；N_c 为城镇常住人口，万人；F 为城镇生活源水污染物产生系数，g/(人 · d)。由废水排污量系数 172 L/(人 · d)，COD 产污系数 71g/(人 · d)，氨氮产污系数 7.64 g/(人 · d)，TN 产污系数 9.99g/(人 · d)，TP 产污系数 0.79g/(人 · d)，结合流域各乡镇非农业人口，计算流域城镇居民生活污水排放量为 1278.20 万 t/a，其中废水 COD 5276.28 t/a、氨氮 567.77 t/a、TN 742.40 t/a、TP 58.71 t/a。

本研究该区域城镇生活污染主要来源于汝城、桂东及宜章一部分。东江湖流域各县市城镇生活污染物排放量详见表 3-2。

表 3-2　东江湖流域各县市城镇生活污染物排放量

县市	废水(万 t/a)	COD(t/a)	氨氮(t/a)	TN(t/a)	TP(t/a)
资兴	52.11	215.09	23.15	30.26	2.39
汝城	657.93	2715.89	292.25	382.14	30.22
桂东	503.50	2078.38	223.65	292.44	23.13
宜章	64.66	266.92	28.72	37.56	2.97
总计	1278.20	5276.28	567.77	742.40	58.71

2) 农村生活污染

2014 年东江湖流域农业人口 46.39 万人，农村生活污染产排污系数参考城镇居民生活排污系数，按照生活污染计算公式，结合流域各乡镇农业人口，计算 2014 年流域居民生活污水排放量为 2912.36 万 t/a，其中废水 COD 12021.97 t/a、氨氮 1293.63 t/a、TN 1691.54 t/a、TP 133.77 t/a。

农村生活污染主要来源于汝城、桂东及资兴的部分区域。东江湖流域各县市城镇农村污染物排放量详见表 3-3。

表 3-3　东江湖流域各县市城镇农村污染物排放量

县市	废水（万 t/a）	COD（t/a）	氨氮（t/a）	TN（t/a）	TP（t/a）
资兴	667.35	2754.76	296.43	387.61	30.65
汝城	1256.23	5185.59	558.00	729.63	57.70
桂东	814.88	3363.77	361.96	473.30	37.43
宜章	173.90	717.85	77.24	101.00	7.99
总计	2912.36	12021.97	1293.63	1691.54	133.77

3. 农业污染状况

1）农田径流污染

东江湖流域耕地类型有水田、旱地及园地（果园）。作物种类繁多，主要包括以水稻、小麦、玉米、大豆、高粱及薯类等为主的粮食作物，以油料、棉花、甘蔗、烤烟、药材、蔬菜和茶叶等为主的经济作物。

采用“标准农田法”估算污染物排放量。“标准农田”是指平原地区，农田类型为旱地，土壤类型为壤土，化肥施用量为 25～35 kg/（亩·a），降水量在 400～800 mm 范围内的农田。“标准农田”源强系数为：COD 10 kg/（亩·a），氨氮 2 kg/（亩·a），TP 0.25 kg/（亩·a），TN 3 kg/（亩·a）。温度为 25℃以上时，流失系数为 1.2～1.5，降雨量在 800 mL 以上的地区取流失系数为 1.2～1.5。根据东江湖流域自然特征，取流失系数为 1.2。2014 年东江湖流域农田面积约为 104.3 万亩，计算流域农田径流 COD、氨氮、TP、TN 排放量分别为：12514.70 t、2503.00 t、312.80 t、3754.30 t。

从空间分布来看，流域农田径流污染物排放主要分布于汝城和桂东。东江湖流域各县市农田径流污染物排放量详见表 3-4。

表 3-4　2014 年东江湖流域各县市农田径流污染物排放量

县市	COD（t）	氨氮（t）	TP（t）	TN（t）
资兴	2116.40	423.30	52.90	634.90
汝城	5881.80	1176.40	147.10	1764.50
桂东	3949.50	789.90	98.70	1184.80
宜章	567.00	113.40	14.10	170.10
总计	12514.70	2503.00	312.80	3754.30

2）畜禽养殖污染

东江湖流域养殖包括规模化和散养，畜禽养殖对象主要为肉牛、生猪、羊和鸡。流域生猪养殖方式主要包括垫草垫料养殖、干清粪养殖和水冲粪养殖 3 种，清粪方式为干清粪和水冲粪方式，肉牛养殖方式主要包括垫草垫料养殖和干清粪养殖，清粪方式主要为人工干清粪。农村畜禽养殖污染源强采用《全国水环境容量核定技术指南》中推荐的折算方法和参数，畜禽养殖动物折算成猪当量。

东江湖流域各县市畜禽养殖污染物排放量见表 3-5。具体来讲，折算比例为 30 只蛋鸡=1 头猪，60 只肉鸡=1 头猪，3 只羊 = 1 头猪，1 头奶牛 = 10 头猪，1 头肉牛 = 5 头猪，根据东江湖流域区域特征，取每头猪产污系数 COD 为 36 kg/(头 · a)，平均去除率为 84.4%；氨氮为 1.8 kg/(头 · a)，平均去除率为 36.9%；TP 为 0.05 kg/(头 · a)，平均去除率为 29%；TN 为 3.4 kg/(头 · a)，平均去除率为 34.5%。根据三县一市 2014 年年鉴数据，最终折算猪当量为 90.28 万头。如表 3-5 所示，东江湖流域禽畜养殖 COD、氨氮、TN、TP 排放量分别为 5070.12 t、1025.39 t、2010.53 t 和 32.06 t。畜禽养殖污染主要来源于汝城、桂东和资兴。

表 3-5　2014 年东江湖流域各县市畜禽养殖污染物排放量　　（单位：t）

县市	COD	氨氮	TN	TP
资兴	836.78	169.23	331.82	5.29
汝城	2123.97	429.56	842.25	13.43
桂东	1776.34	359.25	704.40	11.23
宜章	333.03	67.35	132.06	2.11
总计	5070.12	1025.39	2010.53	32.06

4. 旅游服务污染

估算 2014 年东江湖旅游规模已达 60.80 万人次/a，根据旅游期间排污经验数据：COD 160g/(人 · d)，氨氮 10g/(人 · d)，TP 1.0g/(人 · d)，TN 15 g/(人 · d)；另据东江湖流域宾馆统计数据，游客平均居住 2 天，每年旅游人口给东江湖带来的污染负荷 COD 194.56 t、氨氮 12.16 t、TP 1.22 t 及 TN 18.24 t。

5. 水上交通污染

东江湖辖区现有船舶 2600 余艘，其中营运船舶 268 艘。船舶生活垃圾由船主收集上岸处理，船舶油污水由海事处的油污收集船统一收集上岸处理，159 艘船舶加装了船舶生活污水贮存柜，东江湖船舶实现了污染零排放。

6. 网箱养鱼污染

东江湖内源污染主要是由网箱养殖及旅游设施不完善等造成，其中网箱养殖是最主要的污染源。调查结果显示，2015年东江湖水体范围内网箱已减少至3000口，主要集中于二级饮用水水源保护区。由于网箱养鱼，向水体投入相当数量的鱼料，会一定程度地影响水环境。据统计，每口网箱平均每年投入鱼料3 t，其中含氮(纯)平均为2.37%，磷(纯)平均为0.3%，COD 54%。据中国农业科学院水产科学研究所统计数字，鱼平均转化系数为2.47，饲料平均蛋白质含量为28.2%，鱼肉平均蛋白质含量为16%，故可计算出饲料通过网箱养鱼的有效利用率大致为23%。考虑网箱外浮游动物利用等影响，计算出网箱养殖每年给东江湖增加的污染物为COD 1506.60 t、氨氮68.91 t、TP 8.37 t及TN 103.37 t。

3.1.2　流域污染负荷状况

1. 流域污染负荷排放量及变化

2014年东江湖流域废水排放量主要是农村生活废水、城镇生活污水和工业废水，其中农村生活废水排放量较高，占62.02%，其次为城镇生活污水和工业废水，分别占三者排放总量的27.22%和10.76%(图3-2)。

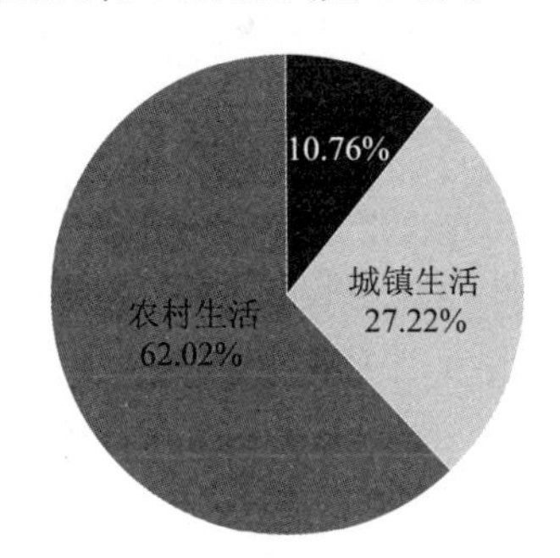

图3-2　东江湖流域废水排放统计

东江湖流域各类污染源污染负荷排放量详见表3-6及图3-3～图3-5。

表3-6　2014年东江湖流域污染物排放量汇总

污染源	废水(万t)	COD(t)	氨氮(t)	TN(t)	TP(t)	Pb(t)	As(t)	Cd(t)
工业污染	505.25	481.69	33.48	—	—	45.99	—	—
城镇生活	1278.20	5276.29	567.76	742.40	58.71	—	—	—
农村生活	2912.36	12021.97	1293.63	1691.54	133.77	—	—	—
畜禽养殖	—	5070.12	1025.40	2010.54	32.05	—	—	—
农田径流	—	12514.6	2502.9	3754.4	312.8	—	—	—
旅游服务	—	194.56	12.16	18.24	1.22	—	—	—

续表

污染源	废水(万 t)	COD(t)	氨氮(t)	TN(t)	TP(t)	Pb(t)	As(t)	Cd(t)
水上交通	0	0	0	0	0	—	—	—
网箱养鱼	—	1506.60	68.91	103.37	8.37	—	—	—
总计	4695.81	37065.83	5504.24	8320.49	546.92	45.99	—	—

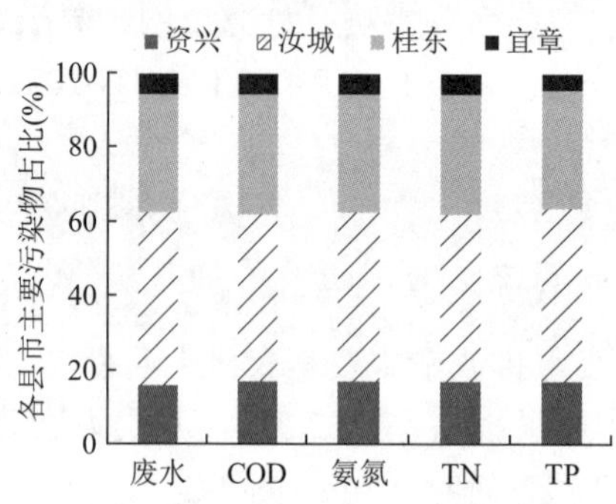

图 3-3　东江湖流域各县市污染贡献率

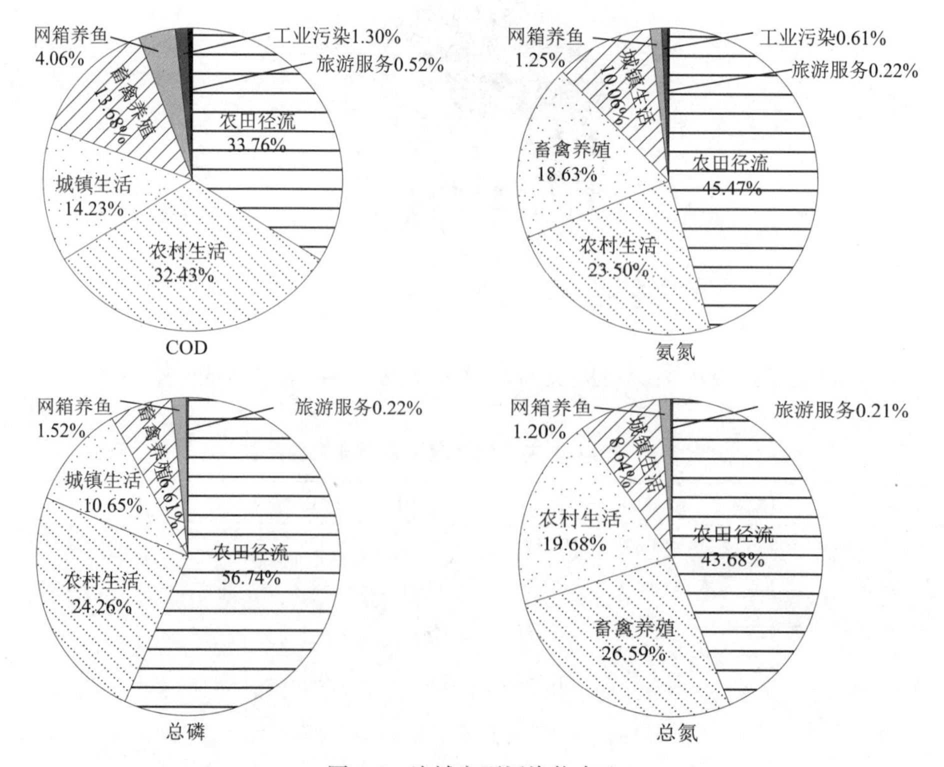

图 3-4　流域主要污染物占比

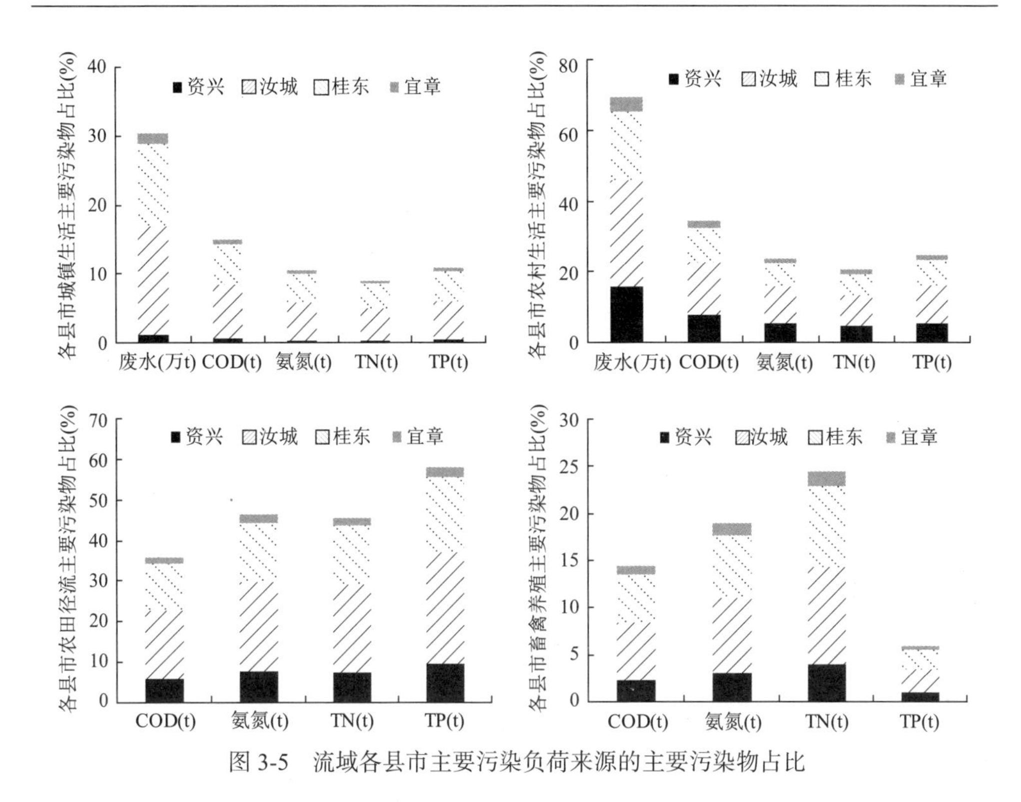

图 3-5　流域各县市主要污染负荷来源的主要污染物占比

COD 排放量以农田径流最高，占总量的 33.76%，其次为农村生活、城镇生活和畜禽养殖，分别占总量的 32.43%、14.23%和 13.68%。

氨氮以农田径流排放最大，占总量的 45.47%，其次是农村生活、畜禽养殖和城镇生活，分别占氨氮排放总量的 23.50%、18.63%和 10.06%；TP 也以农田径流排放最大，占其总量的 56.74%，其次是农村生活、城镇生活和畜禽养殖，分别占其总量的 24.26%、10.65%和 6.61%；TN 排放也以农田径流排放最大，占其总量的 45.12%，其次是畜禽养殖、农村生活和城镇生活，分别占总量的 24.16%、20.33%和 8.92%；重金属主要来源于工业污染。

由此可见，东江湖流域污染负荷主要来自农田径流、农村生活污水、畜禽养殖和城镇生活污水等来源，且主要污染物以 COD 和 TN 为主，氨氮和 TP 次之，而重金属污染防治重点在于工业污染治理。

从分县市主要污染负荷来源数据可见（图 3-3），废水排放量以汝城和桂东较高，资兴和宜章次之，废水排放量分别占总排放量的 47.03%、31.62%、15.73%和 5.62%；COD 排放量也以汝城和桂东居高，资兴和宜章次之，分别占 COD 排放总量的 45.42%、32.38%、16.84%和 5.36%；氨氮排放量也以汝城和桂东较高，资兴和宜章次之，分别占排放总量的 45.66%、32.23%、16.82%和 5.29%；TN 排放量也以汝城和桂东居高，资兴和宜章次之，分别占 TN 排放总量的 45.35%、32.38%、16.89%和 5.38%；TP 排放量也以汝城和桂东较高，资兴和宜章次之，分别占 46.89%、31.58%、16.92%和 4.61%，主要污染负荷汝城和桂东对流域污染负荷贡献率较大。

东江湖流域污染负荷主要来自农田径流、农村生活、畜禽养殖和城镇生活。流域不同污染负荷来源分县市分析，农村生活比城镇生活废水排放量大，其中城镇生活废水以汝城和桂东排放量较高，宜章和资兴次之，分别占流域废水排放总量(城镇生活和农村生活总量)的 15.7%、12.02%、1.54%和 1.24%；农村生活废水也以汝城和桂东排放量较高，资兴和宜章次之，分别占流域废水排放总量的 29.98%、19.45%、15.93%和 4.15%。

COD 排放量以农田径流最高，城镇生活 COD 排放量以汝城和桂东较高，宜章和资兴次之，分别占流域主要污染负荷 COD 排放总量的 7.79%、5.96%、0.77%和 0.62%；农村生活 COD 排放量也以汝城和桂东较高，资兴和宜章次之，分别占流域主要污染负荷总量的 14.87%、9.64%、7.9%和 2.06%；农田径流 COD 排放量也以汝城和桂东较高，资兴和宜章次之，分别占流域主要污染负荷总量的 16.86%、11.32%%、6.07%和 1.63%；畜禽养殖 COD 排放量也以汝城和桂东较高，资兴和宜章次之，分别占流域主要污染负荷总量的 6.09%、5.09%、2.4%和 0.95%。

氨氮排放量以农田径流最高，分县市来看，城镇生活以汝城和桂东氨氮排放量居高，宜章和资兴次之，分别占氨氮排放总量的 5.42%、4.15%、0.53%和 0.43%；农村生活以汝城和桂东氨氮排放量居高，资兴和宜章次之，分别占流域氨氮排放总量的 10.35%、6.72%、5.5%和 1.43%；农田径流也以汝城和桂东氨氮排放量居高，资兴和宜章次之，分别占氨氮排放总量的 21.83%、14.66%、7.85%和 2.1%；畜禽养殖也以汝城和桂东氨氮排放量居高，资兴和宜章次之，分别占氨氮排放总量的 7.97%、6.67%、3.14%和 1.25%。

TN 排放量以农田径流最高，分县市来看，城镇生活以汝城和桂东 TN 排放量居高，宜章和资兴次之，分别占流域主要污染负荷 TN 排放总量的 4.66%、3.57%、0.46%和 0.37%；农村生活也以汝城和桂东 TN 排放量居高，资兴和宜章次之，分别占流域主要污染负荷 TN 排放总量的 8.9%、5.77%、4.73%和 1.23%；农田径流也以汝城和桂东 TN 排放量居高，资兴和宜章次之，分别占流域主要污染负荷 TN 排放总量的 21.52%、14.45%、7.74%和 2.07%；畜禽养殖也以汝城和桂东 TN 排放量居高，资兴和宜章次之，分别占流域主要污染负荷 TN 排放总量的 10.27%、8.59%、4.05%和 1.61%。

TP 排放量也以农田径流最高，分县市分布可见，城镇生活以汝城和桂东 TP 排放量居高，宜章和资兴次之，分别占流域主要污染负荷 TP 排放总量的 5.62%、

4.3%、0.55%和 0.44%；农村生活也以汝城和桂东 TP 排放量居高，资兴和宜章次之，分别占流域主要污染负荷 TP 排放总量的 10.74%、6.97%、5.7%和 1.49%；农田径流也以汝城和桂东 TP 排放量居高，资兴和宜章次之，分别占流域主要污染负荷 TP 排放总量的 27.38%、18.37%、9.84%和 2.62%；畜禽养殖也以汝城和桂东 TP 排放量居高，资兴和宜章次之，分别占流域主要污染负荷 TP 排放总量的 2.5%、2.09%、0.98%和 0.39%。由此可见，东江湖流域污染负荷以汝城和桂东贡献较大，应加大力度整治，资兴和宜章次之，也需高度关注。

将《东江湖生态环境保护总体方案(2012—2015)》中流域污染负荷数据与 2014 年流域污染负荷数据进行对比。东江湖流域废水及污染负荷 COD、TN、氨氮和 TP 呈增加趋势(图 3-6)，尤以废水、TN 和氨氮增长较为显著，分别增长了 25.22%、23.38%和 22.4%，表明东江湖流域 TN 和氨氮污染负荷量增加明显。

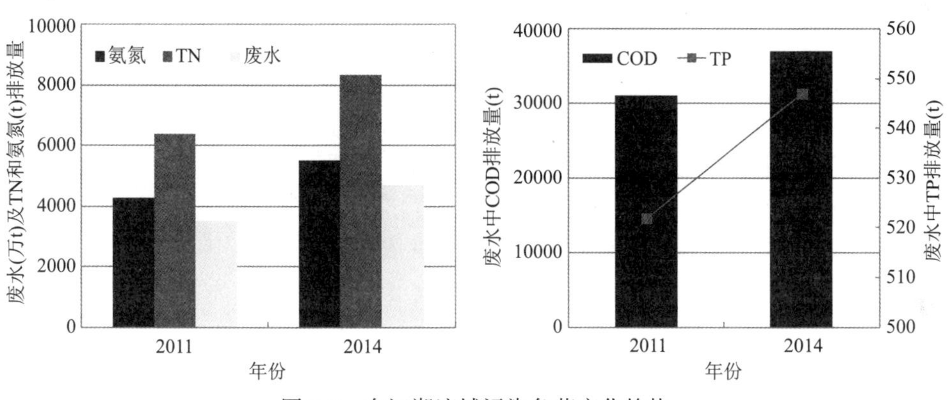

图 3-6　东江湖流域污染负荷变化趋势

2. 流域入湖污染负荷特征

根据相关研究成果，结合东江湖流域废水处理情况及地形地貌特征，确定了各类污染源平均入湖系数，工业污染源入湖系数 0.5、城镇生活污染源入湖系数 0.6、农村生活污染源入湖系数 0.3、畜禽养殖污染源入湖系数 0.2、农田径流污染源入湖系数 0.15、旅游服务源入湖系数 0.9、水上交通污染源入湖系数 1、网箱养殖污染物入湖系数 1。通过计算可知，2014 年 COD 入湖量为 11586.12 t、氨氮入湖量为 1405.85 t、TP 入湖量为 138.19 t、TN 入湖量为 2037.99 t。

2014 年东江湖流域污染物排放量和入湖量见表 3-7。

表 3-7　2014 年东江湖流域污染物排放量和入湖量统计　　（单位：t）

污染源	COD		氨氮		TN		TP	
	排放量	入湖量	排放量	入湖量	排放量	入湖量	排放量	入湖量
工业污染	481.69	240.85	33.48	16.74	—	—	—	—
城镇生活	5276.29	3165.77	567.76	340.66	742.40	445.44	58.71	35.23
农村生活	12021.97	3606.59	1293.63	388.09	1691.54	507.46	133.77	40.13
畜禽养殖	5070.12	1014.02	1025.40	205.08	2010.54	402.11	32.05	6.41
农田径流	12514.60	1877.19	2502.90	375.44	3754.40	563.16	312.80	46.92
旅游服务	194.56	175.10	12.16	10.94	18.24	16.42	1.22	1.10
水上交通	0.00		0.00		0.00		0.00	
网箱养鱼	1506.60	1506.60	68.91	68.90	103.37	103.40	8.37	8.40
总计	37065.83	11586.12	5504.24	1405.85	8320.49	2037.99	546.92	138.19

3.2　东江湖富营养化状况及趋势预测

防控富营养化是我国湖泊保护治理的重要任务。掌握湖泊营养状况，并预测其趋势是东江湖保护治理的基础性工作。本研究试图评估东江湖富营养化状况，核算东江湖流域水环境容量，基于流域社会经济发展与污染物排放量等预测东江湖富营养化趋势，以期为东江湖保护治理提供依据。

3.2.1　东江湖富营养化状况

1. *评估方法*

采用中国环境监测总站推荐湖泊(水库)富营养化评价方法及分级技术规定——综合营养状态指数法进行评价。

湖泊富营养化评价指标的选择可以结合湖泊基准指标的选取原则及考虑因素。由于各项指标均具有代表性，其实用性和可操作性亦存在差异。因此，在选择上述诸多候选指标时，需要进行全面分析与综合考虑。

造成湖泊富营养化的原因是营养盐浓度(主要是氮磷浓度)超标。虽然水体氮以有机氮、氨氮、亚硝酸氮和硝酸盐氮四种形态存在，但各形态之间可通过氨化作用、硝化作用和反硝化作用转化。考虑到指标选取要求不易受外界因素影响，选择 TN 为评价指标。磷作为湖泊富营养化的重要指标，考虑到测定的实际情况及数据的准确与可用性，选择 TP 为评价指标。对于湖泊富营养化的反应变量，通过大量的研究可知，叶绿素 a(Chl a)和透明度(SD)是最主要的响应指标。选择湖泊营养化评价指标宜统筹考虑原因变量和反应变量。

根据东江湖水质较好的实际情况，选择 Chl a、TP、TN、SD 作为东江湖富营养化的评价指标。

综合营养状态指数计算公式为

$$\mathrm{TLI}(\sum)=\sum_{j=1}^{m}W_j \cdot \mathrm{TLI}(j) \tag{3-1}$$

式中，TLI(∑)为综合营养状态指数；W_j 为第 j 种参数的营养状态指数的相关权重；TLI(j)为代表第 j 种参数的营养状态指数。

以 Chl a 作为基准参数，则第 j 种参数的归一化的相关权重计算公式为

$$W_j=\frac{r_{ij}^2}{\sum_{j=1}^{m} r_{ij}^2} \tag{3-2}$$

式中，r_{ij} 为第 j 种参数与基准参数 Chl a 的相关系数；m 为评价参数的个数。

中国湖泊(水库)Chl a 与其他参数间相关关系 r_{ij} 及 r_{ij}^2 见表 3-8。

表 3-8　中国湖泊(水库)部分参数与 Chl a 的相关关系 r_{ij} 及 r_{ij}^2 值

参数	Chl a	TP	TN	SD
r_{ij}	1	0.84	0.82	−0.83
r_{ij}^2	1	0.7056	0.6724	0.6889

注：引自金相灿等著《中国湖泊环境》，表中 r_{ij} 来源于中国 26 个主要湖泊调查数据计算。

营养状态指数计算公式为

TLI(Chl a)=10(2.5+1.086lnChl a)；TLI(TP)=10(9.436+1.624lnTP)

TLI(TN)=10(5.453+1.694lnTN)；TLI(SD)=10(5.118−1.94lnSD)

采用 0～100 系列连续数字对湖泊(水库)营养状态进行分级(表 3-9)。

表 3-9　营养状态分级表

分级	营养状态
TLI(∑) < 30	贫营养(oligotropher)
30≤TLI(∑)≤50	中营养(mesotropher)
TLI(∑) > 50	富营养(eutropher)
50 < TLI(∑)≤60	轻度富营养(light eutropher)
60 < TLI(∑)≤70	中度富营养(middle eutropher)
TLI(∑) > 70	重度富营养(hyper eutropher)

同一营养状态下，指数值越高，其营养程度越重。

2. 东江湖富营养化状况

根据 2015 年 11 月 13 日～2015 年 11 月 17 日对东江湖 21 个监测断面调查结果，东江湖流域综合营养状态指数评价结果如图 3-7 所示。

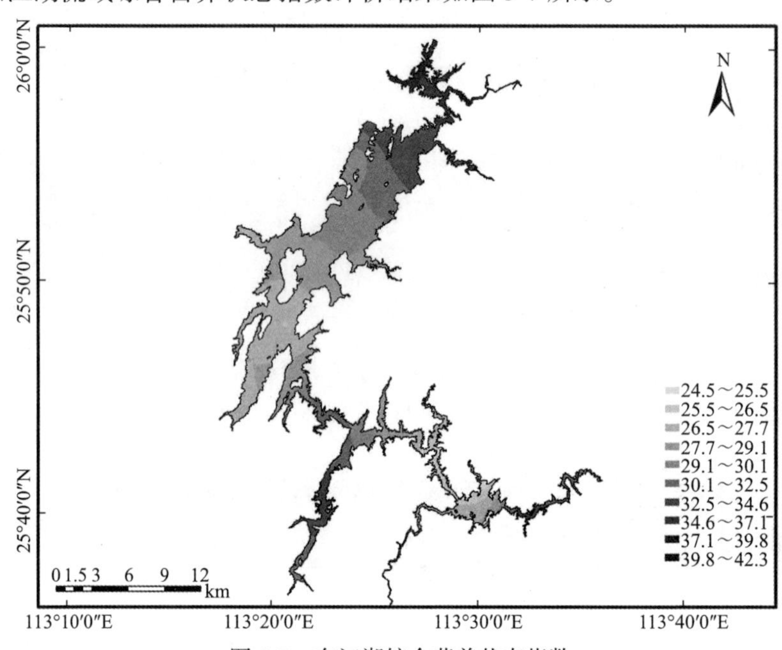

图 3-7　东江湖综合营养状态指数

由富营养化评价结果可知，东江湖总体综合营养状态指数均值为 31.2，对照表 3-9 进行分级，东江湖总体处于稍高于贫营养的中营养初级阶段。21 个监测点位中，总体处于贫-中营养状态，其中 52.4%的监测点处于贫营养状态，47.6%的监测点处于中营养状态，没有处于富营养状态的水域。

空间分布呈现出北部湖区营养状态处于中营养，尤其在北部湖汊区域；湖心区和南部湖心的营养化状态均值均为贫营养，水质良好，但湖心临近渔业养殖区域和滁水入湖口区域呈现中营养状态，而南部东坪监测点处于中营养状态。

总体而言，东江湖整体水质较好，自净力较强，未发生富营养化，但局部水域营养状态正在逐渐升高，并有向富营养化发展的趋势。

3.2.2　东江湖水环境容量

1. 湖泊有机污染物水环境容量计算方法

通常情况下，湖泊换水周期较长，分析计算湖泊水环境容量时，可以将湖泊看作是一个完全混合的反应器，即水流进入该系统后可完全分散到整个系统。

基于以上分析，根据质量守恒原理，可以建立湖泊污染物浓度随时间变化的微分方程，则有

$$V\frac{\mathrm{d}C}{\mathrm{d}t}=C_{\text{in}}Q_{\text{in}}-C_{\text{out}}\cdot Q_{\text{out}}-KC_{\text{out}}V \tag{3-3}$$

当湖泊处于稳定状态时有

$$\frac{\mathrm{d}C}{\mathrm{d}t}=0 \tag{3-4}$$

则根据式(3-3)和式(3-4)有

$$C_{\text{in}}Q_{\text{in}}=C_{\text{out}}\cdot Q_{\text{out}}+KC_{\text{out}}V \tag{3-5}$$

若考虑 $C_{\text{out}}=C_{\text{s}}$（$C_{\text{s}}$ 为允许排放的水质浓度），则湖泊的最大水环境容量 W 为

$$W_{\text{COD}}=C_{\text{out}}\cdot Q_{\text{out}}+KC_{\text{out}}V \tag{3-6}$$

式(3-3)～式(3-6)中，C_{in} 为入湖水质浓度，mg/L；C_{out} 为出湖水质浓度，mg/L；V 为湖泊库容，m^3；K 为水体自净系数。

东江湖水文参数及相应的水质标准见表 3-10。

表 3-10 东江湖水文参数及相应的水质标准

水文年	平均水位 (m)	水面面积 (km^2)	库容 (10^8m^3)	平均水深 (m)	入湖水量 (10^8m^3)	出库水量 (10^8m^3)
偏丰年	284	160	81	50	48.8	48.7
枯水年	260	120	58	40	38.2	28.1
多年平均	272	140	69.5	45	43.5	38.4

2. 湖泊氮磷水环境容量计算方法

水环境容量测算模型主要有两类，即统计模型与动力学模型。统计模型从实测数据及历史统计数据入手，根据质量守恒原理，依据研究对象氮、磷流入流出负荷，对研究对象氮、磷环境容量进行测算；而动力学模型则考虑了湖库氮、磷化学及生物转化过程，对研究对象氮、磷水环境容量进行测算。

鉴于东江湖换水周期和数据所需，选取统计模型对东江湖水体氮、磷水环境容量进行测算。统计模型常用的有 Vollenweider 模型、 Dillon 模型、合田健模型、

OECD 模型等几种，表 3-11 为常用的湖泊水环境容量计算模型。

表 3-11 各种湖泊营养盐负荷模型

研究人员/机构	水质模型	污染物负荷模型
Vollenweider	$C = C_i(1+\sqrt{z/q_s})^{-1}$	$L = q_s C_i(1+\sqrt{z/q_s})^{-1}$
Dillon	$C = \frac{L(1-R)}{\rho_w h}$	$L = \frac{C_s \rho_w h}{(1-R)}$
OECD	$C = C_i(1+2.27t^{0.586})^{-1}$	$L = q_s C_s(1+2.27t^{0.586})$
合田健	$C = \frac{L}{h(\frac{Q_{out}}{V}+\frac{10}{h})}$	$L = C_s \cdot h(\frac{Q_{out}}{V}+\frac{10}{h})$

表中，L 为 TN、TP 允许负荷量，g/(m^2 · a)；C 为湖泊平均 TN 及 TP 浓度，mg/L；C_i 为流入湖泊按流量加权的年平均 TN 及 TP 浓度，mg/L；C_s 为要求湖泊水质达到的 TN 及 TP 浓度标准，mg/L；V 为湖泊库容，m^3；R 为 TN 及 TP 在湖泊中的滞留系数，$R = 1 - \frac{W_{out}}{W_{in}}$；$H$ 为平均水深，m；q_s 为湖泊单位面积上的年平均水量负荷，m^3/(m^2 · a)；Q_{in} 为入湖水量，m^3/a；ρ_w 为水力冲刷系数，$\rho_w = \frac{Q_{in}}{V}$；$Q_{out}$ 为出湖水量，m^3/a；t 为水力停留时间，年。

3. 东江湖水环境容量核算

按照东江湖流域饮用水水源地水质目标及东江湖流域相关水文参数，分别采用完全混合模型，以各功能区水质目标模拟计算东江湖 COD、氨氮理想水环境容量；采用合田健模型分别以各功能区水质目标模拟计算东江湖 TN、TP 理想水环境容量，计算东江湖水环境容量结果如表 3-12 所示。

表 3-12 东江湖环境容量核算结果(t)

水域	COD	氨氮	TN	TP
饮用水一级保护区	14269	464	564	37
饮用水二级保护区	44392	2163	2631	171
东江湖	58661	2627	3195	207
2030 年污染负荷预测	9797	1273	2221	193

将东江湖 COD、氨氮、TP 和 TN 的水环境容量，与 2030 年预测东江湖污染

物入湖量对比见其与东江湖COD、氨氮、TP、TN的理想水环境容量模拟结果相比均有余量，但TP 2030年接近模拟容量值。

3.2.3　东江湖流域氮磷来源及富营养化预测

1. 流域社会经济发展预测

根据郴州市及流域范围内三县一市经济社会发展现状，以及相关经济社会发展规划和基础设施建设情况等，预测东江湖流域经济社会发展，以此作为预测污染物产生量与排放量基础数据。

1) 人口预测

人口预测包括总人口、城镇人口和农村人口的预测，其中总人口为城镇人口和农村人口之和。

人口预测计算公式如下：

$$P_i = P_{2013}(1 + r_{p_i})^{T_i}$$

式中，P_i为目标年人口数；P_{2013}为基准年(2013年)的统计人口数；r_{p_i}为目标年与基准年之间的年均增长率；T_i为目标年与基准年之间的时间间隔。

根据2007～2014年资兴、桂东、汝城、宜章三县一市国民经济和社会发展统计公报人口及相关增长率数据，近期各控制单元人口年增长率根据各规划区人口分布及“十一五”期间人口增长率变化趋势共同确定，考虑到东江湖流域城镇化趋势，取“十二五”期间流域总人口年均增长率为7.61‰，农村人口年均增长率为2.7‰，2020～2030年农村人口按近期预测目标年人口年均增长率2.5‰计，考虑各区城镇化进程对预测结果修正，东江湖流域人口趋势预测见表3-13和表3-14。

表3-13　东江湖流域总人口趋势预测(万人)

行政区	2014年	2020年	2030年
资兴	11.46	11.99	12.55
汝城	30.49	31.91	33.39
桂东	21.00	21.98	23.00
宜章	3.80	3.98	4.16
合计	66.75	69.86	73.10

表 3-14 东江湖流域城镇、农村人口趋势预测(万人)

行政区	2014 年		2020 年		2030 年	
	城镇	农村	城镇	农村	城镇	农村
资兴	0.83	10.63	0.93	10.80	1.03	10.97
汝城	10.48	20.01	11.69	20.34	13.00	20.64
桂东	8.02	12.98	8.94	13.19	9.95	13.39
宜章	1.03	2.77	1.15	2.82	1.28	2.86
合计	20.36	46.39	22.71	47.15	25.26	47.86

经测算，到 2020 年，东江湖流域总人口将达 69.86 万人，其中城镇人口 22.71 万人，农村人口 47.15 万人；到 2030 年，东江湖流域总人口将达 73.11 万人，其中城镇人口 25.26 万人，农村人口 47.86 万人。

2)经济预测

(1)GDP 产值预测

$$\mathrm{GDP}_i = \mathrm{GDP}_{2014} \times (1 + r_{\mathrm{GDP}_i})^{T_i}$$

式中，GDP_i 为目标年 GDP；GDP_{2014} 为基准年(2014 年)的统计 GDP；r_{GDP_i} 为目标年与基准年之间的 GDP 年均增长率；T_i 为目标年与基准年之间的时间间隔。

根据 2007～2013 年资兴、桂东、汝城、宜章三县一市国民经济和社会发展统计公报 GDP 及相关增长率数据，参考《郴州市国民经济和社会发展第十三个五年规划纲要建议稿》，东江湖流域承接东部经济发展势头，取 2015～2020 年东江湖流域 GDP 年均增长率为 9%，按照国家中长期经济发展规划，2020～2030 年 GDP 均按近期预测目标年 GDP 规模增长 8%，预测规划期间东江湖流域 GDP 增长情况，东江湖流域各县市 GDP 趋势预测详见表 3-15。

表 3-15 东江湖流域各县市 GDP 趋势预测(万元)

行政区	2014 年	2020 年	2030 年
资兴	160500	269175	581128
汝城	371900	623714	1346551
桂东	193700	324854	701336
宜章	40000	67084	144829
合计	766100	1284827	2773844

(2) 工业增加值

$$G_{工业i} = G_{工业2014} \times (1 + r_{i工业j})^{T_i}$$

式中，$G_{工业i}$ 为目标年工业增加值；$G_{工业2014}$ 为基准年（2014 年）的统计工业增加值；$r_{i工业j}$ 为目标年与基准年之间的年均增长率；T_i 为目标年与基准年之间的时间间隔。

根据“十二五”资兴、桂东、汝城、宜章三县一市国民经济和社会发展规划，取规划近期东江湖流域工业增加值年均增长率为 16%。据世界银行数据，中国过去 53 年（1961～2013 年）工业增加值年增长率变化，1997～2013 年维持 10%左右，考虑到东江湖流域环境保护要求高，工业发展相对平稳及流域旅游等服务发展，取 2020～2030 年东江湖流域工业增加值年均增长率为 8%。预测 2020 年，东江湖流域工业增加值为 104.7 亿元；2030 年东江湖流域工业增加值为 226.1 亿元（表 3-16）。

表 3-16 东江湖流域各县市工业增加值趋势预测（万元）

行政区	2014 年	2020 年	2030 年
资兴市	403837	640838	1383521
汝城县	136448	216527	467465
桂东县	70309	111571	240874
宜章县	49264	78176	168776
合计	659858	1047112	2260636

2. 不同来源污染物排放量预测

1) 工业废水污染物排放量预测

根据 2014 年东江湖流域工业废水污染物排放负荷及“十二五”郴州市及东江湖流域三县一市国民经济发展规划，预测流域工业水污染物排放量。

(1) 化学需氧量。

工业化学需氧量预测，采用工业增加值增长系数法预测。工业污染源负荷量与基准年的工业废水量、污染物排放量、工业增加值的增长率、产业结构调整、污水处理效率提高等有关，其计算公式如下：

$$W_{工业COD_j} = W_{工业COD_{2014}} (1+r_{工业i})^{j-2014} \times (1-k)$$

式中，$W_{工业COD_j}$ 为目标年工业 COD 排放量；$W_{工业COD_{2014}}$ 为 2014 年工业 COD 排放量；$r_{工业i}$ 为目标年与基准年之间的年均增长率；k 为污染物削减系数（考虑污水处理设施效率提高，规划中期取 0.3，规划远期取 0.4）。

东江湖流域各县市工业 COD 排放量趋势预测如表 3-17 所示。

表 3-17　东江湖流域各县市工业 COD 排放量趋势预测（t）

行政区	2014 年	2020 年	2030 年
资兴	31.64	30.13	39.02
汝城	155.38	147.94	191.64
桂东	284.18	270.57	350.49
宜章	10.49	9.99	12.94
合计	481.69	458.63	594.09

（2）氨氮。

工业氨氮排放量采用工业增加值增长系数法预测。工业污染源负荷量与基准年的工业废水量、污染物排放量、工业增加值的增长率、产业结构调整、污水处理效率提高等有关，其计算公式如下：

$$W_{工业氨氮\,j}=W_{工业氨氮\,2014}\times(1+r_{工业\,i})^{j-2014}\times(1-k)$$

式中，$W_{工业氨氮\,j}$ 为规划目标年工业氨氮排放量；$W_{工业氨氮\,2014}$ 为 2014 年工业氨氮排放量；$r_{工业\,i}$ 为规划目标年与基准年之间的年均增长率；k 为污染物削减系数（考虑污水处理设施效率提高，规划中期取 0.3，规划远期取 0.4）。

东江湖流域各县市工业氨氮排放量趋势预测如表 3-18 所示。

表 3-18　东江湖流域各县市工业氨氮排放量趋势预测（t）

行政区	2014 年	2020 年	2030 年
资兴	0	0	0
汝城	20.31	19.34	25.05
桂东	13.17	12.54	16.24
宜章	0	0	0
合计	33.48	31.88	41.29

2）城镇生活水污染物排放预测

根据城镇生活源产排污系数核算体系，结合第一次污染源普查数据库，采用“城镇新增人口”为主要统计基量的污染物核算体系核算城镇生活源水污染物。根据东江湖流域人口规模预测，2020 年东江湖流域城镇人口总计 22.71 万人，到 2030 年，东江湖流域城镇人口总计 25.26 万人。

根据《主要污染物总量减排核算细则 2011 版(试行)》核算办法，新增城镇生活污水 COD 和城镇生活源氨氮新增量排放量采用人均综合产污系数法计算。

$$G = 365 \times N_c \times F \times 10^{-2}$$

式中，G 为到目标年城镇生活源水污染物新增量，t；N_c 为城镇新增人口，万人；F 为城镇生活源水污染物产生系数，g/(人 · d)。

COD 产排污系数取 71 g/(人 ·d)，氨氮产污系数 7.64 g/(人 ·d)，TN 9.99 g/(人 ·d)，TP 0.79 g/(人 · d)；根据 2014 年城镇人口现状数据，预测 2020 年东江湖流域城镇生活水污染物排放量 COD 为 5947.46 t、氨氮为 639.99 t、TP 为 66.18 t、TN 为 836.83 t。

预测 2030 年东江湖流域城镇生活水污染物排放量 COD 为 7152.02 t、氨氮为 769.62 t、TP 为 79.58 t、TN 为 1006.32 t。东江湖各县市城镇生活 COD、氨氮、TN、TP 排放量趋势预测见表 3-19 和表 3-20。

表 3-19　东江湖流域各县市城镇生活 COD、氨氮排放量趋势预测(t)

行政区	COD			氨氮		
	2014 年	2020 年	2030 年	2014 年	2020 年	2030 年
资兴	215.09	242.55	291.88	23.15	26.10	31.41
汝城	2715.89	3060.19	3680.77	292.25	329.30	396.08
桂东	2078.38	2342.98	2816.87	223.65	252.12	303.12
宜章	266.92	301.74	362.50	28.72	32.47	39.01
合计	5276.28	5947.46	7152.02	567.77	639.99	769.62

表 3-20　东江湖流域各县市城镇生活 TN、TP 排放量趋势预测(t)

行政区	TN			TP		
	2014 年	2020 年	2030 年	2014 年	2020 年	2030 年
资兴	30.26	34.12	41.06	2.39	2.70	3.24
汝城	382.14	430.58	517.90	30.22	34.05	40.96
桂东	292.44	329.67	396.35	23.13	26.07	31.35
宜章	37.56	42.46	51.01	2.97	3.36	4.03
合计	742.40	836.83	1006.32	58.71	66.18	79.58

3）农村生活水污染物排放量预测

农村生活污染产排污系数参考城镇居民生活产污系数，按照生活污染物计算公式，结合东江湖 2014 年度流域各控制单元农业人口现状，采用人均综合产污系数法预测，到 2020 年农村生活水污染物排放量 COD、氨氮、TP、TN 分别为 12213.47 t、1314.24 t、135.91 t、1718.49 t。预测 2030 年东江湖流域农村生活水污染物排放量 COD 为 12539.27 t、氨氮 1349.29 t、总磷 139.53 t、总氮 1764.32 t。东江湖各县市农村生活 COD、氨氮、TN、TP 排放量趋势预测见表 3-21 和表 3-22。

表 3-21　东江湖流域各县市农村生活 COD、氨氮排放量趋势预测(t)

行政区	COD			氨氮		
	2014 年	2020 年	2030 年	2014 年	2020 年	2030 年
资兴	2754.76	2798.12	2873.75	296.43	301.10	309.23
汝城	5185.59	5269.68	5408.36	558.00	567.05	581.97
桂东	3363.77	3417.33	3508.12	361.96	367.72	377.49
宜章	717.85	728.34	749.04	77.24	78.37	80.60
合计	12021.97	12213.47	12539.27	1293.63	1314.24	1349.29

表 3-22　东江湖流域各县市农村生活 TN、TP 排放量趋势预测(t)

行政区	TN			TP		
	2014 年	2020 年	2030 年	2014 年	2020 年	2030 年
资兴	387.61	393.71	404.35	30.65	31.13	31.97
汝城	729.63	741.46	760.97	57.70	58.64	60.18
桂东	473.30	480.84	493.61	37.43	38.03	39.04
宜章	101.00	102.48	105.39	7.99	8.11	8.34
合计	1691.54	1718.49	1764.32	133.77	135.91	139.53

4）禽畜养殖水污染物排放量预测

农村畜禽养殖污染源强采用《全国水环境容量核定技术指南》中推荐的折算方法和参数(把所有的养殖动物都折算成猪，折算比例为 30 只蛋鸡=1 头猪，60 只肉鸡=1 头猪，3 只羊 = 1 头猪，1 头奶牛 = 10 头猪，1 头肉牛 = 5 头猪)，根据东江湖流域特征，取每头猪产污系数如下：COD 为 36 kg/(头 · a)，平均去除率为 84.4%；氨氮为 1.8 kg/(头 · a)，平均去除率为 36.9%；TP 为 0.05 kg/(头 · a)，平均去除率为 29%；TN 为 3.4 kg/(头·a)，平均去除率为 34.5%。其他畜禽不在普查统计范围内，不做预测。

2014 年东江湖流域畜禽养殖数量为 90.28 万头当量猪，根据三县一市“十二五”畜禽养殖规划，本预测采用“十一五”的增长率与规模化率，以 2014 年养殖数为基准，取生猪年增长率 2%进行预测。根据预测(表 3-23 和表 3-24)，到 2020 年东江湖流域畜禽养殖排放 COD 为 5171.53 t，氨氮 1045.91 t，TP 32.69 t、TN 2050.75 t。到 2030 年东江湖流域畜禽养殖排放 COD 为 5274.95 t，氨氮 1066.82 t，TP 33.34 t、TN 2091.77 t。

表 3-23　东江湖流域各县市禽畜养殖 COD、氨氮排放量趋势预测(t)

行政区	COD			氨氮		
	2014 年	2020 年	2030 年	2014 年	2020 年	2030 年
资兴	836.78	853.52	870.59	169.23	172.62	176.07
汝城	2123.97	2166.45	2209.78	429.56	438.15	446.91
桂东	1776.34	1811.87	1848.10	359.25	366.44	373.77
宜章	333.03	339.69	346.48	67.35	68.70	70.07
合计	5070.12	5171.53	5274.95	1025.39	1045.91	1066.82

表 3-24　东江湖流域各县市禽畜养殖 TN、TP 排放量趋势预测(t)

行政区	TN			TP		
	2014 年	2020 年	2030 年	2014 年	2020 年	2030 年
资兴	331.82	338.46	345.23	5.29	5.40	5.50
汝城	842.25	859.10	876.28	13.43	13.69	13.97
桂东	704.40	718.49	732.86	11.23	11.45	11.68
宜章	132.06	134.70	137.40	2.11	2.15	2.19
合计	2010.53	2050.75	2091.77	32.06	32.69	33.34

5)农田径流污染新增量预测

目前，东江湖流域内各区(县、市)为控制农业面源污染，已相继开展农田测土、配方、施肥和农药减量增效控害技术推广等工作。随建设用地需求量的扩大，未来流域内农田将有可能部分被占用，农田面积有所减少；经济的发展和科技水平的提高，致使施用有机肥料，发展无公害、无污染农业的趋势愈加明显；因此，农田径流污染将得到控制，在目前污染排放控制措施下，流域内农药、化肥面源污染规划中长期预测农田径流污染将得到更好控制，预测其排放量不变。

6）旅游服务污染源

2014 年，东江湖旅游规模已达 60.80 万人次/a，根据旅游期间排污经验数据：氨氮 10g/(人·d)，磷 1.0g/(人·d)，COD 160g/(人·d)，另据东江湖流域宾馆统计，游客在湖内平均居住 2 天，每年旅游人口给东江湖带来的污染有氨氮 3.42 t，磷 0.34 t，COD 54.75 t。东江湖风景区升级为国家 5A 级景区后，游客量增长迅速，按年增长率 20%计算，东江湖 2020 年预测旅游规模为 181.55 万人次，COD、氨氮、TP、排放量分别为 580.96 t、36.31 t、3.61 t。2030 年，预测东江湖旅游服务规模将维持 2020 年标准，旅游人口增长情况下，考虑旅游污染配套处理设施的建设，预测规划期污染排放量维持 2014 年排放量基准。

7）水上交通污染源

预测东江湖交通污染将长期不再增加。

8）网箱养殖污染物产生量预测

2015 年年底已完成东江湖养殖退湖上岸，网箱养殖污染物不再增加。

3. 流域污染负荷排放总量预测

根据 2014 年东江湖流域污染排放现状及流域污染排放负荷预测 2020 年和 2030 年污染物排放量结果，如表 3-25 和表 3-26 所示。2020 年与 2030 年流域污染负荷排放总量分别为 COD 38395.52 t、40162.61 t；氨氮 5640.37 t、5835.15 t；TP 559.58 t、577.23 t；TN 8518.66 t、8774.69 t。

表 3-25　东江湖流域 COD 与氨氮污染物排放量预测表(t)

污染源	COD			氨氮		
	2014 年	2020 年	2030 年	2014 年	2020 年	2030 年
工业污染	481.69	458.63	594.09	33.48	31.88	41.29
城镇生活	5276.29	5947.45	7152.02	567.76	639.98	769.6
农村生活	12021.97	12215.75	12539.38	1293.63	1314.48	1349.31
禽畜养殖	5070.12	5171.53	5274.96	1025.40	1045.91	1066.83
农田径流	12514.6	12514.6	12514.6	2502.9	2502.9	2502.9
旅游服务	194.6	580.96	580.96	21.6	36.31	36.31
网箱养殖	1506.6	1506.6	1506.6	68.91	68.91	68.91
合计	37065.87	38395.52	40162.61	5513.68	5640.37	5835.15

表 3-26　东江湖流域 TN 与 TP 污染物排放量预测表(t)

污染源	TN			TP		
	2014 年	2020 年	2030 年	2014 年	2020 年	2030 年
工业污染	—	—	—	—	—	—
城镇生活	742.4	836.83	1006.32	58.71	66.18	79.58
农村生活	1691.54	1718.81	1764.34	133.77	135.93	139.53
禽畜养殖	2010.54	2050.75	2091.76	32.05	32.69	33.34
农田径流	3754.4	3754.4	3754.4	312.8	312.8	312.8
旅游服务	18.24	54.5	54.5	1.22	3.61	3.61
网箱养殖	103.37	103.37	103.37	8.37	8.37	8.37
合计	8320.49	8518.66	8774.69	546.92	559.58	577.23

流域污染负荷入湖量预测结果如表 3-27 和表 3-28 所示。2020 年流域污染负荷入湖量 COD 为 12403.48 t，氨氮 1480.48 t，TP 145.57 t，TN 2143.47 t；2030 年流域污染负荷入湖量为 COD 13311.71 t，氨氮 1577.60 t，TP 154.82 t，TN 2267.02 t。

表 3-27　东江湖流域 COD、氨氮入湖量预测表(t)

污染源	COD			氨氮		
	2014 年	2020 年	2030 年	2014 年	2020 年	2030 年
工业污染	240.85	229.32	297.05	16.74	15.94	20.65
城镇生活	3165.77	3568.47	4291.21	340.66	383.99	461.76
农村生活	3606.59	3664.73	3761.81	388.09	394.34	404.79
禽畜养殖	1014.02	1034.31	1054.99	205.08	209.18	213.37
农田径流	1877.19	1877.19	1877.19	375.44	375.44	375.44
旅游服务	175.14	522.86	522.86	19.44	32.68	32.68
网箱养殖	1506.60	1506.60	1506.60	68.91	68.91	68.91
合计	11586.16	12403.48	13311.71	1414.36	1480.48	1577.60

表 3-28　东江湖流域 TN、TP 入湖量预测表(t)

污染源	TN			TP		
	2014 年	2020 年	2030 年	2014 年	2020 年	2030 年
工业污染	—	—	—	—	—	—
城镇生活	445.44	502.10	603.79	35.23	39.71	47.75
农村生活	507.46	515.64	529.30	40.13	40.78	41.86
禽畜养殖	402.11	410.15	418.35	6.41	6.54	6.67
农田径流	563.16	563.16	563.16	46.92	46.92	46.92

续表

污染源	TN			TP		
	2014 年	2020 年	2030 年	2014 年	2020 年	2030 年
旅游服务	16.42	49.05	49.05	1.10	3.25	3.25
网箱养殖	103.37	103.37	103.37	8.37	8.37	8.37
合计	2037.96	2143.47	2267.02	138.16	145.57	154.82

4. 流域氮磷来源分析及富营养化预测

根据流域污染现状调查结果，东江湖流域氮磷污染主要来源于农田径流、农村生活、城镇生活和畜禽养殖。根据《东江湖生态安全调查评估报告》(湖南省环境保护科学研究院，2013 年)中 1991 年与 2012 年的监测数据，以及 2015 年调查数据，对东江湖过去和现在的水体富营养化程度进行对比分析及预测(图 3-8)。

1991～2015 年东江湖营养化状态逐渐由贫营养向中营养发展，并且 2015 年 11 月调查数据的 21 个调查点位中将近 50%的点位已经呈现中营养状态。由于入湖河流污染不断加重，环湖人口增长等带来的城镇及畜禽养殖等污染增长，如不采取严格污染控制措施，按照近几年的增长趋势，预测到 2020 年东江湖将总体进入中营养状态，局部水域将进入富营养状态。

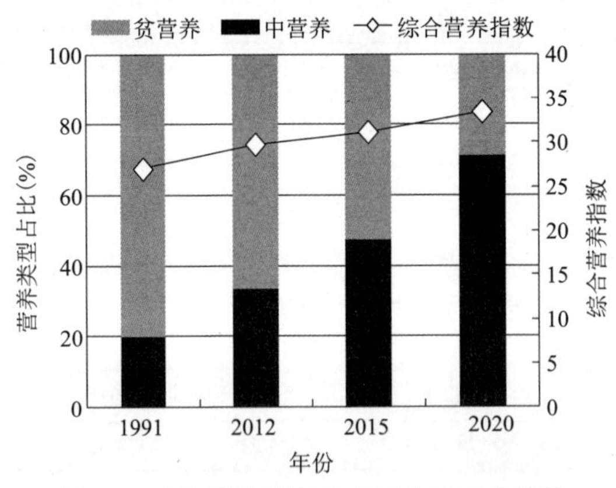

图 3-8　东江湖富营养化状况发展变化趋势

3.3　东江湖主要水环境问题

东江湖水质虽然总体较好，但局部水域部分时段，氮磷浓度较高，尤其氮污染有加重趋势，水质下降和富营养化趋势日益明显。入湖河流 TN 和氨氮浓度大幅度增加，流域污染负荷呈现增加趋势，尤其是流域 TN 和氨氮排放量增加显著，导致东江湖氮浓度升高。本研究重点从水质变化及特征、入湖河流水质、湖滨缓冲带及流域产业结构和环保设施等方面，综合诊断东江湖水环境问题及原因，以期提升东江湖水环境保护治理的针对性。

3.3.1　水质虽总体较好，但氮浓度明显升高，水质下降风险较大

1. 总氮氨氮浓度升高明显，水污染规律已经发生变化

东江湖水质虽总体保持Ⅱ类水质标准，但近年来 TN 和氨氮浓度升高较明显。与 2011 年监测断面氨氮和 TN 浓度相比，2015 年东江湖 TN 和氨氮浓度明显增加，氨氮浓度波动较大，自 2012 年以来逐年升高；TN 浓度变化显著，自 2013 年开始显著升高，2013～2014 年监测点年增长率在 19.43%～50.55%，尤其滁口、东坪和黄草监测点 2013～2014 年年平均增长率分别增加了 57.92%、35.72%和 51.44%，即东江湖水污染形势严峻，东江湖监测点总氮和氨氮浓度变化趋势见图 3-9。

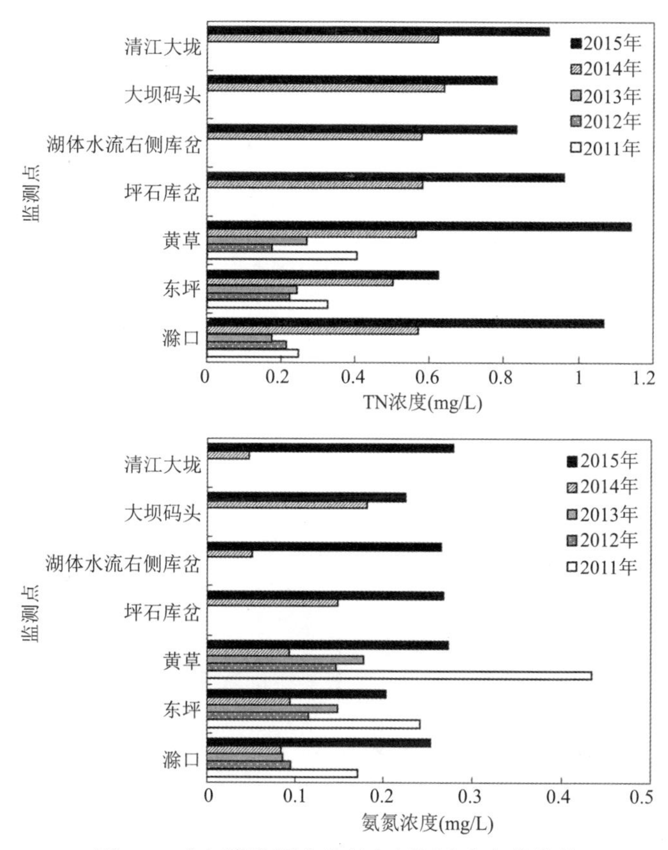

图 3-9　东江湖监测点总氮和氨氮浓度变化趋势

此外，根据 2010 年和 2015 年小东江、头山和白廊监测断面数据对比分析，2010 年头山与小东江断面氨氮、TN 浓度变化趋势相类似，而白廊断面氨氮和 TN 浓度变

化趋势与头山、小东江断面不同，由于白廊相比于小东江和头山断面距离入湖河流较远，受入湖河流影响较小，主要是受周边生活污水、禽畜养殖和网箱养殖等排污影响。但 2015 年头山、小东江和白廊三个监测断面氨氮和 TN 浓度变化趋势则相一致，意味着东江湖水污染规律已经发生了变化。按照近几年增长趋势，预测到 2020 年东江湖总体呈中营养状态，局部水域将富营养化。

2. 底泥局部区域重金属含量较高

根据东江湖底泥调查数据，底泥镉、砷、铅、铜含量均大于土壤背景值，其中底泥镉积累量较大，达到了土壤Ⅲ类标准；砷含量总体优于土壤Ⅱ类标准，但北部和中部局部点位达到土壤Ⅲ类标准，尤其在滁水入境区域；铜含量处于土壤Ⅰ类标准，除了中部滁水入境考核断面达到了土壤Ⅲ类；铅含量达到土壤Ⅱ类标准，除了东江湖南部典型断面和滁水入境考核断面达到了土壤Ⅲ类。由此可见，东江湖底泥重金属含量逐渐积累，尤其镉、砷和铅积累明显，局部区域底泥重金属含量较高，需要关注，东江湖底泥重金属监测数据见图 3-10。

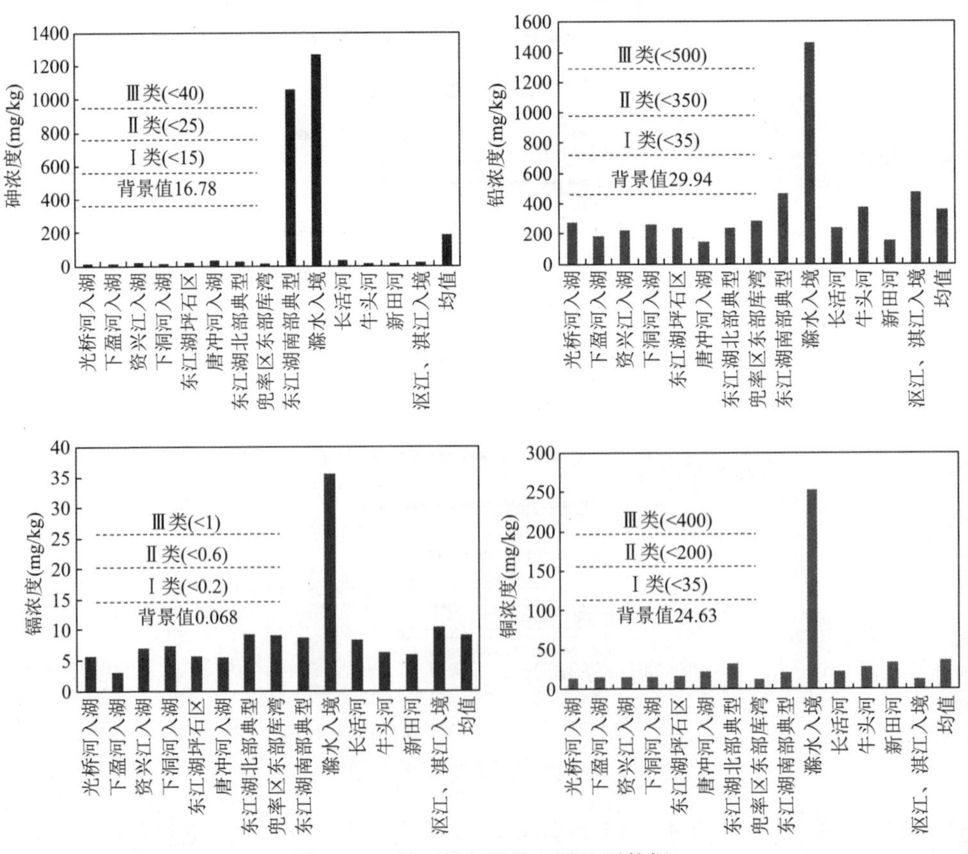

图 3-10　东江湖底泥重金属监测数据

3. 近年来，浮游生物变化较大，湖泊呈现富营养化趋势

东江湖藻类生物多样性下降，浮游植物密度呈现逐年增加趋势，以蓝藻门为例，2015 年分别较 2006 年和 2007 年藻细胞数增高 175 倍和 61 倍。浮游动物密度剧烈波动，大中型浮游动物减少，其中以桡足类减少幅度最大，浮游动物呈现小型化趋势。此外，东江湖局部水域已出现一定数量的微囊藻(2.84×10^6 cells/L)及螺形龟甲轮虫(300～900 ind./L)，且根据生物多样性指数评价结果可知，东江湖水质正在从寡污染到轻度污染发展。同时，东江湖底栖动物中寡毛类的平均生物量逐年上升，而摇蚊类和蛭类则逐年下降。寡毛类是水体有机污染的指示种，因此，可以推断东江湖水质有下降趋势，若不采取有效措施，局部水域可能很快富营养化。

3.3.2　入湖河流水质下降明显，农业面源是主要污染负荷来源

1. 近年来，入湖河流水质变差，氮磷浓度升高明显

通过东江湖主要入湖河流调查，2015 年 TN 基本处于Ⅲ类，但龙景峡瀑布上游入湖口 TN 浓度较高，浓度值为 2.72 mg/L，已超过Ⅴ类水质标准；各入湖河流 TP 浓度值，总体处于Ⅱ类～Ⅲ类，但浙水 TP 浓度达到Ⅳ类水质标准；淇水、滁水和龙景峡瀑布氨氮浓度均处在Ⅱ类，浙水则是稍超Ⅱ类上限，但沤江则达到Ⅳ类。可见，入湖河流带入的 TN、氨氮和 TP 是东江湖氮磷污染的主要来源。此外，从 2011 年到 2014 年，TN 浓度总体呈升高趋势，尤其 2013～2014 年间增加幅度大；氨氮浓度 2015 年加密数据显示，相比于 2014 年也显著升高，进一步表明东江湖主要三条入湖河流 TN 和氨氮浓度升高。重金属镉和铅浓度有所升高，入湖河流带入的重金属污染潜在风险有所增加。2015 年 11 月主要入湖河流 TN 和 TP 浓度见图 3-11，滁水和沤江水面照片见图 3-12。

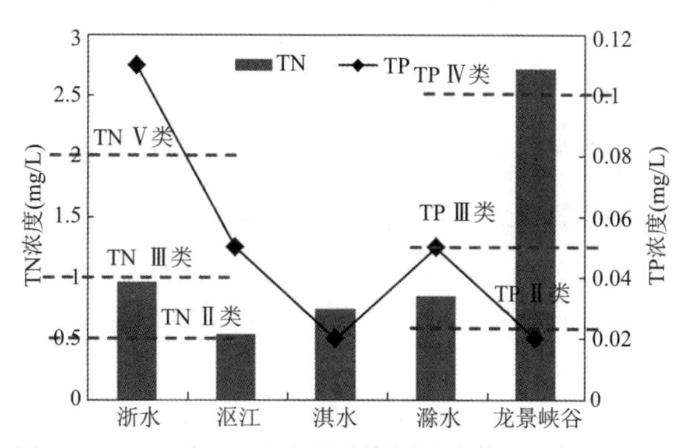

图 3-11　2015 年 11 月主要入湖河流水体 TN 和 TP 浓度

图 3-12　滁水和沤江水面照片

2. 农田径流污染负荷对东江湖水环境影响较大

东江湖流域各类污染源废水排放量主要集中在农村生活污水、城镇生活污水和工业废水，共计 4695.81 万 t。废水中 COD、氨氮、TN 和 TP 分别达 37065.83 t、5504.24 t、8320.49 t、546.92 t。

COD 排放量以农田径流排放量最高，占 COD 排放总量的 33.76%，其次为农村生活、畜禽养殖和城镇生活；氨氮以农田径流排放量最大，占其排放总量的 45.47%，其次是农村生活、畜禽养殖和城镇生活；TP 也以农田径流排放最大，占其总量的 57.19%，其次是农村生活、城镇生活和畜禽养殖；TN 排放也以农田径流排放量最大，占其 TN 排放总量的 45.12%，其次是畜禽养殖、农村生活和城镇生活；重金属则主要来源于工业污染。

由此可见，东江湖流域污染负荷主要包括农田径流、农村生活、畜禽养殖和城镇生活，且主要污染物以 COD 和 TN 为主，氨氮和 TP 次之，而重金属污染防治重点在于工业污染治理。同时，通过调查数据分析得知，流域污染负荷贡献较大的 4 类主要污染物，以汝城和桂东地区贡献较大，资兴和宜章次之。

3.3.3　湖滨带遭到破坏，局部区域水土流失严重

东江湖湖岸较陡、湖滨缓冲带较窄，湿生植被带位于当前水位线上 2～3 m 处，宽度约 1 m，个别区域宽度较大，植被带上方为灌木林或乔木林，基本不存在过渡区域。总体上水生植物群落分布范围小且狭窄，植物物种丰富度低，物种组成单一，生物多样性较低。

目前，虽然东江湖岸边带湿地及自然湖滨带面积保护状况总体较好，但岸边带湿地及自然湖滨带，由于经济发展等需要，部分区域水土流失、一定程度的重金属污染及周边生活污染等问题突出。

其中，基岩岸段缓冲区较窄，湖浪冲蚀岸壁的缓冲带区域，其湖岸土地及生态群落已遭受一定程度的干扰和破坏；以村落、农田等为主要土地利用形式的缓冲带受强人为干扰，其物理基地和生态群落已遭受严重干扰或破坏，主要分布在东江湖西岸、西北岸的资兴市白廊、兴宁等区域，严重破坏了缓冲带生态系统(结构、功能)及自然景观，急需进一步建设和修复。东江湖缓冲带照片见图3-13。

图3-13　东江湖缓冲带照片

3.3.4　流域产业结构优化升级空间大，水环境影响不容忽视

首先，东江湖湖区及流域的产业布局以林业、果业、渔业、旅游业为主，另有采矿、加工、航运、畜牧业等产业。东江湖流域主要是农业区，农业面源污染较重，尤其以卢阳镇、土桥镇、泉水镇、井坡乡、大坪镇、热水镇、田庄乡、马桥乡、岭秀乡和文明乡等为重点区域。多表现为屋前种树、屋后种菜的庭院经济，商品化率低，是自给自足型的小农经济，急需结构转型。同时，环东江湖畜禽养殖规模和密度较大，治污设施和力度不到位，且网箱养殖还聚集分布在局部水域，导致兴宁、白廊等水域营养物增长较快。

其次，流域工矿企业布局分散，规模小，生产基本上是原材料或半成品，属资源依赖型和环境破坏型企业。例如，在沤江上游桂东地区，沿河岸分布着几家化工厂，用水主要来源于沤江，使用后的工业废水未经处理或稍作沉淀直接排放进入沤江。多数化工厂设备陈旧，地处岸边，一旦发生事故或遇到暴雨洪水，将会发生污染事件，因此上游区环境风险较高，急需淘汰升级或搬迁改造。

再次，东江湖流域第三产业以旅游业为主，但目前基础设施、污染治理设施、从业人员环保意识等还较为薄弱，尤其临湖农家乐生活垃圾及污水排放等环保设施不健全、监管不到位，污染排放对东江湖水环境威胁较大。目前旅游活动与保护自然环境还没有有效融合，旅游业仍低端发展。东江湖网箱养鱼照片见图3-14。

图 3-14 东江湖网箱养鱼照片

3.3.5 流域环保基础设施薄弱，综合监管能力急需提升

1. 城镇与农村环境基础设施不能满足需求，急需完善

目前流域内 30 个乡镇只有 5 个乡镇建有污水处理设施，其余乡镇和农村的生活污水均未经处理直接排放，每年输入东江湖流域的废水、COD、氨氮、TP、TN 分别占流域排放总量的 73.3%、34.1%、29.9%、18.2%和 28.2%；同时农村垃圾清运与处理体系并未全面普及，部分农村地区仍存在随意倾倒垃圾等现象，已普及地区受运行经费等影响，运行效果也不能完全保证。

随着东江湖流域人口的增长和消费水平的提高，生活污染所占比例将逐步增加，完善城镇污水处理厂、农村小型污水处理设施及农村垃圾清运、处理体系建设，尤其是临湖、临河乡镇，如兴宁、白廊、滁口、黄草、暖水、沙田、瑶岗仙等，将大大减小生活污染对东江湖流域造成的威胁。

2. 流域水环境保护综合管理难以到位

东江湖流域涉及一市三县，水环境保护需涵盖环保、水利、林业、农业等各行业部门。然而目前，东江湖水环境保护局与资兴市环境保护局合署办公，两块牌子，一套人马，由资兴市政府代管，东江湖水环境保护局还不是一个完全意义上的东江湖流域水环境保护的综合管理机构，而仅仅是一个功能较弱的水质保护管理机构。此体制难以站在流域全局的高度实施管理，从规划区各行政区环境监管能力来看，其跨县市区域的监督管理能力不足，拥有对三县一市水质监测、评估和公布的义务，却没有流域内跨县市的水环境污染的监管权；从管辖专业来看，东江湖水环境保护局仅能管辖环保一家，不利于东江湖水环境保护工作的全面、综合开展。目前，管理机构机制的完善建立也成为流域水环境保护面临的重点问题。

3. 监测预警能力薄弱，监测与监控体系急需健全

东江湖流域现有资兴、宜章、汝城、桂东4个县级环境监测站，各县级监测站监测能力相对偏低，功能单一，监测能力只能反映区域水质状况和一般变化趋势，难以反映严重和突发性水污染全过程，无法查明其原因。因此，急需建立健全由流域污染源在线监控、入湖河流水文水质在线监测、农业环境监测体系、流域(陆地)生态监控系统等组成的流域监测与监控体系，时刻掌握流域生态环境状况及对东江湖生态系统影响。

3.3.6　东江湖水环境问题综合分析

1. 氮污染呈加重趋势，水污染规律已发生变化

基于东江湖流域生态环境现状调查及问题分析，东江湖目前氮污染有加重趋势，氮对东江湖水质的影响较大，流域污染负荷近年来呈现增加趋势，尤其以废水中TN和氨氮增长较快，分别增加25.83%和24.32%，意味着东江湖流域TN和氨氮污染负荷量的增大，导致东江湖氮浓度的升高。通过数据调查分析，2015年入湖河流TN浓度为2012年入湖TN浓度的2～3倍，入湖氨氮浓度比2012年氨氮浓度高1倍左右，表明TN和氨氮浓度已大幅度增加，进一步说明东江湖来水水质下降明显，入湖负荷明显增加，与东江湖周围近年不断增长的农村生活、农田径流、畜禽养殖等面源和城镇生活、旅游发展等点源污染及处理设施效率较低有直接关系，也进一步表明了水污染规律正在发生变化，东江湖水质已由原来主要受上游流域污染排放影响逐步转变为主要受上游来水和湖区周边污染共同影响。

2. 水生态系统退化，局部区域水质下降明显

虽然东江湖水生态系统处于健康状态，但已经呈现退化迹象，受人为干扰影响较大，且管理薄弱等。东江湖整体水质较好，但局部水域水质下降明显，呈现营养化趋势。由于入湖河流水质下降明显，环湖人口增长带来的城镇、畜禽养殖面源污染增长，如不采取污染控制措施，按照近几年的增长趋势，预测到2020年东江湖总体将进入中营养状态，局部水域将进入富营养化状态。

3.4　本章小结

东江湖流域污染负荷主要来源于工业、城镇居民生活、农村生活、农田径流、畜禽养殖、旅游服务业、水上交通及网箱养殖等。2014年东江湖流域废水排放量主要集中在农村生活污水、城镇生活污水和工业废水，其中农村生活废水排放量

较高，占三者排放总量的 62.02%。各主要污染物污染负荷主要来自农田径流、农村生活、畜禽养殖和城镇生活四部分，且主要污染物以 COD 和 TN 为主，氨氮和 TP 次之，而重金属污染防治重点在于工业污染治理。

近年来东江湖流域废水及废水中 COD、TN、氨氮和 TP 呈增加趋势，尤以废水和废水中 TN 和氨氮增长较为显著，增长了 22.4%～25.22%，意味着东江湖流域 TN 和氨氮污染负荷量的增大，将可能进一步导致东江湖氮浓度的升高。因此，对于东江湖应该深化流域点源和面源污染综合治理，推动流域截污治污，进一步加大力度，做好全流域污染源的监管，并落实治理措施。东江湖整体水质较好，自净力较强，未发生富营养化，但局部水域营养化状态正在逐渐变差，并存在富营养化隐患。本研究调查的 21 个点位中将近 50%的点位已呈现中营养状态。

由于入湖河流污染不断增长，环湖人口增长带来的城镇、畜禽养殖面源污染增长，如不采取污染控制措施，按照近几年的增长趋势，预测到 2020 年东江湖将总体进入中营养状态，局部水域将进入富营养化状态。

东江湖水污染总体呈现加重的趋势，尤其氮浓度升高的问题不容忽视，水污染规律与特征正在发生变化，与全流域经济的快速发展与治理措施相对滞后等密切相关，特别对东江湖临湖区污染控制需要高度重视。需进一步加强临湖重点区域、敏感区域污染控制与生态修复，做好断面达标方案的分解落实，确保东江湖水质不下降，从全流域考虑东江湖的保护和治理问题。

第 4 章　东江湖保护治理历程回顾及面临的压力

东江湖自 1986 年蓄水以来，不仅承担湘江生态补水、防洪调峰、保护生物多样性和发电等综合功能，还是郴州市辖内优质稳定的集中式饮用水水源地，是长沙、株洲、湘潭和衡阳等城市生活第二水源地，其生态环境质量关乎湘江流域乃至湖南省饮用水安全。本章试图通过回顾 30 多年来东江湖保护与治理历程，总结东江湖自建成以来经历的重要阶段；基于东江湖水环境问题，提出其保护治理需求及面临的压力与困难，以期为东江湖富营养化防控提供支撑。

4.1　东江湖保护治理回顾与需求分析

东江湖自建成以来主要经历了“建设期、移民开发期、保护和治理初期与保护和治理攻坚期”四个阶段。东江湖建设之初，采取“少迁多靠”的移民理念和做法，随湖边开发活动加剧，东江湖流域水环境问题日益凸显。为此，2002 年湖南省颁布实施了《湖南省东江湖水环境保护条例》；2012 年，东江湖被纳入国家良好湖泊生态环境保护试点。实施了污水处理、垃圾处理、重金属污染防治和农村连片整治等主要治理工程措施，成立了东江湖水环境保护机构与协调机构。

通过多年呼吁和不懈努力，强化污染防治和生态建设，有效遏制了东江湖水质下降趋势。但东江湖流域涉及 30 多个镇，以农业为主，农村畜禽养殖、化肥、农药、生活垃圾及水产养殖等对东江湖造成严重农业面源污染，导致部分水域藻类过量繁殖，呈现富营养化趋势。因此，针对东江湖目前存在问题，本研究提出东江湖保护应急需通过产业结构优化调整，建立适合东江湖流域的产业布局，深化流域点源和面源污染综合治理，推动流域截污治污；加强流域生态建设，着力构建健康生态屏障，大力提高饮用水源保护力度和效率，加强东江湖水体生境改善和水生态系统保育，促进东江湖生态修复；着力构建流域保障体系，尽快建立健全东江湖水污染治理工程体系和监管体系，加大检查与督办力度，保证环保设施正常运行，保持东江湖水生态健康，防治富营养化。

4.1.1　东江湖保护治理历程

自 1986 年东江湖建成以来，东江湖保护与治理经历了几个主要过程，总体梳理后可概括如表 4-1 所示。

表 4-1　东江湖建成以来保护与治理简要历程

阶段	特点	主要大事记
建设期（1958～1986 年）	1986 年正式下闸蓄水，淹没资兴耕地 5.7 万亩，林地 9.6 万亩，5 万多移民后靠	1958 年东江湖大坝水库工程动工，1961 年初停建；1978 年 4 月复工，1980 年 11 月截流合拢；1986 年 8 月下闸蓄水，淹没农田林地，移民后靠，东江湖建成
移民开发期（1986～2002 年）	“少迁多靠”把湖区的水面、土地、森林作为移民安置的生产生活资源；“靠山吃山、靠水吃水”	1986 年来，移民在政府支持下，利用东江湖资源发展渔业、林果业、养殖业或开采矿产资源，尤其是 20 世纪 90 年代的“万口网箱下东江”养殖
保护和治理初期（2002～2012 年）	渔民上岸、养殖户搬迁、林农禁伐、矿产禁采产业调整；建立专职机构	2002 年，颁布实施《湖南省东江湖水环境保护条例》，共取缔非法矿点 160 个；2003 年成立专门负责东江湖水环境保护的机构即东江湖水环境保护局(副处级)；2007 年，编制了《湖南省东江湖水环境保护规划》；2011 年，成立郴州市东江湖水环境保护委员会
保护和治理攻坚期（2012 年至今）	东江湖被纳入国家良好湖泊生态环境保护试点，全面推进富营养化防控阶段	2012 年，东江湖被纳入国家良好湖泊生态环境保护试点；2012 年起，资兴市按照“公平公正、合理补偿、只减不增”原则，实施东江湖网箱养殖退水上岸工程；2013 年，东江湖入选国家重点支持湖泊；编制《湖南省东江湖水环境保护规划(2013—2030 年)》

1. 建设期

东江湖是国家“六五”重点能源工程——“东江水电站”蓄水水库(图 4-1)。东江湖大坝水库工程于 1958 年动工，1961 年初停建；1978 年 4 月复工，1980 年 11 月截流合拢；1986 年 8 月下闸蓄水，形成一个水面积达 160 km^2 的东江湖。从此，东江湖改变了湖区数万百姓的生活，小气候影响流域内 4719 km^2 生态环境，淹没资兴县耕地 5.7 万亩，林地 9.6 万亩，5 万多移民就地后靠安置。

图 4-1　东江湖建成时照片

2. 移民开发期

由于东江湖建于计划经济时期，受时代局限性，当初未把湖区生态保护理念纳入东江湖移民工作之中，而是侧重经济开发，采取“少迁多靠”（即迁移到湖区外的少、从淹没区后靠到非淹没区的多）的移民理念和做法，把湖区的水面、土地、森林等作为移民安置的生产生活资源。

被迫移到海拔更高的半山腰生活的移民，为了谋生，在政府的支持下，利用东江湖资源发展渔业、林果业、养殖业或开采矿产资源等，尤其20世纪90年代后，以“万口网箱下东江”的网箱养殖来增加居民收入。

3. 保护和治理初期

由于历史遗留和现实问题，东江湖部分区域，尤其库尾环境遭受破坏，而污染主要来自工业、渔业、农业、船只油污、生活污水及旅游污染等方面，流域各污染源共同影响了水资源和水环境。东江湖上游的有色金属矿遗留下来的大量尾砂、废石及废渣未得到妥善处理。随生态破坏和水土流失，被污染土壤重金属随雨水不断流入东江湖，东江湖水环境面临较大威胁。

多年来，为保护东江湖流域，郴州举全市之力对东江湖实施严格的保护措施。2002年，湖南省人大常委会颁布实施了《湖南省东江湖水环境保护条例》，使东江湖成为全国首个专门立法保护的大型水库。通过积极争取，东江湖成功纳入了国家重点支持保护的15个水质良好湖泊之一。为了进一步控制污染源，加大了东江湖流域内产业结构调整力度，开展了矿产资源整治整合，有效保护了东江湖水环境。2002年以来，共取缔非法矿点160个，资兴市政府在每年直接减收财税6000多万元的情况下，坚持关闭了东江湖周边煤矿、金矿、钨矿和铅锌矿等20多家采选冶炼企业。宜章县和瑶岗仙钨矿联合成立了瑶岗仙矿区矿业秩序整治工作领导小组，专门负责打击周边非法采选活动；汝城县依法关停了位于东江湖保护区内的暖水昌前铅锌矿和马桥大理石矿，瑶岗仙矿区和小垣矿区等非法采矿得到有效遏制。流域内共关闭“十五小”企业21家，关闭宜章瑶岗仙镇砷制品厂和桂东流源砷制品厂，妥善处置好危险固废。资兴市政府加大对湖区船舶的整治规范，取缔油污船110只，逐步开展东江湖网箱养殖退水上岸工作。

从2012年起，资兴市按照“公平公正、合理补偿、只减不增”原则，实施东江湖网箱养殖退水上岸工程，分四年退水上岸网箱9000口，现已淘汰网箱1100口，减少水面养殖污染。流域内积极推广“猪-沼-果(鱼)”种养结合生态养殖技术，严禁在湖区周边使用高毒、高残留农药化肥，农业面源污染得到了一定控制。

4. 保护和治理攻坚期

2012年，东江湖被纳入国家良好湖泊生态环境保护试点。其后，资兴市提出对《湖南省东江湖水环境保护规划(2005—2010)》(湖南省环境保护科学研究院，2007)做出新调整及修改，以顺应生态环境保护建设的新发展，委托湖南省环境保护科学研究院编制了《湖南省东江湖水环境保护规划(2013—2030 年)》(湖南省环境保护科学研究院，2013 年)。2013 年，东江湖流域宜章、桂东、汝城三县共享受补助资金 16220 万元，2014 年已到位中央补助资金 4.7 亿元。

为保护东江湖周边的植被和野生动物，林业部门主要采取了“五禁”措施，分别是禁伐、禁荒、禁火、禁猎、禁牧，并给予林农 20 元/亩的财政补贴，对造林一亩以上的，经验收合格还可得到补助。近五年来，资兴市水利部门综合治理东江湖流域水土流失面积共 135 km^2，目前东江湖流域共划定国家和省级重点生态公益林 188.2 万亩，加强水土保持，生态环境得到明显改善。

4.1.2　东江湖已经实施的主要保护与治理工程

1. 污水处理设施建设

近年来，在财力偏紧的情况下，资兴市加大东江湖流域内环保基础设施建设，投入 4000 多万元建成并运行了黄草镇、滁口镇、旅游码头污水处理站共 3 个污水处理站，总处理规模达 1600 t/d，每年安排运行经费 200 万元，确保了污水处理设施正常运转。2012 年又启动了兴宁镇 5000 t/d 污水处理厂项目建设。2012 年，资兴市成立城乡环境保护投(融)资公司，负责具体落实东江湖生态环境保护试点项目及配套资金等。目前公司向亚洲银行争取贷款 1 亿美元作为试点项目配套资金已在国家发展和改革委员会立项。汝城县、桂东县分别投资 5017 万元、4900 万元各建成一座 1 万 t/d 的县城生活污水处理厂并投入运行。

2. 垃圾处理场建设

资兴市还投资 60 多万元开展了东坪乡生活垃圾集中处理，总投资近 1000 万元启动了黄草镇无害化垃圾处理场建设。汝城县、桂东县总投资分别为 6785 万元、4757 万元，设计总库容分别为 200 万 m^3、140 万 m^3 的两个县城生活垃圾无害化处理场正在建设当中。

3. 重金属污染防治

2011 年国务院批准了《湘江流域重金属污染治理实施方案》，湘江流域重金属污染防治工作全面启动，东江湖流域也被纳入其中。目前东江湖流域已有 3 个项目获得 8000 多万元支持，但由于湘江流域范围广，落实到东江湖流域的项目相对较少，而东江湖流域需要开展重金属污染治理的区域较多，仅依靠湘江流域重金属治理项目难以满足东江湖生态环境保护需要。针对东江湖流域历史遗留重金属污染问题，将资兴市东江湖铅锌矿区历史遗留冶炼废渣安全处置工程等

20 个重金属污染治理项目列入《湘江流域重金属污染治理实施方案》。目前，瑶岗仙矿业有限责任公司垅下废石坝污染治理工程等 4 个项目已批准实施。

4. 农村连片整治

2015 年，东江湖流域第一个项目的实施解决东江湖流域 8 个连片村庄的生活污水、生活垃圾及畜禽养殖等农村面源污染对东江湖水环境的影响，并起到示范作用，推动东江湖流域农村环境综合整治工作全面开展。据不完全统计，东江湖湖周边共有 10 个乡镇，100 多个行政村，农村连片示范整治项目所涉及的村镇仅占东江湖流域很少一部分，湖周边广大的农村地区需要更多资金开展综合整治，才能切实起到保护东江湖生态环境的作用。

4.1.3　东江湖保护机构与相关法规制度

2002 年，湖南省人民代表大会常务委员会颁布实施了《湖南省东江湖水环境保护条例》（简称《条例》），使东江湖成为全国首个专门立法保护的大型水库。从 2009 年开始又积极争取湖南省人民代表大会常务委员会，将该条例的修订纳入了 2013 年立法计划。为规范、有序开展保护工作，资兴市先后编制了《东江湖流域水环境保护规划》和《资兴市生态建设规划》，出台了《资兴市东江湖水质保护管理规定》《东江湖旅游船艇管理规定》《资兴市东江饮用水源保护区污染防治管理暂行规定》等规章制度。

结合贯彻实施《条例》，流域四县市充分利用电视、广播、报刊、网络、宣传资料、流动宣传车等多种形式，向群众宣传东江湖保护政策法规。资兴市结合湘江流域水污染综合整治环保行动，配合《湖南日报》《湖南环境信息》等媒体在“感恩湘江，打造东方莱茵河”专栏对东江湖保护工作进行重点采访报道，扩大了东江湖在湖南省乃至全国的知名度和影响力。同时在东江湖主要出入口、旅游景区、接待站等重要地点增设了宣传牌、宣传栏、温馨提示、发放宣传资料，加强了旅游从业人员的东江湖水环境保护知识培训，让市民和游客增强了保护东江湖的自觉性。四县市在县市委党校开设了东江湖保护培训课程，在中小学校开设了东江湖环保教育课堂，积极开展形式多样的环保活动。通过全方位的宣传，在全社会营造了保护东江湖的浓厚氛围，形成了全民参与东江湖保护的新局面。

2003 年，成立了专门负责东江湖水环境保护的机构即东江湖水环境保护局（副处级），2011 年流域政府机构改革，汝城、桂东、宜章三县环保部门又新增设了专职股室，具体负责东江湖水环境保护，资兴市黄草镇、滁口镇等东江湖流域重点乡镇新设立了专职环保机构。

2011 年 2 月，郴州市政府成立了“郴州市东江湖水环境保护委员会”协调机构，负责制定东江湖流域水环境保护重大决策，协调东江湖流域各县市与市直有关部门关系，指导东江湖水环境保护局工作。东江湖流域设立了 13 个监测点，建立了水质监测网络。监测数据和监测结果由郴州市环境监测站技术把关，并定期公布，随时掌握东江湖流域水质动态信息，对重点污染企业还安装了在线监测。

4.1.4　东江湖保护治理需求分析

东江湖保护得到上级领导及相关部门的高度重视和大力支持。强化污染防治和生态建设，有效遏制了东江湖水质下降趋势。随着东江湖保护工作的深入开展，流域生态环境逐步改善，提供了巨大的生态服务价值，其生态效益优势凸显。东江湖流域涉及三县一市 30 个镇，共 60 余万人，乡镇以农业为主，农村畜禽养殖、化肥、农药、生活垃圾及水产养殖等污染较严重导致部分水域的藻类过量繁殖，呈现富营养化趋势。目前，东江湖流域水土流失严重，流域水土流失面积已超过 1087 km^2，年平均土壤侵蚀量约 400 万 t，湖区土地石漠化面积达 17.8 万亩。上游桂东县、汝城县、宜章县流域每年 3500 万 t 生产和生活污水及近万 t 的生活垃圾直接或间接影响东江湖水体。

此外，流域虽然取缔关闭了不少采选企业，但长期乱采乱选，遗留下来的大量尾砂、废石、废渣没有得到妥善处理，土壤重金属随雨水进入东江湖，易形成重金属污染。湖区旅游、水上交通、网箱养殖等污染也不同程度地影响东江湖水环境，直接威胁资兴市、郴州，甚至湘江流域 4000 多万民众的饮用水安全。

针对东江湖存在的问题，以保障饮用水水源地水质为目标，现阶段对于东江湖保护应全面进入富营养化防控阶段。应大力优化调整产业结构及空间布局，着力协调社会经济发展模式，建立适合东江湖经济发展的产业结构；高度重视东江湖水污染治理问题，深化流域点源和面源污染综合治理，推动流域截污治污，进一步加大力度，做好全流域污染源的监管和治理措施；加强流域生态建设，着力构建健康生态屏障，大力推进东江湖缓冲带建设与生态修复，加大弃矿区污染控制，加强水土流失控制和水源涵养林建设，打造东江湖生态屏障；严格保护及管理饮用水水源地，大力提高饮用水水源保护力度和效率，强力改善饮用水水源水环境质量；优化湖泊水生态调控，着力恢复东江湖生态系统，加强东江湖水体生境改善、渔业结构调整和水生态系统保育等，促进东江湖生态修复。强化依法治湖，着力构建监管保障体系，加大检查与督办力度，确保环保设施能正常运行。从而确保东江湖水质不下降，保持东江湖水生态健康，防治东江湖富营养化。

4.2　东江湖保护面临的压力与困难

多年来当地政府对东江湖实施严格的保护措施，不断完善东江湖保护的政策体系和监督管理体系，加大东江湖流域综合整治力度。但近年来，东江湖流域处于经济发展的转型期，经济发展与环境保护间存在较大矛盾。目前东江湖水生态系统虽总体处于健康状态，但物种多样性和生态系统稳定性下降。入湖河流污染负荷持续增长，环湖人口增长带来城镇、畜禽养殖等面源污染负荷增长加快，导致部分水域藻类过量繁殖，呈富营养化趋势。同时，流域水体流失严重，湖区土地石漠化面积达 17.8 万亩。由于采矿业历史遗留问题，土壤重金属进入东江湖也将对其水环境造成潜在风险。再者，东江湖流域旅游资源丰富，旅游人数快速增加带来的压力及保护监管措施不匹配等也将对东江湖水环境保护造成威胁。

基于此，处理好流域经济社会发展与东江湖环境保护间的关系，对保护好东江湖提出了较大的挑战。本研究全面分析了东江湖保护面临的压力和困难，以期为东江湖的保护和富营养化防控提供理论基础。

1. 深水湖泊特征导致保护治理难度大

东江湖是典型的深水水库型湖泊(平均水深 61 m，最大水深 141 m)，深水湖泊具有储水量大、水力停留时间长等特点，一旦遭受污染，难以治理。而深水湖泊相对于浅水湖泊来说其水体自净能力好，但深水湖泊一旦受到污染，其治理难度反而比浅水湖泊更大。另外，东江湖处于湘江一级支流耒水上游，其水质状况直接影响湖南省饮用水安全，且影响湘江生态补水、防洪调峰、保护生物多样性和发电等综合功能，已成为湖南省“两型”社会建设不可替代的重要战略资源。因此，东江湖对郴州市乃至湖南省有着举足轻重的作用。但近年来随社会经济快速发展，人类活动频繁干扰，致使东江湖水生态环境十分脆弱，水生态环境退化，物种多样性下降。尤其近年来入湖河流水质变差，流域农业及农村生活污染增加，入湖负荷显著升高。再者，湖滨缓冲带遭受严重干扰或破坏，局部区域水土流失严重，此类问题都将对东江湖保护治理带来较大压力。

2. 依山靠水的经济发展模式增加了湖泊保护压力

东江湖拥有 81.2 亿 m^3 的优质饮用水水资源，湖区生物多样性丰富，生态系统服务功能价值高。由于受保护资金投入不足和尚未建立生态补偿机制等影响，湖区群众为保护东江湖付出了巨大代价，开矿、耕田、捕鱼等生产活动受到限制，群众生活水平明显低于周边农民，保护积极性受到影响，致使东江湖部分水资源及生态保护项目难以开展，水资源保护形势日益严峻。同时，随厦蓉高速、岳汝高速通车，郴州等湘南三市被批准为国家级承接产业转移示范区等发展机会的到来，流域二、三产业将会快速发展，经济发展与湖泊保护矛盾将更加突出，亟待建立长效机制，突破发展模式。

3. 农村农业面源污染严重，入湖负荷尚未有效控制

目前，农田面源、农村生活、畜禽养殖仍是流域最主要污染源，三者入湖污染负荷占流域总入湖量的 65%以上。由于东江湖流域分布着 30 个乡镇，生活着 60 余万人，主要是农业区，农村面源污染点多、面广、量大，农田化肥不合理使用，加之防控措施单一，技术力量单薄，资金投入不足，保护相对滞后，城镇及村落污水收集处理率、畜禽粪便治理率、农田径流处理率等普遍偏低，导致东江湖入湖污染负荷尚未得到有效控制，治理任务依然艰巨。

4. 流域生态安全保障体系尚未建立

人为活动引起湖泊水质下降，生态系统结构变化，稳定性下降，对东江湖生物多样性造成较大影响。湖滨带生境干扰性活动频繁，湖岸较陡、湖滨缓冲带较窄，植被带上方为灌木林或乔木林，水生植物群落分布范围小且狭窄，植物物种丰富度低，物种较单一，基本不存在过渡区域。湖岸土地及生物群落已遭受一定程度干扰和破坏。主要分布在东江湖西岸、西北岸等地湖滨湿地受强人为干扰，其物理基地和生物群落已遭受严重干扰或破坏。湖滨带生态系统结构仍然非常脆弱，对人类开发和干扰活动的调节和缓冲作用未能充分发挥。

4.3 本章小结

东江湖自建成以来主要经历了“建设期、移民开发期、保护和治理初期和保护和治理攻坚期”。采取“少迁多靠”的移民理念和做法，随人类开发活动的加剧，东江湖流域水环境问题日益凸显。因此，2002 年湖南省颁布实施了《湖南省东江湖水环境保护条例》，2012 年，东江湖被纳入国家良好湖泊生态环境保护试点。实施了污水处理、垃圾处理、重金属污染防治和农村连片整治等主要治理工程措施，并成立了东江湖水环境保护协调机构，建立了水质监测网络。

通过多年不懈努力，有效遏制了东江湖水质下降趋势。但东江湖流域涉及 30 个镇，以农业为主，农村畜禽养殖、化肥、农药、生活垃圾及水产养殖等引发的面源污染问题较严重，导致部分水域藻类过量繁殖，呈富营养化趋势。东江湖保护急需通过产业结构优化调整，建立适合东江湖流域的经济社会及产业结构，深化流域点源和面源污染综合治理；加强流域生态建设，着力构建健康生态屏障，大力提高饮用水源保护力度和效率，加强东江湖水体生境改善和水生态系统保育，促进东江湖生态修复；着力构建监管保障体系，尽快建立健全东江湖水污染治理工程体系和监管体系，加大检查与督办力度，确保环保设施正常运行。

第 5 章　东江湖富营养化防控总体设计

东江湖水质总体较好，此类湖泊的保护和治理既应区别于严重富营养化湖泊，也应不同于富营养化初期湖泊。基于对东江湖水环境问题的诊断，提出目前东江湖水污染和富营养化防治重点应是防治并举，突出重点，构建工程体系和监管体系；建立适合东江湖经济发展的产业结构，形成适合东江湖的工程技术体系，建立健全适合东江湖的水污染防控需求的监管和保障体系。

采用“产业结构优化调控—污染源系统控制—流域生态建设—水源地保护—湖海生态调控—流域综合管理”的总体思路，政府主导，统筹规划，突出重点，分步实施，通过主要污染物入湖总量控制，强力削减入湖污染负荷，逐步修复流域生态功能，以达到改善东江湖水质和确保水源地水质安全的目标，建立支撑流域社会经济可持续发展和与东江湖保护相协调的流域经济社会发展模式。

5.1　我国湖泊富营养化治理案例及对东江湖的启示

我国是一个多湖泊国家，大于 1 km^2 的湖泊共 2865 个，淡水储量约 2250 亿 m^3，全国城镇饮用水水源的 50%以上源于湖泊，全国粮食产量的近 1/4～1/3 和工农业总产值的 30%以上来自于湖泊流域。面对严峻的湖泊富营养化形式，国家和各级地方政府相继采取了一系列治理措施。自 1980 年以来，我国在减少流域污染物输入和修复受损湖泊生态系统方面投入大量人力物力，累积资金投入近 3 万亿元。尽管取得了一定成效，湖泊富营养化势头得到一定遏制，但富营养化问题依然严峻。对我国湖泊富营养化演变过程及趋势，以及治理成效与存在问题的清晰认识，是现阶段及今后一段时间科学制定我国富营养化治理策略的关键。

我国湖泊保护与治理经历了 30 多年发展，治理措施由单一的污染控制转变为集污染控制、生态修复与综合管理为一体的保护和治理体系；治理范围由以前的水域转变为流域。自 2010 年至今，我国湖泊治理取得一定成效，发展了湖泊生态安全评估技术与绿色流域建设成套技术等技术方法。但未来一段时间，全国人口将继续增加，经济总量将进一步增加，资源和能源消耗持续增长，由此造成的湖泊环境保护压力将更大(王圣瑞和李贵宝，2017)。我国富营养化治理历程及湖泊水污染防治和富营养化治理的几个较有成效的案例，如洱海、滇池与鄱阳湖等，可为东江湖的保护和富营养化防控提供借鉴和启示。

5.1.1 案例 1 洱海水污染治理与富营养化防控

洱海是云南省第二大高原湖泊，是苍山洱海国家级自然保护区重要组成部分，是大理各族人民赖以生存和发展的根基。随城镇化进程加快，流域人口不断增长，入湖污染负荷不断增加，使洱海面临较大保护治理压力。2015 年 1 月，习总书记视察大理，作出了“一定要把洱海保护好”的重要指示。为全面深入贯彻落实好习总书记重要指示精神，结合洱海保护治理面临的严峻形势，地方政府高度重视，高位推动，综合施策，使洱海保护治理进入了强力推进的新阶段。

1. 全力以赴高位推进洱海保护治理

强化流域生态环境管控。自 2015 年 4 月开始，按照“管住当前、消化过去、规范未来”的思路，持续深入开展以“两污”、违章建筑、市场经营秩序、交通消防安全隐患、“为官不为”五项整治为核心的洱海流域环境综合整治工作。至 2016 年年底，共依法查处环境违法案件 141 件，封堵排污口 809 个，查处违法排污行为 26 起，行政处罚 80.65 万元。查处“电捕鱼”违法行为 61 起，公开审理“非法捕鱼”案件 6 起，行政拘留违法人员 22 人，依法追究刑事责任 14 人。全面叫停洱海流域农村住房在建项目，依法查处土地违法案件 856 起。排查整治环洱海餐饮客栈服务业经营户 5600 多户，建立了客栈餐饮服务业“红黑”名单制度。深入开展洱海流域“为官不为”专项整治，严格追究不落实的事，严肃问责不落实人员，有效遏制了洱海流域污水乱排、垃圾乱丢、私搭乱建、违规经营等问题。

深入推进洱海流域截污治污体系建设。遵循“问题导向、系统治理、标本兼治”的原则，统筹洱海流域“山水林田湖”综合保护治理，编制了《洱海保护治理与流域生态建设“十三五”规划》，规划实施流域截污治污、主要入湖河道综合整治、流域生态建设、水资源统筹利用、产业结构调整、流域监管保障六大类工程 110 个项目，目前已有 58 个规划项目列入上级相关规划。洱海环湖截污（二期）工程等 5 个项目已列入财政部第三批政府和社会资本合作（PPP）示范项目；2016 年实施规划项目 65 个，完成 3 个，累计完成投资 42.65 亿元，超过了“十二五”投入的总和。2017 年计划新开工规划项目 45 个，已开工 5 个，计划完成 13 个。

保护和提升洱海流域水环境质量。一是开展流域“两违”整治行动。将洱海海西、海北 1966 m 界桩外延 100 m、洱海东北片区环海路临湖一侧和道路外侧路肩外延 30 m、洱海主要入湖河道两侧各 30 m、其他湖泊周边 50 m 以内范围划定为洱海流域水生态保护区核心区，并向社会作了公告。共建档立卡洱海流域餐饮客栈等经营户 9236 家，关停经营 2498 家；叫停个人建房在建户 5182 户，依法拆除违章建筑面积 6.74 万 m^2。二是开展村镇“两污”治理行动。采取新建生态库塘、改造提升村落污水处理系统、新建农村化粪池、开展“三清洁”活动等手段，全面实现洱海流域污水、生活垃圾应收尽收。大理市计划新建生态库塘 127 个，开工建设 77 个，已建成 52 个；正在提升改造 146 个村落污水处理设施收集管网工程；全流域计划建设农户化粪池 43362 户，已建成 21037 户，“三清洁”活动累计清理沟渠 2390 km，清理淤泥和垃圾 14.93 万 t。三是开展农业面源污染减量行动。洱海流域核心区及周边累计完成流转土地 2.61 万亩。洱海流域 3 万亩化肥农药减量示范区建设，已设置了 800 个化肥农药使用量调查监测点，7 万亩高效节水灌溉项目已完成流转土地 2.67 万亩。四是开展节水治水生态修复行动。启动环湖新一轮“三退三还”工程建设，完成油橄榄引种实验基地 2000 亩、苹果种植 231 亩、湖滨带修复 700 亩、退耕还林地块丈量 6000 亩。聘请 840 名管水员，加强对大春生产用水管控，杜绝大水漫灌。大理市封堵建成区地下井 2393 口、苍山十八溪农业灌溉取水口 106 个。洱海主要入湖河道生态治理工程完成投资 8320 万元。五是开展截污治污工程提速行动。按照“突出重点、急用先行、压缩工期、全面提速”的原则，全力加速实施环湖截污治污工程，尤其是与洱海水质改善直接相关的应急性工程。截至 2014 年 5 月 15 日，110 个规划项目中，有 3 个项目已完成主体工程建设，有 67 个项目正在抓紧推进，已累计完成投资 61.01 亿元，占规划总投资的 30.7%。六是开展流域综合执法监管行动。以“零容忍”态度，加大对洱海流域环境违法行为的查处打击力度，共出动 2300 人次对流域企业、客栈、餐饮进行了执法检查，共检查 294 家，要求整改 158 家，共立案查处 109 件，移送公安机关处理 3 件，查封扣押 3 件，共处罚金 372.79 万元；巡查污水处理设施 521 座、河流河道 490 起，整治排污口 188 个，查处滩地违法 107 起、非法捕捞 20 起，行政处罚立案 11 件。七是开展全民保护洱海行动。持续开展“七大行动”进机关、进乡镇、进企业、进学校、进社区、进村组、进军营等系列活动，引导公众积极参与洱海保护治理。通过“一堂课、一首歌、一段短片、一台节目、两个广告、两个形象代言”等鲜活生动的方式加大洱海保护管理条例、新环保法的宣传教育，引导广大干部群众知法、懂法、守法、用法，努力营造人人关心、主动参与洱海保护治理的浓厚社会氛围。

2. 洱海保护治理初见成效

通过一系列的工程措施和管理制度的综合实施，洱海保护治理工作取得了阶段性成效。一是洱海水质积极向好发展。通过开展“五项整治”“六大工程”“七大行动”，洱海水质正向好趋势发展，2017 年 1～5 月全湖水质综合类别均为Ⅱ类，优于 2016 年同期。二是进一步坚定了洱海保护治理信心。各级党委、政府牢记习近平总书记“一定要把洱海保护好”的嘱托，加大对洱海保护治理的支持和帮助；大理州市党委、政府以壮士断腕的信心和决心，遵循“问题导向、系统治理、标本兼治”的原则，围绕稳定和改善洱海水质的目标，集中人力、物力和财力，持续开展 “五项整治”“七大行动”，洱海保护治理达到了前所未有的力度和强度。三是进一步健全了保护治理机制。按照市级领导包乡镇、乡镇及市级部门包村、村组干部包组、基层管理员具体负责的工作思路，建立市级领导巡查机制、“河长”制、村庄土地规划建设专管员制度和洱海保护治理网格化管理责任制，推行洱海流域联合联动执法机制，实现洱海保护治理从专业部门为主向上下结合、各级各部门密切配合协同治理转变。此外，还成立了大理州洱海保护治理“七大行动”指挥部，由州委副书记、大理市委书记任指挥长，分管环保副州长任副指挥长，指挥部下设 11 个工作组，负责洱海保护治理“七大行动”的统筹指挥和协调推进工作，做到一线统筹协调、一线解决问题、一线推进工作。大理市、洱源县及流域乡镇都设立了指挥部和工作组，由党政主要领导负总责，分管领导担任指挥长。同时，从州级、县市机关选派 177 名同志组成 16 个工作队，吃住在乡镇，负责督促指导和协助乡镇抓好“七大行动”的落实。四是水质监测体系进一步健全。洱海湖区水质监测点从 37 个增加到 55 个，主要入湖河流水质监测点从 78 个增加到 93 个，新增环湖重点沟渠水质水量监测点 38 个，水量监测点从 37 个增加到 39 个，水文、气象、水质、水生态和蓝藻水华等生态环境监测网络得到健全完善。

3. 洱海保护治理发生了较大变化

自 1972 年第一次全国环境保护大会后，洱海水污染与富营养化治理已有 30 多年的时间。虽然水质呈现下降趋势，局部水域部分时段会暴发水华，特别是 1996 年、2003 年和 2013 年暴发了规模化藻类水华；但是在流域经济社会快速发展的背景下，目前水质状况依然保持在Ⅱ～Ⅲ类。特别是 2017 年启动了以“七大行动”为主要抓手的洱海保护治理抢救模式，洱海保护取得了阶段性成效，洱海保护治理发生了较大的变化和转变。主要可以概括为如下几个方面。

1) 政府下定了决心，坚定了信心

长期以来，不仅是洱海保护和治理，全国其他湖泊的保护和治理基本也都纠结在保护和发展之间，其关键是政府没有下定决心，更没有拿出治理湖泊的狠心，基本都是采取边发展、边污染、边治理的思路，导致我国湖泊水污染与富营养化问题并没有得到根本性改善，一些地区深度呈现加重的趋势。2015 年 1 月，习近平总书记到云南考察时专程来到洱海，做出“一定要把洱海保护好，让‘苍山不墨千秋画、洱海无弦万古琴’的自然美景永驻人间”的重要指示，云南省做出“采取断然措施、开启抢救模式，保护好洱海流域水生态环境”的重要决定后，大理州高度重视，迅速就贯彻落实工作进行专题研究和安排部署，立即制定了《关于开启抢救模式全面加强洱海保护治理的实施意见》，进一步修改完善洱海保护治理“十三五”规划，将洱海保护治理抢救模式“七大行动”的任务分解到大理市、洱源县和相关州级各部门，明确了责任人、完成时限和州级督办领导，在洱海流域全面打响洱海保护治理攻坚战。其决心和狠心可见一斑，牺牲短期利益换取长远发展，坚定“绿水青山就是金山银山”的发展理念，如流域“两违”整治，全面停止农村建房审批、暂停在建户建设，逐户进行复核，已建的违法违章建筑坚决依法拆除。整治流域客栈餐饮违规经营，实现沿湖 100 m 洱海核心保护区客栈餐饮等服务业经营户全部停业。

2) 从局部治理向全流域保护转变

1996 年洱海首次暴发蓝藻水华，引起了当地政府的高度重视。此后几年，以控制工业点源污染、城市污染与水体修复为重点，有效削减了入湖氮磷等污染负荷。虽然上述措施在一定程度上缓解了洱海水污染的严峻形势，其水质短期内有所好转；但在此之后，洱海水质下降的趋势并没有得到根本性的改观；特别是 2013 年蓝藻水华再次暴发，在引起人们反思以前治理思路的同时，将目光重新集中到了农村和农业面源污染。农业面源污染主要从 3 条途径产生，即农村垃圾和生活污水、农业种植土壤养分流失及农业生产废弃物等的排放与污染。据监测表明，洱海流域面源污染主要来自畜禽污染和农田化肥流失等，入湖河流是面源污染的主要入湖通道，入湖河流对总氮总磷的贡献率分别高达 70%以上。为制定针对性较强、易操作、切实可行的农业非点源污染防治政策管理措施，洱海保护和治理在重点解决临湖区污染问题基础上，治理区域由以前的围绕湖滨重点区域转向全流域，实现了洱海保护治理由局部治理向全流域保护的转变。

3) 从单纯污染治理向保护治理并重转变，治理与管理结合

20 世纪八九十年代，洱海流域工业、农业、水产养殖业及水上运输业发展较迅速。该时期洱海网箱养鱼盛行，部分工业废水直接排入洱海。随着入湖污染负荷的持续增加，洱海水污染与富营养化加速，直接导致了 1996 年首次暴发蓝藻水华。在此之后，大理州政府果断采取了“双取消”(即一次性取消了洱海湖区所有的机动捕鱼船和网箱养鱼) 和“三退三还”(指在洱海 1965.7 m 范围内的滩地上实行退房、退田、退鱼塘，还湖、还林、还湿地) 等一系列重大措施，共取消网箱养鱼 1 万多口，机动捕捞设施 2500 多套。由于措施得力，治理及时，洱海水污染与富营养化程度有所缓解，但水体氮磷浓度并没有明显下降。然而，单纯的见污就治，不仅影响当地经济发展，也很难得到周边群众的支持和配合，治理潜力有限，且效果难以维持。2013 年，洱海再度暴发大规模蓝藻水华，不仅考验了当地政府的洱海保护成效，也考验了其洱海保护治理的思路和策略。

如何探索一条在保护中谋求发展的洱海保护与治理新道路，就成了当地政府必须破解的一道难题。按照习总书记保护好洱海的要求，洱海保护治理实施了重要的战略调整，由以前单纯的污染治理转变为保护与治理并重，治理与管理结合，动员全民参与，在保护中求发展。“七大行动”中的节水治水生态修复行动、流域

综合执法监管行动和全民保护洱海行动就是重要的体现，把洱海治理向治理与管理并重发展，并在节水治水生态修复方面得到深化。如“七大行动”之一的全民保护洱海，实行洱海保护治理“定目标、定措施、定时限、定责任、定奖惩”和“州、县市、乡镇、村、组”五级联动工作机制，印发了“七大行动”工作手册900 册，制定大理市洱海保护市民大讨论方案和洱海保护行动市民公约，在市区LED 大屏幕滚动播出“七大行动”宣传标语，组织 4 万多人次党员干部参与“三清洁”活动，10 余万名群众参与到洱海保护治理中，组建洱海保护志愿者队伍 170支共 2100 人，人人参与洱海保护治理的良好氛围正在形成。

4) 从政府出资到全社会多方筹资转变

从洱海治理来看，各种治污工程、环保设施、生态修复及产业结构调整、劳动力转移和社会保障体系建设等都需要大量的人力、物力和财力的投入。能否保障足量及可持续的资金和资源投入，是洱海水污染治理和生态保护的关键。由于湖泊治理和生态保护所需资金投入巨大，地方财政无力全部承担。为了解决洱海治理资金问题，大理州采取建立洱海基金、实施 PPP 等模式，充分利用市场机制，鼓励社会投入，多方融资，并动员社会力量参与，逐步建立了政府资金引导、市场融资、社会资金参与、农民自主投入等多渠道筹资机制。2017 年大理州财政在预算安排 1 亿元的基础上，从新增债券中安排 1.5 亿元应急经费，专项用于洱海保护治理“七大行动”，通过组建政府性基金方式，筹集 30 亿元基金支持大理市、洱源县洱海保护治理工作。大理市、洱源县通过政府融资，分别安排 2 亿元、0.8 亿元资金作为实施“七大行动”应急经费，保障各项工作快速推进。4 月 5 日省政府第 109 次常务会议明确，从 2017 年起省财政连续 5 年每年安排 6 亿元洱海保护治理专项资金，支持大理州开展洱海保护治理。大理市紧紧抓住国家专项建设基金和 PPP 项目向生态环保领域倾斜等机遇，率先采用 PPP 模式加快洱海环湖截污“治标治本”工程，洱海环湖截污（一期）工程被列入财政部第二批 PPP 示范项目，洱海环湖截污（二期）项目等 5 个项目被列入财政部第三批 PPP 示范项目，极大增强了洱海保护治理的信心和决心，实现洱海治理由政府出资向全社会多方筹资的转变。

4. 洱海保护治理的难点及瓶颈

1) 洱海生态系统脆弱，藻类水华易发生

洱海地处云贵高原，光热条件充足，雨热同季，流域农业发展历史久远，土壤肥沃，流域水土流失和农业面源污染问题突出，导致入湖氮磷等污染负荷量大，且伴随雨水集中输入，导致入湖污染负荷已经超过环境承载力；由此导致沉水植物退化严重，面积萎缩，已由 20 世纪 70～80 年代的近 40%下降到目前的不足 10%，群落结构简单化，成片分布的面积不足 10 km^2；夏秋季浮游植物中蓝藻占明显优势，土著鱼类濒危或消失，外来物种增加。特别是经历了 2013 年大面积蓝藻水华后，洱海已具有“草藻”共生的明显特征，脆弱水生态系统难以维持稳定Ⅱ类水质，在水质剧烈波动下，规模化蓝藻水华发生风险较高，一旦出现气候异常等因素，藻类就会迅速繁殖。洱海鱼类小型化、低龄化趋势明显，渔获物组成以人工放流种类为主，对浮游动物摄食影响较大，由此导致浮游动物数量和密度急剧降低，对浮游植物控制作用减弱，进而增加了藻类水华风险。

2)洱海长期累积性污染问题突出

洱海流域农业发展历史久远，土壤肥沃，长期流域水土流失和农业面源污染问题突出，特别是 20 世纪 80 年代以来，大理城镇化进程不断加快，洱海流域人口不断增长，居民生产生活对湖泊的侵蚀，27 条主要入湖河流水质的下降，以大蒜等高投入作物为代表的农业面源污染加重，1996 年、2003 年、2013 年出现蓝藻大面积暴发就是很好的证据，由此入湖污染负荷已大大超过洱海水环境承载力，导致沉积物氮磷含量高，总氮在 1282～8047 mg/kg，平均值为 3311 mg/kg，超过 2000 mg/kg 的点位占调查点位的 95%。总磷在 419～1751 mg/kg，平均值为 931 mg/kg，大于 1000 mg/kg 的点位占调查点位的 38%。村落沿岸区域是沉积物氮磷含量较高的区域，容易释放。较深层沉积物虽然磷含量较高，但一般情况下，洱海底层溶解氧较为充沛，氮磷释放风险较低，但暴雨期城镇溢流污水、畜禽粪便等高浓度耗氧有机污水冲击影响下，局部区域底层溶解氧可能急剧下降，与其结合的氧化铁、二氧化锰被还原，会引发磷大量释放，加大蓝藻水华风险。洱海西南沿岸区域、双廊均发现过底层溶解氧下降、氮磷含量增高。例如，2013 年 5 月 13 日及 5 月 26 日，出湖河道西洱河黑龙桥段暴发红虫；2016 年 8 月 30 日，西洱河第一闸门至团山公园段水色明显变化，水色呈现棕黄色到棕褐色。洱海沉积物氮磷含量高于长江中下游大部分湖泊，沉积物氮磷释放风险较大，特别是关键时期(夏秋季)对局部水域水质影响不容忽视；暴雨期城镇溢流污水、畜禽粪便等污水冲击影响下，会引发氮磷大量释放，加大蓝藻水华风险。

3)流域安全生态格局尚未建立，空间管控难度大

安全的洱海水环境依赖于其流域安全的生态格局。洱海流域虽然具备了山水林田湖完整的系统单元，但是由于开发历史久远，且多年来尚未从流域山水林田湖完整的系统考虑洱海保护治理问题，其流域安全的生态格局尚未建立，急需划定红线，给洱海保留有基本的生存空间，以保护洱海为目标，划定红线，以资源环境承载力约束流域开发与城市及产业与人口等的布局。优化国土资源空间格局，给湖泊保留有生存空间，把洱海保护纳入流域国土空间新格局中考虑，形成以洱海为核心的流域国土空间发展新格局。具体来讲，保护洱海需要划定禁止开发与限制开发的空间红线；还需要划定水位调整和水资源调度的水量红线；同时还需要划定水质下降和鱼类等水生生物变化及调整的水质和生物红线；更为重要的是还需要划定流域人口及产业发展与局部的空间及数量红线，即基于洱海保护目标，

需要提出对流域发展规模、布局及人口等方面的约束性红线指标。除此之外，与之配套，还需要制订相关的标准、保障政策与技术措施等，同时还应实施最严格的环境保护标准。另外，由于历史原因，临湖区域分布了超过 140 个村落，且近年来伴随旅游业等快速发展，临湖区成为人口和客栈及餐饮企业集中分布区，人口密度大，排污强度大，导致流域空间管控，特别是临湖区及湖滨湿地区域管控难度大，由此导致洱海保护难度大。

4) 历史欠账较多，经费投入不足，洱海保护治理工程体系尚未建立

自古以来环洱海周边村庄较多，农户习惯沿湖沿河而居，村庄规划、基础设施投入不足，环境保护历史欠账多；尤其是截污治污设施存在短板，规划管理、生态保护与经济社会发展的速度存在差距，历史欠账较多。近年来，随着大理知名度、美誉度的不断提高，外来投资者和游客不断增多，旅游业呈现“井喷式”发展，流域餐饮、客栈服务业达到 9000 多家，流域年游客接待量近 2000 万，加之管网覆盖率、污水收集处理率低，截污治污速度远跟不上污染增加速度。2017 年 3 月划定的洱海流域水生态保护区核心区，100 m 生态隔离带需要流转土地 2.73 万亩，需整治客栈、餐饮经营户 2489 家，需拆除违章建筑 918 户，建设生态隔离带、整治违章建筑、整治违规经营、实施生态移民等任务繁重，成本巨大。因此，历史欠账较多，经费投入不足，洱海保护治理工程体系尚未建立。

相比较滇池治理“十二五”期间累计完成规划投资 289.79 亿元，抚仙湖水污染综合防治“十二五”完成投资 33.43 亿元，洱海保护治理“十二五”期间规划投资 39.21 亿元，实际完成投资 24.1 亿元。其中，中央资金 6.6 亿元，省级资金 2.5 亿元，州级资金 2.1 亿元，市级资金 3.7 亿元，自筹 9.2 亿元，投入严重不足，洱海保护治理最为关键的工程体系尚未建立。“十三五”期间，大理州市县计划实施洱海保护治理项目 110 个，工程概算总投资 199.44 亿元，目前到位各类资金 38.41 亿元，占规划总投资的 19.26%，仍缺口资金 161.03 亿元。大理属于我国西南部欠发达地区，州市县财力仅能保工资、保运转，仍需肩负发展带来的大量政府债务负担，建设资金缺口较大，特别是 PPP 项目相继建成后，2019 年开始，政府购买服务费用支出压力大，环保设施日常运转费用缺口较大，地方财力压力大。

5. 洱海保护治理总体思路

现阶段洱海水污染与富营养化治理应按照 “控源+生态修复+生境改善+生态调控+管理”思路推进。重点包括如下内容。

1) 着眼于流域，落脚在全湖，防治与管理相结合

根据我国湖泊治理总体思路，按照生态学原理，洱海生态系统防退化应按照“着眼于流域，落脚在全湖，防治与管理相结合”的总体部署来实施。

2) 以沉水植物恢复为突破点，实施生态系统优化调控

洱海生态系统防退化应在污染源控制基础上，从全湖出发，通过生境改善等工程措施，为水生植被，特别是沉水植物恢复创造条件，示范性地开展沉水植物修复，同时实施藻源性内负荷控制及生态系统调控等措施，开展以鱼类调控为主要措施的生态系统优化调控措施，实施土著鱼类保护和渔业结构调整等工程措施。

3) 以让湖泊休养生息为指导，严格实施控源减排措施

以让湖泊休养生息为指导思想，就是遵循自然规律，以湖泊水环境承载力为科学依据，统筹环境保护与经济发展间关系，采取综合手段，逐步提高湖泊水环境的生态服务功能；严格实施控源减排措施，控制内源释放，实现人湖和谐发展。

4) 增加生态系统的稳定性和多样性，使其逐步进入良性循环

洱海保护和治理必须从流域整体出发，建设与长期保持Ⅱ类水质相匹配的健康湖泊及流域生态系统，才是洱海水污染与富营养化治理的关键所在。应以“生境改善、生态修复和生态系统调控”为重要手段，增加生态系统的稳定性和多样性，重点包括生境改善、渔业管理、水生态系统调控和保育、生态修复（以水生植被为重点）及水华应急处置等内容。

5) 构建了洱海水生态防退化工程体系

按照“着眼于流域，落脚在全湖，防治与管理相结合”的总体部署，以“让湖泊休养生息”为指导思想，严格实施控源减排，以“生境改善、生态修复和生态系统调控”为重要手段，从洱海生态系统及流域整体出发，提出针对性对策方案，增加生态系统的稳定性和多样性，使其逐步进入良性循环，构建了以污染源系统控制减排、入湖河流污染治理与生态修复、湖滨带生态修复、沉积物污染控制和基于藻类控制的渔业结构调控与以沉水植被恢复为重点的洱海水体生境改善，以及流域藻类水华应急处理与流域综合管理等内容组成的洱海生境改善与生态系统防退化工程体系。

6. 下一步洱海保护治理建议

洱海流域是滇西中心城市核心区，是大理重要的人口聚居区。经济水平较低，但是环境敏感，保护目标高。随着流域城镇化、工业化、农业产业化进程的加快，旅游业快速发展，生态环境保护与资源开发及经济发展之间的矛盾日益突出。洱海保护治理任务重、压力大，面临诸多的困难和问题。洱海水质虽然总体较好，但生态系统较脆弱，正处于由草-藻型共存的中营养水平向藻型富营养化转型期，湖泊藻源性内负荷持续升高，主要生物类群呈现明显富营养化湖泊特征，水生态系统稳定性差。洱海流域水资源统筹综合利用程度低、调节能力弱，湖体水质指标处于富营养化临界状态；农业面源污染仍然是洱海主要污染源，控源减排任务依然艰巨，重点入湖河道水质未根本改善。同时还面临现有投融资平台低、规模

小、融资难，加之地方财政困难，生态补偿机制不健全，地方财政配套资金难以落实。目前是洱海保护与治理的关键时期，此时用较少的投入，科学优化流域社会经济发展模式，可以做到投入少，见效快，发挥事半功倍的效果。若稍有松懈或受到外部环境及气候条件等干扰，已取得的成果就会付之东流，后果不堪设想。如何进一步巩固成果，修复健康洱海生态系统，是必须要认真考虑解决的问题。

基于此，就洱海下一步保护治理提出如下建议。

1）建议将洱海流域列入全国生态文明先行示范区

新形势下，洱海保护治理需融入流域经济、社会、文化和制度建设，要坚持“推进生态文明建设，坚持绿色发展”的理念，通过水土资源高效利用、生态经济建设、生态环境保护、生态文化和生态制度5大体系建设，构建流域生态文明体系。以水资源和土地资源节约集约高效利用为基础，通过优化国土空间开发格局、控制开发强度和生态红线，严格保护，协调流域社会经济发展与洱海环境保护间矛盾；生态经济建设是生态文明的核心，通过发展生态旅游业、生态农业和高新产业，优化产业结构，加强循环经济建设，形成洱海流域特色生态经济。加强水污染治理，加强苍山水源涵养区生态建设，加强流域水生态保护与修复。因此，建议洱海流域作为国家生态文明先行示范区，加快推进建设。

2）将洱海流域列入全国“山水林田湖”生态保护修复项目示范区

洱海流域具有天然的山水林田湖完整系统，实施洱海流域“山水林田湖”一体化保护对构筑中国西南生态屏障具有关键性支撑作用，苍山洱海是国家地质公园和国家自然保护区，流域气候垂直差异大，水域独特，植被及水生生物资源非常丰富，是我国重要的生物多样性宝库。实施“山水林田湖”一体化保护对构建中国西南生态屏障具有十分重要的意义。洱海流域“山水林田湖”一体化保护对我国水质较好湖泊保护和流域生态文明建设也具有重要示范意义。洱海流域是我国最早开展生态文明建设的流域。山水林田湖生态保护修复是生态文明建设的重要内容，是贯彻绿色发展理念的有力举措，是破解生态环境难题的必然要求。洱海是我国富营养化初期湖泊的典型代表，开展洱海流域山水林田湖生态保护修复对我国湖泊流域生态文明建设起到重要的示范作用。洱海流域“山水林田湖”一体化保护对我国建设绿色“一带一路”也具有重要示范作用。洱海流域是中国西南桥头堡，发展绿色“一带一路”不仅对中国流域生态文明建设有重要意义，也对中国带动“一带一路”的可持续发展有重要意义。实施“山水林田湖” 一体化保护和修复是保护和治理洱海的关键性举措。洱海目前水质虽然总体较好，但是其规模化藻类水华风险较大，洱海保护和治理已进入关键转折期。与洱海水质保护目标相适应的流域经济发展模式和水土资源体系尚未建立。因此，建议把洱海流域纳入国家“山水林田湖”专项试点，作为重点支持试点区域，加快推进建设。

3) 给予财税金融政策支持

洱海地处我国滇西南边陲，流域经济社会发展水平与全国中部、东部地区相比存在较大差距，薄弱的财政收入与保护治理日益增长需求之间的矛盾短时间内难以破解。建议有关部门在总量上增加转移支付补助，增强县(市)对洱海保护专项资金的调控能力和资金自主分配。同时，进一步综合运用贷款贴息、生态补偿等多元化手段，给予财税金融政策等支持，加大支持力度。

4) 进一步拓展发展空间

经济快速发展、城市扩张和人口增长导致的污染负荷超过了环境承载能力，是洱海流域面临的最根本问题。洱海湖体隶属于大理市范围，而就大理市区域及地形特征来讲属于典型坝区经济，受洱海保护要求和区域地形条件限制，大理市发展空间受限。基于洱海保护的长远需求，应从可持续发展角度，对大理市行政区划进行调整，拓展发展空间，将大理市部分功能、产业和人口转移、外迁至洱海流域外发展，特别是要重点疏解海西区域的城市等功能。

5.1.2　案例 2　滇池水污染治理与富营养化防控

1. 面临的问题

经过近 20 年的不懈努力，滇池治理逐步显现成效，全国环境质量报告书评价表明，2010～2014 年滇池已由重度富营养转变为中度富营养，富营养状态指数由 72.0 下降为 67.0，下降 7%。2014 年滇池水华的分布范围减小，水华发生频次和强度都明显下降。可喜的是，2014 年 12 月和 2015 年前 3 个月，滇池外海连续 4 个月水质为轻度富营养，滇池外海湖体富营养化程度明显减轻。目前滇池水质企稳向好，流域生态环境明显改观，滇池水污染治理工作获得了国家有关部门认可。但滇池水体氮磷浓度依然较高，滇池保护治理面临问题可概括为如下方面。

1) 滇池环境约束条件复杂，治理难度大

滇池位于昆明主城下游，地处流域最低点，是流域唯一汇水和出水通道，也是城市及农村生产、生活污染物唯一受纳体；流域水资源缺乏，且开发利用过度，生态用水不足，内源累积性污染严重；滇池属宽浅型半封闭高原湖泊，换水周期长，自净能力差，水生态系统退化严重，易发生蓝藻水华。以上特点决定了滇池治理难度大，治理周期长。

2) 流域资源环境约束趋紧，产业布局亟待优化调整

滇池流域以约占云南省 0.75%的土地面积承载了全省约 23%的 GDP 和 8%的人口，是云南省人口高度密集、城镇化程度最高的地区，污染排放超过了环境承载力。“十三五”期间，滇池流域经济社会仍将持续增长，预计 GDP 年均增长 9%左右，新增常住人口 20 万人以上；流域污染排放负荷持续增加，化学需氧量、氨氮、总氮、总磷产生量与 2015 年相比，预计分别增长 13%、10%、5%和 4%；目前滇池流域污

染负荷已超环境容量，需从产业结构与布局、人口分布与规模、城市发展空间与布局等方面优化调整，协调经济社会发展和滇池保护治理间的关系是重点和难点。

3) 水污染形势依然严峻，控源截污治污体系尚需完善

昆明老城区合流制排水系统短期内难以改变，雨季合流污水溢流严重；新城区分流制排水系统不完善，管网存在错接、漏接，部分排水设施老旧；城市雨污负荷尚未得到有效控制，城市面源已成为滇池第二大污染源，需加强城市雨污混合水的收集处理；环湖截污干渠(管)配套的支次管网不完善，尚未实现截污和处理的有效联合调控；集镇及村庄污水处理设施管护不到位，配套收集系统不健全，运行效率低；入湖河道支流沟渠截污不彻底，水质较差，控源截污治污体系不完善，水污染防治形势依然严峻。

4) 流域生态安全格局亟待优化，湖滨湿地生态环境功能尚需提升

流域生态格局基本形成，森林覆盖率已达 53.5%，但生态系统完整性与多样性尚不能满足流域生态安全需要，应在结构与功能方面进一步优化。湖滨湿地对维系生态系统健康、有效削减入湖污染负荷、改善水质具有重要作用。“四退三还”工程恢复湖滨湿地面积约 33.3 km^2，但部分湿地布水系统不完善，尾水、河水、湖水连通不畅，缺乏长效管理和维护机制，湿地生态环境功能尚需提升。

5) 流域健康水循环体系有待完善

“十二五”期间，通过实施流域截污治污、牛栏江引水、尾水外排及资源化利用等工程，初步构建了滇池流域健康水循环体系，但仍存在流域内生态用水不足、生态补水环境效益尚未充分发挥、城市雨水及再生水综合利用率低、水资源综合调度体系尚未建立等问题，急需进一步完善流域水循环体系。

6) 流域环境管理不完善，精细化水平有待提高

滇池保护治理未全面融入经济社会、城市规划建设及管理体系，流域水质、水量、水生态一体化环境综合管理效能不高；流域截污治污设施的系统性不强，缺乏有效联合调控机制；湿地缺乏长效管理与维护机制；水资源综合利用缺乏高效调度机制；环境监管体制机制不完善，水环境监管能力不足，环境管理及滇池保护管理信息化水平不能适应新要求；全民参与滇池保护治理的氛围尚未广泛形成；管理模式尚需进一步创新。

2. 滇池治理总体思路

自“九五”以来，滇池治理的科学性、系统性逐步形成，总体分为两个阶段。其中第一阶段“九五”和“十五”是以点源治理为重点；第二阶段“十一五”和“十二五”以流域综合治理为重点；以“六大工程”为重点的滇池流域水污染系统治理全面实施，滇池治理实现了向系统性、科学性的转变。尤其是“十一五”到“十二五”期间，在流域经济社会不断发展、城市规模不断扩大、人口快速增长态

势下，滇池治理在削减存量同时，有效遏制了增量，实现了水质企稳向好；基本形成了系统的截污治污体系，初步形成了健康水循环体系，实现了“湖进人退”“还水予湖”；从“一湖四片”流域内发展转向滇中产业新区流域外发展，流域社会经济发展与生态文明建设的良好格局正在形成，逐步实现保护与发展相协调。

从科学性、技术性、系统性出发，以恢复生态、改善水质为目标，以“六大工程”为主线，突出工程措施与非工程措施并重、系统治污与生态修复并重、政府主导与市场运作并重。“十三五”期间，滇池水污染防治的基本思路是“区域统筹、巩固完善、提升增效、创新机制”。按照“量水发展，以水定城”的原则，在全流域统筹解决水环境、水资源、水生态问题，优化布局经济社会发展、城市建成区及流域生态安全格局，实现“山水林田湖”综合调控；巩固“九五”以来滇池治理成效，进一步完善以流域截污治污系统、流域生态系统、流域水循环系统为重点的“六大工程”体系；提升流域污水收集处理、河道整治、湿地净化、水资源优化调度效能；依靠管理创新技术创新，建立健全项目投入、建设、运营、监管机制。

根据滇池湖体和流域空间分异特征，按“一湖三圈”的分区思路，明确各控制分区主要的污染治理措施(图 5-1)。

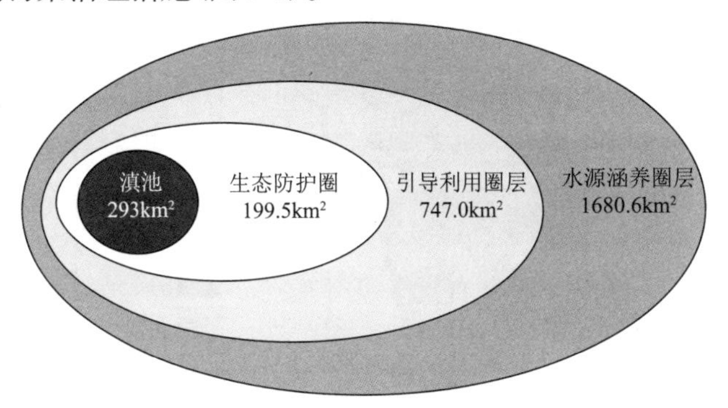

图 5-1　滇池流域“一湖三圈”空间示意图

“一湖”是指滇池的湖体，湖体是滇池水污染控制最重要的保护目标之一，是滇池流域各项控制措施效果的具体体现，在滇池的湖体，应以内源和存量污染物削减措施为主。

“三圈”中的第一圈即生态防护圈层，是滇池环湖公路至滇池水面线之间的范围，第一圈与湖体接触最为紧密，是环滇池核心屏障，第一圈需禁止一切人类生产和生活活动，该区域内以建设生态湿地、湖滨林带为主。

第二圈即引导利用圈层，是第一圈和第三圈之间的范围，是滇池流域人类活动最主要的地区，其主要的人类活动包括城镇居民生活、工业生产和农业生产，也是污染控制的重点区域。对于第二圈中的城镇居民生活区，其污染控制策略为建设和完善污水收集管网和雨污分流系统，提高污水收集率和污水处理厂的处理能力，控制生活污染源；加强工业园区的规范化建设，建立工业园区的产业链条，积极实施清洁生产和循环经济；加强生态农业建设，提高农作物、花卉和蔬菜的养分利用率，减少化肥施用量，减少农作物秸秆流失量，控制面源污染。

第三圈即水源涵养圈层，是滇池流域上游地区水库水源地及汇水区，第三圈的重点任务是进行水源涵养，严格控制面源污染，确保滇池流域饮用水安全。滇池流域“一湖三圈”水环境保护的空间位置分布见图 5-2。

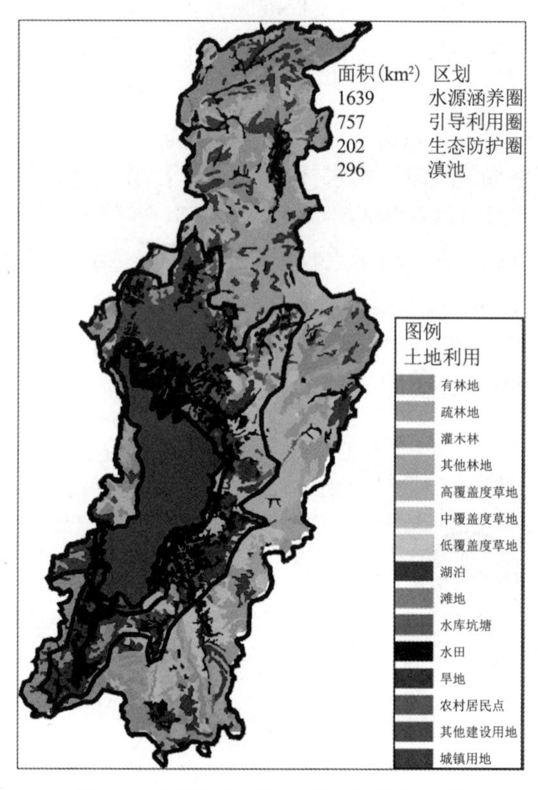

图 5-2　流域“一湖三圈”位置分布图

以提高人民生活质量为根本出发点，以改善滇池生态环境为根本目的，立足于把昆明建设成为高原湖滨生态城市的目标，以污染物总量减排为重要抓手，坚持“工程治理、资源保障、生态修复、发展减负、管理创新和技术支撑”的污染防治方针，通过调整产业发展结构，增加区域水资源供给量，污染治理工程和流域综合管理等手段，优先保障饮用水安全，改善滇池流域水环境质量，促进滇池流域生态系统健康，实现流域社会经济和生态环境的协调发展。

按照防治结合、分类指导原则，将滇池流域的 7 个控制单元划分为优先控制单元和一般控制单元，其中优先控制单元共 6 个。

滇池流域水污染防治控制单元分区详见图 5-3。

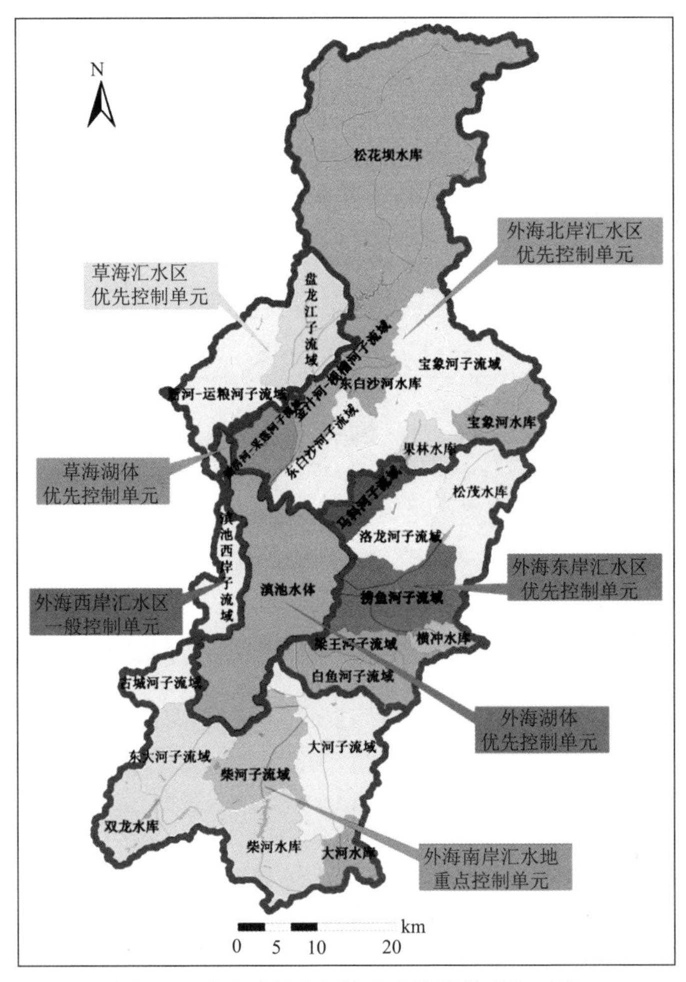

图 5-3　滇池流域水污染防治控制单元分区图

5.1.3　案例 3　鄱阳湖水污染治理与富营养化防控

1. 总体思路

近年来鄱阳湖流域水文情势发生了较大变化，建设鄱阳湖生态经济区将可能对鄱阳湖产生一定的环境压力。基于鄱阳湖作为国际重要湿地的特殊敏感性和保护鄱阳湖“一湖清水”的目标，确定鄱阳湖流域水污染防治的基于“源头、流域、滨湖区、湖体”分区的防治总体思路，其核心是提升鄱阳湖流域生态环境功能，保护鄱阳湖水质。

针对鄱阳湖流域生态环境保护需求，从最初的“山江湖”工程，到 21 世纪初的绿色生态江西建设，再到当前的绿色崛起等战略的实施，有效地保护了鄱阳湖流域最大的优势——绿色生态和一流的环境，形成了包括鄱阳湖国家级生态功能保护区、鄱阳湖国家自然保护区、鄱阳湖生态经济区、“五河一湖”保护区等重要的建设成果。从湖泊、河流、源头不同层次形成了全流域完整的水污染防治体系。

目前，按照保护鄱阳湖“一湖清水”的总体目标，已经形成了由湖体核心区—滨湖保护区—生态经济区—鄱阳湖流域—“五河”源头5个层级构成的鄱阳湖水污染防治体系(图5-4)。按5个层面制定了鄱阳湖水环境保护对策。

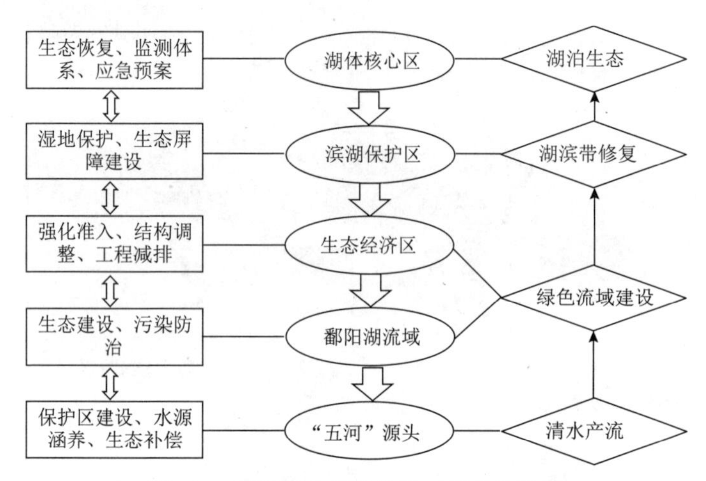

图5-4　鄱阳湖水污染防治对策总体思路

2. 方案定位与目标

构建水污染防治体系，保护鄱阳湖水质，应加强源头区生态保护和水源涵养能力建设，推进鄱阳湖生态经济区生态产业体系建设，强化环境监管，建设鄱阳湖绿色生态屏障，实施生态廊道建设，建设和完善湖区生态监测和湿地保护工程，建立水质保护应急预案。

以污染物总量控制及农村面源污染防治为重点，有效削减入湖污染负荷，改善湖区及“五河”水环境质量，“五河”主要入湖控制断面及湖区水质稳定在Ⅲ类以上。确保河、湖水质达到水环境功能目标，保障区域饮用水及工农业用水安全。

3. 主要内容和总体设计

通过对鄱阳湖区及湖体主要水环境问题、污染源的识别和分析，确定鄱阳湖水污染防治是以污染源控制、湖泊湿地生态保护与环境管理相结合，其水污染防治的重点在于湖内污染源控制及湖泊生态系统保护。

除此之外，为加强对湖泊的科学认识和管理，应大力开展湖泊科学考察、生态环境监测和科学研究等工作，保障资源的有序利用和生态系统健康安全，加强鄱阳湖滨湖保护区面源污染的治理及对生态产业建设与污染物削减，建设绿色屏障，阻断污染物直接入湖。实现环境保护的全过程管理，包括污水处理、饮用水源保护、生态建设和保育等，推进建设绿色流域。加强鄱阳湖“五河”源头生态环境保护，恢复流域清水产流机制，确保足量清水入湖，有效控制水土流失，减少污染物输入，围绕源头生态保护和污染控制，重点在于生态保护，建设一流的源头保护区，增强其水源涵养功能。从建立以政府为导向的生态补偿制度、完善绿色税收政策、推进环境资源价格政策改革、积极探索排污权交易制度和实施可持续发展的绿色信贷政策等方面提出了鄱阳湖水污染防治的保障措施。

鄱阳湖水污染防治总体设计详见图 5-5。

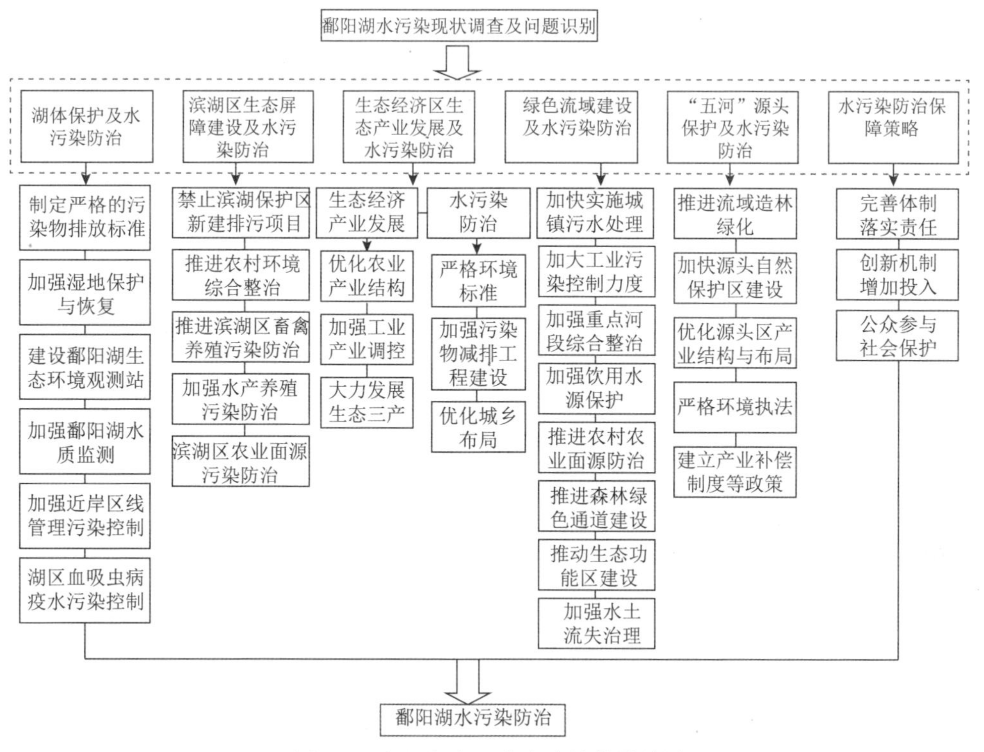

图 5-5　鄱阳湖水污染防治总体设计图

5.1.4　我国湖泊保护治理经验对东江湖的启示

近年来，在区域和流域经济快速发展的大背景下，东江湖水质虽总体较好，但氮浓度呈增加趋势，水污染规律已发生变化，水质下降风险较大。东江湖属于贫营养湖泊，应根据流域自身特点，因地适宜地解决湖泊保护和治理的关键问题。

1. 协调流域经济发展与湖泊保护关系，建立完善生态补偿机制

随着流域经济的快速发展，资源开发与湖泊污染问题日益突出。流域不合理的发展模式对湖泊造成了巨大的环境压力，流域民众对湖泊不合理的索取对湖泊

造成了极大的破坏，由此将导致入湖污染负荷持续增加，湖滨缓冲带被侵占，湖滨湿地退化，湖泊鱼类被过度捕捞，湖内水生植被退化甚至消失，湖泊生态系统退化，甚至恶化，藻类水华频繁暴发，水体生态功能丧失。所以如何解决好流域经济发展与湖泊保护间关系尤为重要。要把湖泊保护纳入流域经济社会发展的总体布局中考虑，因此，对于东江湖的保护和治理需要解决和协调好流域经济发展与东江湖湖泊保护间的关系，建立适合东江湖流域的经济发展产业结构，满足流域经济的可持续发展和与环境保护相协调的经济社会发展模式。

建立完善东江湖生态补偿机制。按照“谁保护谁受益；谁受益谁付费”的原则，建立上下游城市之间的补偿机制。从资金、实物、政策机制等方面，积极向中央及省两级财政申请生态补偿。补偿重点主要包括三个方面，一是补偿流域人民为保护东江湖生态而牺牲的发展机会成本，提高其生产生活水平，减少对资源的开发和破坏；二是支持东江湖流域特别是湖区周边生态保护和污染防治各项工程；三是弥补各部门为保护东江湖的日常性投入不足部分。资金补偿可主要从三个方面解决：①争取中央政府、省财政转移支付；②返还东江湖流域所在县市上交的部分税费(包括资源税、采矿权价款、矿产资源补偿费、水资源费、育林基金、水土保持实施补偿和水土流失防治费、矿山地质环境治理备用金、排污费等)作为生态补偿基金；③对已形成机制的生态补偿项目提高标准，延长补偿。

2. 强力控源，重点落实源头削减入湖负荷

解决环境问题的治本之策是从源头上减少污染物的排放。治污要治本，治本先清源。加强环境保护，遏制环境污染，如果只注意治理已经出现的污染，不从源头抓起，往往是“按下葫芦浮起瓢”，陷入防不胜防的恶性循环。因此，防治环境污染，必须从源头上抓起，才能起到釜底抽薪的作用。流域污染源控制是湖泊水污染控制最为重要的内容。源头防治污染也是国内外湖泊污染治理经验。

采取清洁生产技术，使用清洁的能源和原料，采用先进的工艺技术与设备、改善管理、综合利用等措施，从源头削减污染，提高资源利用效率，减少或者避免生产、服务和产品使用过程中污染物的产生和排放。目前环保部已发布了相关清洁生产行业标准 58 项。需要按“截、引、净、减、调、养”六字法统筹化综合治理。截是切断点源污染产生的污水；引是将点源污染与面源污染产生的污水通过对应手段引入湿地或生态岸带等功能体；净是通过湿地、生态岸带，以及其他净化功能体处理污染水体与降水径流；减是将水体中的有机质成分降低，淤泥减量；调是调入新水体补入水道及湖体等；养是整治内源污染，通过微生物复合菌等恢复水体营养结构，稳定或重建生态系统和食物链结构。

对湖区周边的农村生活污水处理技术必须遵循“低投资、低能耗、简便、高效”的原则，采用智能化、傻瓜化的运行方式。根据农村实际情况，生活污水处

理采用分散处理模式、村落集中处理模式和纳入城镇排水管网模式等。

3. 建立流域长效保护治理运行机制，提高保护治理的精准化

需要针对东江湖所处的不同区域的功能和价值属性差异，合理实施“优化开发、重点开发、限制开发、禁止开发”的空间战略功能布局，确定不同区域的发展方向，提高保护的精准化；需要对湖体本身及“三圈一纵”（湖滨缓冲带、湖荡湿地、水源涵养林和入湖河流）自然与社会经济状况及压力系统梳理，提出科学明确的保护目标，针对性地实施“一湖一策”，切实解决存在问题。需要调整湖泊管理理念，由“重治理，轻保护”转变为“保护优先，防治并举”，引导建立良好湖泊保护机制；需要调整湖泊保护投入机制，将湖泊环境保护资金投入由单向被动投资转变为以奖促防和以奖促治的新思路，通过中央财政投入，带动和发挥地方政府积极性，引导社会资金投入保护湖泊。

需要进一步调整东江湖保护技术路线，建立湖泊生态安全保障体系，推动湖泊保护由水域向流域，由水质管理向水生态管理的全面转变，实施山水林田湖草一体化保护；需要综合调整湖泊保护手段，湖泊保护涉及多地区、多部门、多学科，必须采取综合手段，统筹协调各方，方可见效。

4. 培育生态化产业和生态消费理念，加快产业转型

积极发展生态农业。依托山水资源优势，推进无公害食品、绿色食品和有机食品开发，着力构建粮食、东江湖鱼、东江湖果、茶叶、油茶、畜牧等生态产业化，推广猪-沼-果（鱼、蔬菜）等生态农业模式。

营造特色，着力发展低碳循环工业。坚持走科技含量高、资源消耗低、环境污染少的工业之路。积极培育食品、电子信息、新型材料等新型工业，提升科技含量，促进工业与信息化融合，大力引进低碳绿色高新企业落户工业园区，实现产业“集中、集群、集约”式发展。

整合东江湖湿地景观资源、历史文化和民俗，精心做好生态文化项目的策划、引进和包装，重点打造以东江湖为主要载体的山水文化，以“休闲、养生、快乐、安康”为主要内容的休闲文化，以水库渔文化、茶文化、竹文化为主要代表的产业文化，生产蕴含东江湖湿地保护理念的文化产品，借此培育公民的生态环境保护意识，推广生态生活方式。

以东江湖为重点打造并提升“资兴生态文化节”“农耕文化节”“神农文化旅游节”等文化活动的品位和品牌，提高资兴特色生态文化的凝聚力、影响力和感召力，增强资兴社会影响力和软实力，引导生态消费文化。

在东江湖周边区域发展中统筹考虑生态、经济和社会发展目标，实行清洁生产和循环发展，并系统运用经济、行政和法律手段，在生产、流通、消费各个环

节构造符合生态文明要求的引导。

总之，东江湖水污染治理与富营养化控制是一项复杂的系统工程，需动员全社会力量共同参与。要彻底打破“污染—治理—再污染—再治理”的恶性循环；地方政府要正确处理发展与保护的关系，防止湖泊治理的短期行为和治理的破碎化，把湖泊治理与正在实施的“河长制”“湖长制”进行捆绑考核。

5.2 东江湖富营养化防控技术思路与实施要点

总结我国湖泊水污染治理与富营养化防控经验，东江湖富营养化防控应根据湖泊流域特征，按照保护优先、防治并举、突出重点的技术思路，整体设计，分阶段实施，遏制东江湖水质下降趋势，预防富营养化，巩固东江湖饮用水源水质，确保东江湖流域生态安全。其中协调发展是关键，建立与东江湖保护相适应的流域经济社会发展模式，突出重点，统筹衔接，防治结合，真正把东江湖保护治理纳入流域经济社会发展整体计划中考虑。

5.2.1 技术思路

按国家《水污染防治行动计划》要求，根据东江湖生态系统及富营养化发展趋势，坚持生态环境保护优先，经济社会发展与东江湖生态环境相协调，现阶段东江湖水污染和富营养化防治重点是“防治并举，构建工程体系和监管体系”。优化调整东江湖流域产业结构及布局，形成与东江湖水环境质量相适应的流域发展模式，构建适合东江湖水污染和富营养化防治的工程技术体系，建立健全适合东江湖水污染防控监管和保障体系；遏制东江湖水质下降趋势，预防湖体富营养化，确保流域生态安全，最终使东江湖水质保持Ⅰ类。

5.2.2 实施要点

1. 保护优先，协调发展

坚持流域经济社会发展与东江湖生态环境保护相协调的原则，将东江湖保护放在优先位置。坚持以保障东江湖饮用水源安全为目标，以东江湖环境承载力为基础，着力推进绿色发展，循环发展与低碳发展，形成节约资源和保护环境的空间格局、产业结构及生产生活方式，从源头推动东江湖生态环境保护。

2. 突出重点，体现特点

重点控污，且以水质降低严重单元、排污量较大(或强度较高)单元、未来环境风险较大的单元为重点，点面结合。

3. 部门联动，统筹衔接

发挥多部门综合参与优势，前期介入方案，实现方案编制和实施的协调，跨部门、跨区域、跨学科统筹。

4. 防治结合，分类指导

区分单元水环境问题清单，未受污染或污染较轻区域，以奖促治、以奖促防；污染严重区域，加大治理力度，控源减排，增加生态流量，综合治理改善水质。

5. 综合管理，务求实效

水质水量统筹协调，点源与非点源统一控制，经济社会发展与水资源环境承载能力相适应，通过综合手段联动实现目标。

5.3　东江湖富营养化防控总体设计

就湖泊富营养化防控而言，其总体设计无疑具有关键性作用，重点是要明确设计思路、目标及重点任务等。本研究基于对东江湖水环境问题诊断，以期提出东江湖富营养化防控总体设计，明确目标和重点任务。

5.3.1　东江湖富营养化防控总体目标

根据东江湖目前水质总体较好，但水污染与富营养化风险较大的现状，基于东江湖水环境承载力，本研究提出了以控源与强化管理为重点，遵循“产业结构优化调控—污染源系统控制—流域生态建设—水源地保护—内生态调控—流域综合管理”的总体技术思路，按照政府主导、统筹规划、突出重点、经济可行、分步实施的原则，开展主要污染物入湖总量控制，强力削减入湖污染负荷，逐步修复流域生态功能，以达到改善东江湖水质和确保水源地水质安全的目标，建立满足流域社会经济可持续发展和东江湖水环境保护相协调的经济社会发展模式。

本研究梳理提出了东江湖保护治理的技术框架，重点是构建工程体系及监管体系。首先，依据东江湖处于生态脆弱区，拥有优质淡水资源的特征，本研究突出以保护为重点，保护东江湖水质、水量和水生态。其次，多手段综合应用，工程措施和非工程措施结合，强化管理，通过产业结构调整、水污染防治及水生态保护等多手段联合应用，重点是机制和体制的创新，保障东江湖水环境安全。

总体目标是针对东江湖处于贫营养状态、水质优良、水生态基本健康的特点和流域可持续发展的长远要求及对社会经济发展的潜在环境影响，以维护湖泊水生态健康和保护水源地为目标，以污染源系统控制和污染物总量减排为重要抓手，实施湖泊生态环境保护战略，突出流域及区域特征，强化政府环境责任，促进各地经济社会可持续发展。提高流域水资源调控和水体自净能力，实现入湖水质达标，遏制水环境质量下降趋势，促进流域经济与环境保护协调发展。

5.3.2　东江湖富营养化防控重点任务

在湖泊水环境承载力计算和污染物排放量区域分配基础上，调整流域产业结构，实现“人湖自然和谐”，形成“以防为主，慎重开发”。针对湖泊流域点源、面源和内源等不同污染源型，在产业结构调整优化和环境保护强化管理基础上，大力削减入湖负荷。针对入湖河流及河口区、湖滨缓冲区和水生态系统等主要问题，对入湖河流及河口区、湖滨缓冲区进行生态建设，通过水生植物保护及恢复，合理优化鱼类种群结构等，逐步恢复流域生态功能，提高湖泊生物多样性，维护水生态系统健康，恢复退化水生态系统功能。以确保水源地水质安全，调整东江湖饮用水源保护区范围，提高饮用水源保护效率。在污染源治理的同时，开展全流域环境综合管理，建立完善流域生态安全管理机构和信息系统，形成流域水环境管理与决策服务信息平台，建立水环境监测网络，并健全管理体系。

东江湖水污染防治及富营养化防控总体设计思路详见图 5-6。

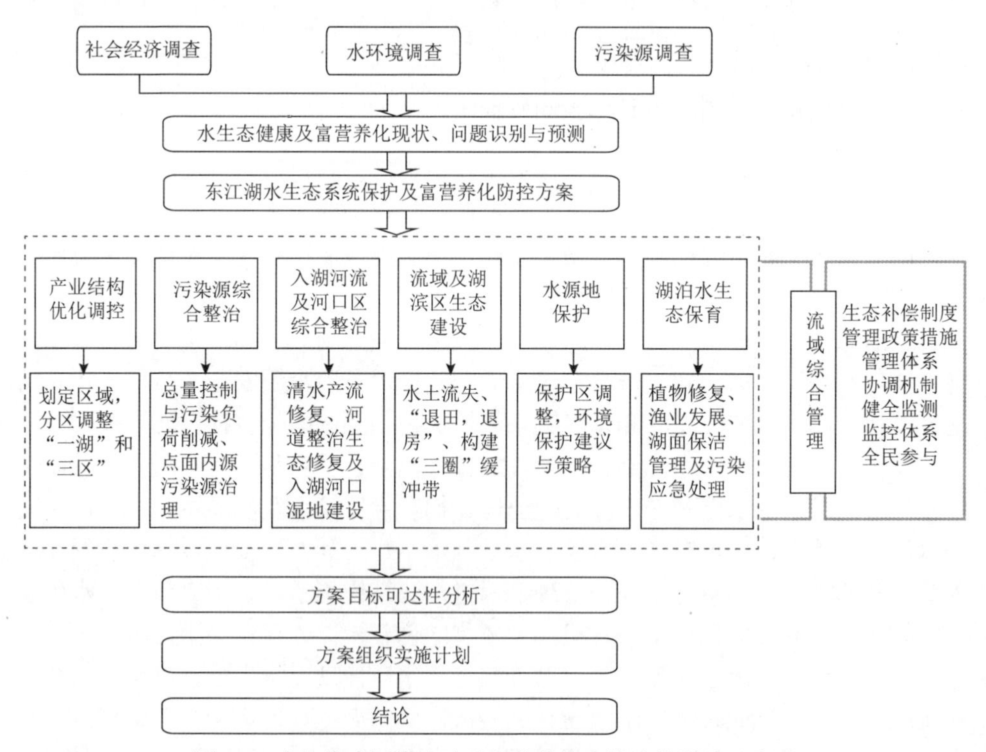

图 5-6　东江湖水污染防治及富营养化防控总体设计思路图

5.4 本章小结

根据洱海保护治理实践，以“让湖泊休养生息，建设绿色流域”为指导，通过技术比选和可行性分析，从现有技术中重点优选集成污染源系统控制技术、入湖河流污染治理与生态修复技术、湖滨缓冲带污染控制与生态修复技术、沉积物污染控制技术、退化生境改善技术和流域综合管理技术六大技术体系，综合集成洱海水污染与富营养化治理技术系统。滇池水污染防治是以改善滇池生态环境为根本目的，以污染物总量减排为重要抓手，坚持“工程治理、资源保障、生态修复、发展减负、管理创新和技术支撑”的污染防治方针，通过调整产业发展结构、增加区域水资源供给量、进行工程污染治理和实现流域综合管理等手段，优先保障饮用水安全，改善滇池流域水环境质量，促进滇池流域生态系统健康，提高当地居民的生存环境质量，实现滇池休养生息与流域社会经济和生态环境的协调发展。通过对鄱阳湖区及湖体主要水环境问题、污染源的识别和分析，确定鄱阳湖水污染防治按照污染源控制、湖泊湿地生态保护与环境管理相结合的思路，其水污染防治的重点在于流域生态建设及湖泊湿地生态系统保护。

基于东江湖水环境问题，提出目前东江湖水污染和富营养化防治重点是“防治并举，突出重点，构建工程体系和监管体系”。建立适合东江湖的经济发展产业结构，形成适合东江湖的工程技术体系，建立健全适合东江湖的水污染防控监管和保障体系。因此，采用“产业结构优化调控—污染源系统控制—流域生态建设—水源地保护—湖内生态调控—流域综合管理”的总体思路，政府主导，统筹规划，突出重点，分步实施，通过主要污染物入湖总量控制，强力削减入湖污染负荷，逐步修复流域生态功能，以达到改善东江湖水质和确保水源地水质安全的目标，保护水生态，建立促进流域社会经济可持续发展和与环境保护相协调的流域经济社会发展模式。

第6章　东江湖流域产业结构优化调控

产业结构是湖泊流域经济活动与自然环境相互作用的重要纽带，其作为资源转换器，也是各种污染物的控制载体(崔凤军和杨永慎，1998)，且产业结构的调整和升级变化也是影响湖泊水环境质量的根本所在。湖泊保护治理和流域产业发展间关系的研究发现，湖泊水污染与流域产业发展存在关联，即湖泊水环境治理必须要经历流域产业结构不断探索与调整的漫长阶段(熊威，2015)。因此，建立适合的流域产业发展及布局结构对于湖泊的保护和治理尤为重要。

东江湖流域第一产业农业结构尚未达到现代农业发展和生产率提高的要求；农产品品种结构相对老化，沿湖种植业布局不甚合理，农业面源污染负荷较大。第二产业工业小型、非法选矿、化工企业较多，易造成水体有机物、重金属污染。以旅游业为主的第三产业低端发展，近年来湖区旅游人数快速增长，而旅游基础设施、污染治理设施、旅游从业人员环保意识等还较为薄弱，尤其临湖农家乐生活污染排放及环保设施不健全，监管不到位，污染排放对东江湖水环境威胁较大。基于以上分析可见，东江湖流域产业结构优化升级空间较大，急需通过产业结构优化调控，最终形成适合东江湖保护目标，且以生态农业和旅游业、环保绿色产业为主导的东江湖流域绿色产业发展新格局。

6.1　东江湖流域产业结构状况及存在问题

湖泊水污染与富营养化问题表现在湖泊水体，但其根源还是在流域，其关键点是流域产业结构及布局等导致的湖泊与流域间氮磷等生物地球化学过程失衡。本研究试图通过现场调查走访、查阅和收集相关资料，梳理东江湖流域产业结构、布局现状及发展趋势等，基于东江湖保护治理需求，全面总结东江湖流域产业结构及布局等存在的问题与不足，提出流域产业结构优化调整建议。

1. 农业面源污染突出，流域污染源控制难度大

东江湖流域主要是农业区，但农业生产结构还没有达到现代农业发展和农业生产率提高的要求，环湖种植业污染，农田化肥不合理使用是其面源污染主要来源。同时，环东江湖畜禽养殖规模和密度较大，治污设施和力度不到位，且网箱

养殖还聚集分布在局部水域，导致兴宁、白廊等水域富营养化物质增长较快。

采用“标准农田法”估算农田面源污染物排放量，2013 年东江湖流域农田面积约为 104.3 万亩，经计算流域农田 COD、氨氮、总磷、总氮排放量分别为 12514.6 t、2502.9 t 和 312.8 t、3754.4 t。从空间分布来看，流域农田污染物的排放主要分布于汝城和桂东。

根据《全国水环境容量核定技术指南》,对畜禽养殖水污染物排放量进行预测，2013 年东江湖流域畜禽养殖数量为 15.06 万头当量猪，根据三县一市“十二五”畜禽养殖规划，2015 年东江湖流域畜禽养殖排放 COD 为 878.2 t，氨氮 177.7 t，总磷 55.5 t，总氮 359.4 t；2017 年东江湖流域畜禽养殖排放 COD 为 914.5 t，氨氮 185.0 t，总磷 57.9 t，总氮 374.3 t。

2. 工业污染虽占比较小，但风险较大

流域工矿企业布局分散，规模小，产能落后，生产基本上是原材料或半成品，属资源依赖型和环境破坏型企业。如沤江上游桂东地区，沿河岸分布着几家化工厂，这些化工厂工业用水主要来源于沤江，使用后的工业废水未经处理或稍作沉淀直接排放进入沤江。多数化工厂设备陈旧且地处岸边，一旦发生事故或遇到暴雨洪水，将会发生较严重污染事件，因此上游区环境风险较高。另外，东江湖流域采矿业占比较大，矿产开发加剧水土流失，潜在重金属污染风险较大。东江湖流域有色矿产资源丰富，历史上曾存在大量采选、冶炼企业，虽大部分关闭，但遗留尾砂、废渣未能完全处理到位，加之流域地质灾害较多，重金属污染隐患仍然存在，如汝城延寿河流域、宜章瑶岗仙区域等。若不及时采取有效措施开展矿区生态修复，极端气候条件下，潜在重金属污染将对东江湖产生不可逆转影响。

2013 年，东江湖流域工业废水排放量为 986.2 万 t，以 2013 年为基准，预测到 2020 年，流域工业 COD 排放量为 608.7 t，氨氮排放量为 37.54 t，总磷排放量为 4.41 t，总氮排放量为 56.39 t。根据估算，东江湖近年砷、汞、镉、铅年均入湖量分别为 95.34 t、0.19 t、0.87 t、54.49 t，年均出湖量分别为 9.53 t、0.045 t、1.36 t、13.62 t，估算砷、汞、镉、铅近年年均累计量分别约为 85.81 t、0.14 t、0.49 t、40.87 t，应特别注意重金属砷、铅，尤其是砷的累积。

3. 旅游业低端发展，污染排放的水环境威胁较大

东江湖流域第三产业主要以旅游业为主，近年来湖区旅游人数大大增长，游客排污量的增加，对于东江湖水环境管理带来了很大压力。此外，距离在建的饮水工程不足 1 km 游客码头的船舶燃油污染也给东江湖环境带来了威胁。旅游业仍低端发展，尤其临湖农家乐生活垃圾及污水排放等环保设施不健全、监管不到

位，污染排放对东江湖水环境威胁较大。

2013 年，东江湖旅游规模已达 25.01 万人次/年，根据相关排污经验数据和宾馆人数统计，每年旅游人口给东江湖带来的污染有 COD 54.75 t、氨氮 3.42 t、总磷 0.34 t、总氮 5.13 t。目前东江湖内客船 310 艘，货船 60 艘，农民自用船 2400 艘，船只载重总重约 10200 t。大约每吨一天耗油 9 kg，按目前水上机动船只使用管理现状，以 3‰的泄漏水平计，则每天约有 275.4 kg 油污排入水体，一年可达 100.52 t，按实际运力发挥作用计算，年排油污折合成 COD 为 114.1 t。

6.2 东江湖流域产业结构优化调整总体思路与目标

基于东江湖保护治理及流域生态建设需求，考虑东江湖优质水资源价值及流域生态建设的重要意义，从湖泊及流域整体出发，根据目前东江湖流域产业结构及布局等存在的问题，结合流域自然生态环境与经济社会发展等特点与定位，提出东江湖流域产业结构优化的总体思路和目标。

6.2.1 东江湖流域产业结构优化调整总体思路

在湖泊水环境承载力计算和污染物排放量区域分配基础上，根据流域产业经济发展现状、功能定位和区位特点，以保护东江湖为核心，在“生态优先”的发展思路下，坚持保护优先，大力发展绿色经济、低碳经济、循环经济，加快传统农业结构升级和生态化改造，合理配置种植业，推动规模化畜禽养殖业发展，禁养区养殖企业全退出，湖区网箱养殖逐步退水上岸，沿湖林果业调整，努力提高第一产业的质量，大力发展生态农业；优化工业结构，淘汰落后产能，关停和搬迁湖泊敏感区域污染企业，促进工业结构升级，规模企业入园发展，矿山整合升级，开展生态工业园和两型矿山建设，湖泊上游地区要优先发展高新技术产业或其他无污染或低污染产业，合理布局湖泊流域内的工业园区，鼓励企业实行清洁生产；根据生态环境承载力，控制游客数量和规模，改造提升传统服务业，大力发展高端特色生态旅游业及服务业。东江湖流域未来的发展方向应进一步降低第一产业占比，提高质量，加快推进新型工业化进程，从而提高第二产业占比，重点发展并优化以生态旅游业为代表的第三产业，继续扩大第三产业的比重，形成以生态农业和旅游业、环保绿色产业为主导的产业发展新格局。

流域产业结构优化调控方案思路见图 6-1。

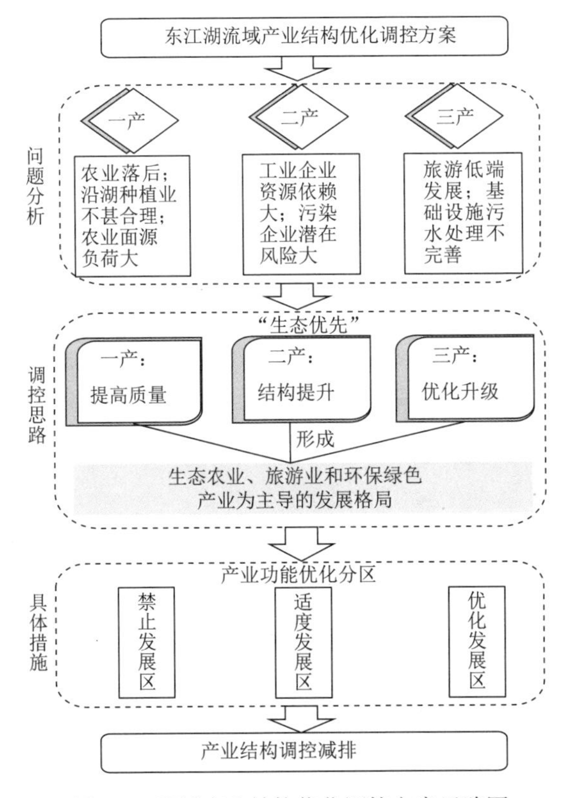

图 6-1　流域产业结构优化调控方案思路图

根据东江湖水生态功能，优化对流域产业空间布局。将东江湖流域划分为“一湖，三区”，分别是湖区、禁止发展区、适度发展区和优化发展区，见图 6-2。

图 6-2　流域产业功能分区图

具体分布如下。

一湖：指285高程以下湖泊水体保育区，禁止产业发展；

禁止开发区(湖滨缓冲区)：重点建设水源保护湖泊缓冲带，临湖正常水位线和主要地表水体向陆域纵深200 m划为湖滨缓冲区。禁止工业、规模化养殖、大牲畜养殖、投饵水产养殖、高施肥种植，禁止开发活动。

适度发展区：包括绿色有机农业与生态经济林果景观农业区和旅游发展综合改革试验区，包括沿湖滨缓冲带外侧形成旅游及服务产业开发环形区及塘坝与湿地系统区，适度控制人口，严格污染防治措施，建立污染控制区与绿色产业区，坝区生态观光与精品农业区；重点发展生态旅游、绿色农业；实施大牲畜禁养；规范沿湖林果业，逐步淘汰高污染种植业。

优化发展区：主要包括生态工业园区和旅游发展综合改革试验区，人口主要聚居区，优化发展区重点布局相关优先发展产业。

6.2.2 东江湖流域产业结构优化调整总体目标

通过流域产业结构优化调控，转型升级，建立适合东江湖保护目标的经济发展产业结构，形成以生态农业和旅游业、环保绿色产业为主导的发展格局，最终形成良性循环的人、湖自然和谐发展格局。到近期2020年，实现产业结构调整基本到位，工业、农业、旅游业、配套服务业、居民点体系能够形成全新的内涵发展特征和空间布局结构；污染负荷排放量大幅度下降。到2030年，远期基本完成流域经济由物质生产经济模式为主向绿色生态经济模式的转变，以内涵增长和效益提升为主导，促进国民经济和社会的可持续快速发展。

6.3 东江湖流域产业结构优化调控建议

根据确定的东江湖流域产业结构优化调整总体思路及目标，在分析和梳理流域农业、工业和旅游业等主要产业结构及布局等现状与问题等基础上，本研究试图提出东江湖流域农业、工业和旅游业产业结构优化调控建议，包括调控重点及具体调控内容等，以期通过流域产业结构优化调控和转型升级，支撑建立适合东江湖保护目标的流域产业结构及布局。

6.3.1 农业产业结构优化调控建议

在产业功能发展区规划基础上，分区制定准入机制，主要针对东江湖临湖区域，如白廊、兴宁、滁口、清江、黄草和青腰等区域。优化畜禽养殖结构及规模，加快网箱养殖退水上岸，大力调整湖周库岸林果开发空间布局和规模，加强生态农业建设。农业产业结构优化调控设计图见图 6-3。

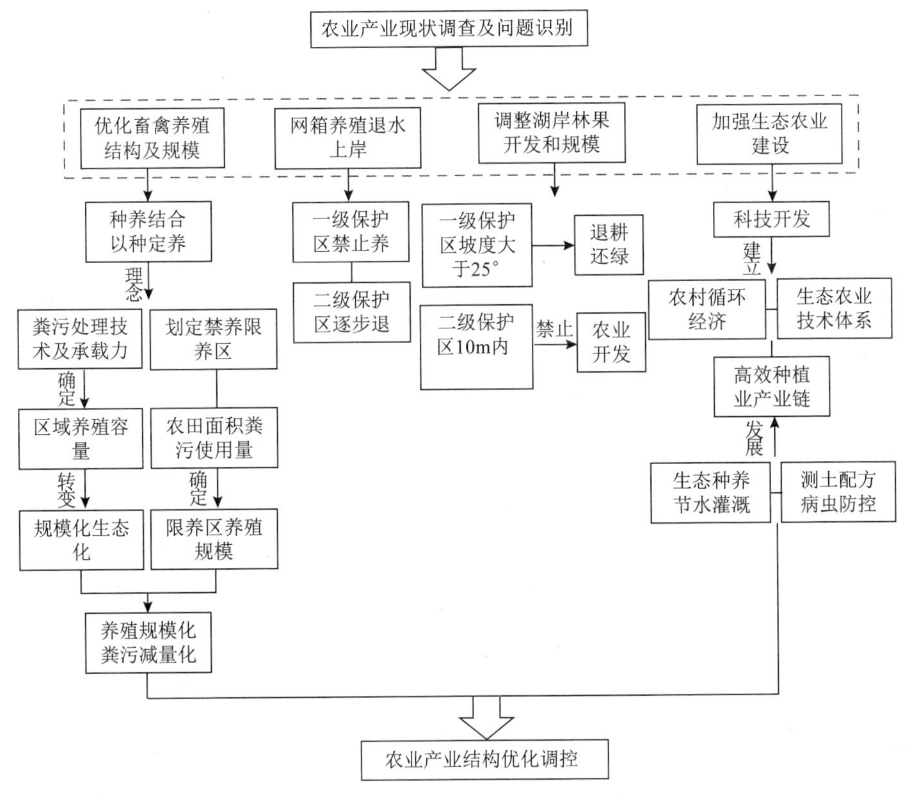

图 6-3　农业产业结构优化调控设计图

1. 优化畜禽养殖结构，适度控制规模

根据畜禽养殖粪污处理处置技术水平和土地粪污承载能力，综合确定区域养殖容量；通过政策引导、资金扶持等促进畜禽养殖业规模化、生态化转变，减少散户和中小规模养殖户数量。产业布局将城镇规划范围、东江湖国家湿地、东江湖风景名胜区规划范围、东江湖饮用水水源保护区范围及临湖正常水位线和临主要地表水体（沤江、淇水、浙水、滁水、清江、长策河等）向陆域纵深 200 m 划为禁养区，将现有养殖户全部外迁或者关停禁养区外延 2 km 范围划定为限养区，根据周边农田面积确定畜禽粪污使用量，确定限养区适宜养殖规模；其他区域养殖户合并为养殖合作社等形式促进规模化建设，通过完善粪污治理措施、建设有机肥厂等途径达到养殖规模化、粪污减量化效果，减少流域养殖污染压力。

2. 加快网箱养殖退水上岸进程

东江湖为饮用水源保护区，严禁饮用水水源一级保护区开展网箱养殖，二级保护区应逐步开展网箱养殖退水上岸，彻底消除网箱养殖的水环境威胁。

3. 大力调整湖岸区林果开发空间布局和规模

科学合理调整湖周库岸林果开发空间布局和规模，降低林果开发面源污染对东江湖影响。东江湖一级饮用水水源保护区第一层湖周库岸第一层山脊线范围内坡度大于25° 的林果全部退耕还林，二级饮用水水源保护区湖周库岸 10 m 范围内禁止林果开发在内的所有农业开发活动。

4. 加强生态农业建设

提升农村沼气的利用水平；实施无公害、绿色的施肥方式，降低农业化肥使用量。立足库区区位优势，发展流域区域的特色农业。首先利用现代科学来设计农业生态工程，加大农业开发的科技含量和科技开发力度，逐步建立农村循环经济及生态农业技术体系，包括库区生态农业系统的优化组合，农副产品废弃物综合利用技术，立体种养技术，精细农业种植加工技术，高效生态农业技术和环保生态工程技术等，形成生态与经济的良性循环，实现库区农业的可持续发展。其次，由政府主导，根据流域优势农作物类型和经济收益，整合、归并零散土地资源，实施测土配方、病虫害绿色防控、生态种养模式、节水灌溉等技术措施，逐步淘汰传统粗放式种植模式，发展大规模集约高效的现代种植业产业链，建设一批现代有机农业、有机蔬菜示范圈。发展本地坡耕地优势经济林果业，以烤烟、茶叶、竹木等优势产业为依托，开展生态农业(果业)、有机食品推广项目工程。推进农产品规模化、品质化发展，建成一批生态农业园区和农产品加工园区。最后引进先进农林作物种植和管理技术，应用高接换种、大苗假植、矮密早丰等果木栽培技术和覆膜保温、反季节栽培、无污生产等技术，大力推广绿色农业、高效生态农业、精细农业、立体庭院经济等。

6.3.2　工业产业结构优化调控建议

东江湖流域发展工业应以树立循环经济理念和节能减排为目标，重点任务是对流域水体重金属污染采选矿业的结构调整和沤江流域沿河化工企业群的水环境风险布局优化。化工企业关停淘汰优化，矿山整合升级调整，开展两型矿山建设。适度发展低耗材、低耗能、低耗水、少排放或零排放、劳动力密集型的轻型工业，从而有效解决农业劳动力分流和城镇劳动力就业问题。规划布局和建设若干个生态工业小区，引导企业入园发展。同时，通过整合升级培育龙头企业和通过工业园区建设，规模化、标准化和现代化的工业企业扶持政策，高污染、高能耗、高风险企业的转产转型，新型产业达标排放、超标严罚、排污收费和生态补偿等监督管理措施，引导流域工业产业结构优化和生产方式改进。

工业产业结构优化调控设计图详见图 6-4。

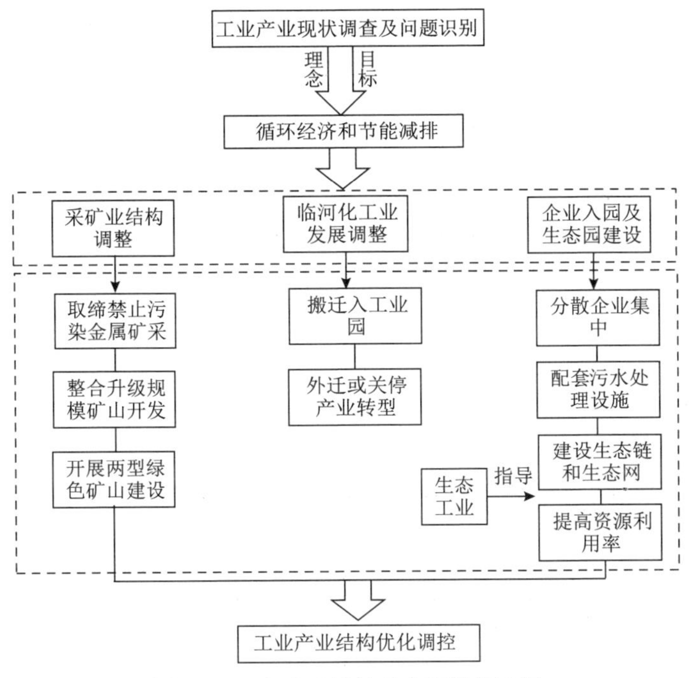

图 6-4　工业产业结构优化调控设计图

1. 采选矿业的结构调整

东江湖流域矿山开采、重金属冶炼等为控制产业，有色金属矿乱采滥挖及湖区附近重金属冶炼企业为取缔关停行业。取缔或禁止有色金属矿乱采滥挖及高污染重金属冶炼矿山开采；对小型成规模矿山开发，引导整合升级，实现合法规范生产。开展两型绿色矿山建设近期，需对资兴市坪石乡煤矿、汝城小垣镇矿群、宜章瑶岗仙镇尾矿区企业关停、整合及转产转型。中期对瑶岗仙矿业重镇升级改造，建成以瑶岗仙镇为中心的矿业园区，形成建筑材料等尾矿资源化处理产业链；对汝城小垣镇矿群整合升级改造，建设以汝城小垣镇为中心的生态两型矿山。

2. 临河化工企业群发展调整

消除沤江流域乃至东江湖水体安全隐患，对沤江流域桂东段化工企业群实施搬迁、进入工业园区；也可关停进行产业转型，向低污染、低能耗、低环境风险行业转移。近期，对沤江流域桂东县增口乡湘肇化工有限公司、沙田镇民安化工有限责任公司、桂东县节光化工有限公司等 7 家化工企业实施关停或外迁。

3. 企业入园调整及生态工业园建设

统筹规划，将分散工矿企业进行分区集中，促进分散企业向周边资兴经济开发区、桂东县工业集中区、郴州有色金属产业园区、汝城经济开发区和宜章经济开发区等工业园区集中，开展园区污水处理设施配套建设。其中资兴市食品产业入资兴经济开发区罗围食品工业园，冶金、化工、建材、机械产业入资兴经济开发区江北工业园，新能源、新材料、电子信息和先进制造业等产业入资兴经济开发区资五产业园，外贸出口加工企业入资兴经济开发区东江外贸出口加工园；桂东县化工、冶炼产业入桂东工业集中区沙田北项目区，电子、生物制药等高新技术产业入桂东工业集中区沙田南项目区，新材料产业入桂东工业集中区普乐项目区，加工贸易和劳动密集型产业入桂东工业集中区大塘项目区；汝城建材产业入汝城经济开发区三江口工业园，矿产精深加工、轻工制造等工贸型产业入汝城经济开发区三星工业园。各园区建设应以生态工业理论为指导，着力于园区内生态链和生态网的建设，遵循“回收—再利用—设计—生产”的循环经济模式，使不同企业间形成共享资源和互换副产品的产业共生组合，使上游产生的废物成为下游生产的原料，最大限度地提高资源利用率，从工业源头上将污染物排放量减至最低，实现区域清洁生产。

6.3.3 旅游业产业结构优化调控建议

依托东江湖的旅游资源，在保护环境基础上，根据生态环境承载力，强力调整沿湖旅游业无序、低端发展现状，控制游客数量和规模，优先发展购物、娱乐等高产值低污染的旅游形式，大力发展高端特色生态旅游业的现代旅游服务业，进一步完善流域基础设施配套，推进旅游业与生态农业的产业融合。逐步由传统的观光旅游向以休闲度假旅游为主导的新型旅游产品过渡，打造服务完善、基础配套、人文底蕴较强的东江湖旅游文化品牌。以发展生态旅游为主，带动交通、基础设施、旅游商品开发产业、服务业等相关产业的发展，构建生态旅游产业链。东江湖流域景观资源和历史文化资源优势明显，需统筹规划，充分引导以生态旅游业为主的综合服务的发展。依托资兴市东江湖库区自然景观带、桂东红色旅游、生态旅游、汝城温泉-休闲度假及宜章莽山景区等特色优势，引导地方交通、住宿、餐饮、现代物流等产业互动，形成特色鲜明的现代化综合服务产业链。

旅游业产业空间布局上，禁止在环东江湖 100m 内发展，此区域内宾馆饭店农家乐等要禁止新建，且 500m 以内作为限制发展区，对于违规建设要逐步搬迁整治；其他区域因地制宜发展生态旅游业。

6.4 本章小结

目前，东江湖流域主要是农业区，但农业产业结构还未达到现代农业发展和农业生产率提高的要求，农业面源污染负荷较大，环湖种植业污染、畜禽养殖污染，导致兴宁、白廊等水域富营养物质增长较快，增加了湖泊污染负荷；工业污染存在较大风险，流域工矿企业布局分散，规模小，产能落后，生产基本上是原材料或半成品，属于对资源依赖型和环境破坏型企业。流域采矿业占比较大，矿产开发加剧水土流失，潜在重金属污染风险较大；旅游业低端发展，近年来湖区旅游人数大大增长，游客排污量增加，而且旅游基础设施、污染治理设施、旅游从业人员环保意识等还较薄弱，尤其临湖农家乐生活污染排放等环保设施不健全、监管不到位，污染排放对东江湖水环境威胁较大。

因此，对东江湖流域产业结构优化调整，在湖泊水环境承载力计算和污染物排放量区域分配基础上，根据流域产业经济发展现状、功能定位和区位特点，以保护东江湖为核心，在“生态优先”的发展思路下，坚持保护优先，大力发展绿色经济、低碳经济、循环经济，加快传统农业结构升级和生态化改造，合理配置种植业，推动规模化畜禽养殖业发展，禁养区养殖企业全退出，湖区网箱养殖逐步退水上岸，沿湖林果业调整，努力提高第一产业质量，大力发展生态农业；以循环经济理念和节能减排为目标发展工业，优化工业结构，淘汰落后产能，关停和搬迁敏感区域污染企业，促进工业结构升级，规模企业入园发展，矿山整合升级，开展生态工业园和两型矿山建设，湖泊上游区优先发展高新技术产业或其他无污染或低污染产业，合理布局湖泊流域工业园区，鼓励企业实行清洁生产；依托东江湖旅游资源，在保护环境基础上，据生态环境承载力，控制游客数量和规模，改造提升传统服务业，优先发展购物、娱乐等高产值低污染旅游形式，大力发展高端特色生态旅游业等现代旅游服务业，进一步完善流域基础设施，推进旅游业与生态农业的产业融合。逐步由传统的观光旅游向以休闲度假旅游为主导的新型旅游产品过渡，打造服务完善及人文底蕴较强的东江湖旅游文化品牌。

以发展生态旅游为主，带动交通、基础设施、旅游商品开发产业、服务业等相关产业发展，构建生态旅游产业链。东江湖流域未来发展应进一步降低第一产业比重，提高质量，加快推进新型工业化进程，提高第二产业比重，重点发展并优化以生态旅游业为代表的第三产业，继续扩大第三产业比重。通过流域产业结构优化调控，转型升级，建立适合东江湖保护目标的经济发展产业结构，形成以生态农业和旅游业、环保绿色产业为主导的发展格局。

第 7 章　东江湖污染源综合治理

近年来，伴随我国社会经济快速发展，资源能源耗量大幅增加，流域污染负荷排放强度加大，排污量增加，污染物排放量远超过受纳水体水环境容量，导致河湖水生态系统平衡失调，河湖生态及社会服务功能退化甚至丧失。一般来讲，污染源治理是控制水体富营养化的最基本环节。湖泊富营养化治理必须是在有效控制外源入湖污染物负荷的前提下才可见效。因此，解析流域污染源及污染负荷特征，综合治理污染源对湖泊保护治理具有关键性作用。

东江湖流域主要污染源包括生活污染、农田面源污染、畜禽养殖污染、工业点源污染及旅游污染等。流域村落生活污水、垃圾等收集处理设施不足，且管理不到位，造成生活污染及禽畜养殖污染入湖率较高。因此，针对东江湖流域点源、面源和内源等污染源，考虑湖泊水污染特征，不同地区、不同行业污染特点及治理难点，提出流域污染源综合治理方案，以期支撑东江湖入湖污染负荷削减。

7.1　东江湖流域污染状况及污染源治理思路

对于湖泊保护治理，污染来源解析和污染源综合治理是重点和前提，也是最为关键的一步。本研究针对东江湖水污染治理需求，特别是东江湖目前处于保护治理的初级阶段，通过收集资料，结合现场调查，系统梳理和总结东江湖流域污染源分布及污染状况，详细分析东江湖流域不同污染源存在的问题，并提出污染源治理总体思路，为东江湖流域污染源综合治理提供基础支撑。

7.1.1　流域污染状况

1. 点面污染相结合，直接威胁水环境

以农田径流、农村生活污水、城镇生活污水和畜禽养殖污染为主的外源污染负荷较大，且处理能力不足，对东江湖水环境威胁大。东江湖流域分布有 30 个乡镇，生活着 60 余万人，分布着 70 余家工业企业，再加上乡镇污水处理设施落后，处理能力不足，大部分污染物直接排放入湖。根据 2014 年污染源分析，入东江湖的 COD、氨氮分别为 3.71 万 t 与 0.55 万 t。

2. 网箱养殖和船舶污染不容忽视

网箱养殖和船舶污染的内源污染物直排入湖，对东江湖污染贡献也不小。东江湖的白廊、坪石等区域，分布着大量的网箱，由于网箱养殖的污染物直排入湖，对东江湖污染贡献也不容小觑。东江湖 3000 口网箱的 COD、氨氮贡献量分别达 1506.6 t、68.9 t，内源污染与外源污染负荷都不容忽视。

3. 重点水域及河段水环境潜在风险较大

重点水域河段水环境存在潜在风险，需值得关注和加强综合整治。通过对东江湖及入湖河流水环境质量分析，发现湖体水质总体优良，一级保护区总体处于Ⅰ～Ⅱ类水质，二级保护区总体水质类别为Ⅱ～Ⅲ类，但主要入湖河流局部断面存在着部分指标超标现象。此外，湖岸人口密集，存在较严重的生活污染，工矿重金属等环境风险也较大，急需加大对重点水域及河段的综合整治力度。

7.1.2 流域污染源治理总体思路及目标

基于目前流域点源、面源和内源存在的问题，根据湖泊不同污染源特征，本研究提出东江湖流域污染源综合治理的总体思路和目标。

1. 总体思路

基于东江湖水环境容量计算及流域生态环境分区，提出东江湖总量控制方案，计算污染负荷总量并分配，提出污染负荷削减方案。针对湖泊流域点源、面源和内源等不同污染源特点，充分考虑流域禁止开发区及饮用水源地一级保护区相关规定，分区防治，按照不同区域与水体污染特点和要求，提出相应的防治措施，从实际出发，实事求是，因地制宜，针对性地解决湖泊水污染防治关键问题，有效削减入湖污染负荷。东江湖污染源综合防治方案总体思路见图 7-1。

2. 总体目标

在产业结构调整优化和环境保护强化管理基础上，以污染削减和风险防控为目标，对流域主要污染源分布区域的矿山、化工等典型点源污染实施重点治理；优先开展环湖建制镇城镇污水垃圾处理设施建设；开展环湖农村环境综合整治；开展网箱养殖“退水上岸”工程；推动湖区船舶污染防治。在继续加强环湖和湖区污染治理基础上，将工业、城镇生活、农业农村等污染防控扩展到全流域，全流域主要污染源处理率达到 80%，主要污染物排放量在 2030 年削减 14%。据现状排污量、预计排放量、结合流域水体环境容量、水体保护目标确定总量控制目标，综合考虑不同因素，对东江湖流域污染负荷削减进行合理分配。

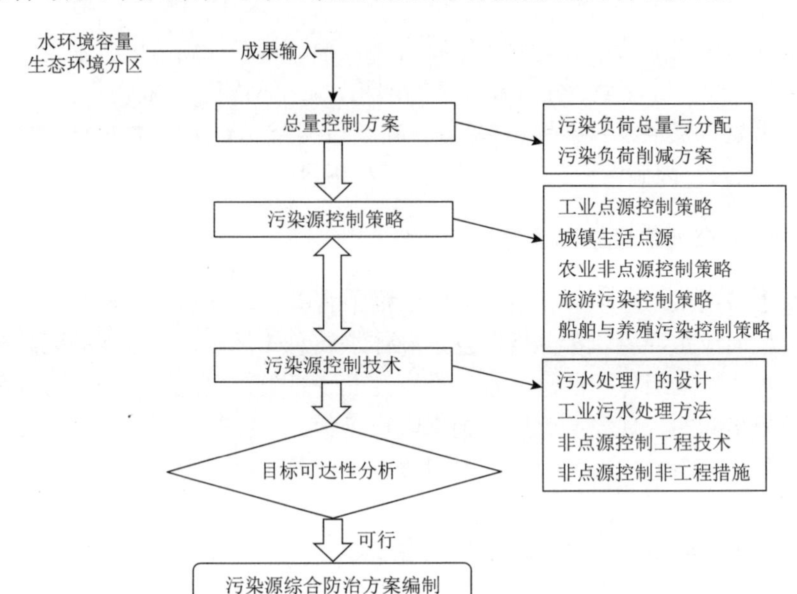

图 7-1　东江湖污染源综合防治方案总体思路

1）总量控制

根据流域污染物排放现状，结合流域水环境容量和水体保护目标，确定 2015 年年末流域 COD、氨氮、总磷、总氮排放总量控制在 28078.4 t、3771.8 t、438.0 t、5616.1 t，一系列产业结构调整和污染物减排措施实施后，结构性的污染物产生量明显下量。到 2020 年年末，流域 COD、总氮、氨氮、总磷排放总量分别控制在 25832.3 t、5054.5 t、3470.1 t、394.3 t。

各指标排放量在 2020 年实际排放量基础上削减 5%，详见表 7-1。

表 7-1　污染物目标削减量

指标	2015 年控制总量(t/a)	2020 年预测控制总量(t/a)	目标削减量(t/a)
COD	28078.4	25832.3	2246.1
TN	5616.1	5054.5	561.6
TP	438.0	394.3	43.8
NH_3-N	3771.8	3470.1	301.7

2）污染负荷削减分配

为了使东江湖水质稳定保持 I 类，完成总量控制的目标，对污染负荷进行总量分配。结合各片区现状排污量及未来污染物总量削减目标，采用 Gini 系数法，得到各地区不同污染物未来削减量(表 7-2)。

表 7-2　东江湖流域各地区污染物总量分配及削减计划表

区域	COD				TN			
	2013 年排放量(t/a)	2015 年控制量(t/a)	2020 年控制量(t/a)	削减百分比	2013 年排放量(t/a)	2015 年控制量(t/a)	2020 年控制量(t/a)	削减百分比
资兴	11355.7	9579.5	8813.1	34.1	1558.7	1317.4	1185.7	23.5
汝城	11282	10435.9	9601.1	37.2	2757.8	2452.3	2207.1	43.7
桂东	7406.7	6866.0	6316.7	24.5	1824	1591.6	1432.4	28.3
宜章	1291.9	1197.2	1101.4	4.2	285.6	254.8	229.3	4.5
总计	31336.3	28078.6	25832.3	100	6426.1	5616.1	5054.5	100

区域	TP				氨氮			
	2013 年排放量(t/a)	2015 年控制量(t/a)	2020 年控制量(t/a)	削减百分比	2013 年排放量(t/a)	2015 年控制量(t/a)	2020 年控制量(t/a)	削减百分比
资兴	150.1	102.4	92.2	23.3	1041.6	879.3	808.9	23.3
汝城	280.9	194.5	175.1	44.4	1158.5	1656.1	1523.6	43.9
桂东	192.6	121.4	109.3	27.7	1209.8	1062.3	977.3	28.2
宜章	27.7	19.7	17.7	4.6	194.9	174.2	160.3	4.6
总计	651.3	438.0	394.3	100	3604.8	3771.9	3470.1	100

注：削减百分比是相对于 2015 年控制量，2020 年净削减量占削减总量百分比。

从污染物总量分配的结果来看，到 2020 年 COD 的削减量为汝城最高，其次为资兴和桂东；总氮、总磷和氨氮的消减率均为汝城最高，其次为桂东和资兴；所有指标削减量宜章均最低，与其在东江湖流域污染物排放贡献最低相符。

7.2　东江湖流域污染源综合治理

我国湖泊污染源治理已由以前的单纯点源治理向点源面源综合治理转变，而且已进入系统控制的新阶段。东江湖流域污染来源较复杂，根据不同来源污染负荷及分布等特征，本研究从污染源系统控制的思路，基于湖泊保护目标，综合考虑治理技术措施、管理措施及政策措施等，重点针对点源、面源、内源污染及重点水域河段提出污染控制建议方案，以期指导东江湖流域污染源系统治理。

7.2.1　点源污染控制

在对东江湖流域主要点源调查分析基础上，结合流域产业现状与点源排放特征，因地制宜地利用现有技术，采用工程技术手段对城镇污水、典型工业源、库区历史遗留问题及旅游污染等进行治理。

点源污染控制方案设计图详见图 7-2。

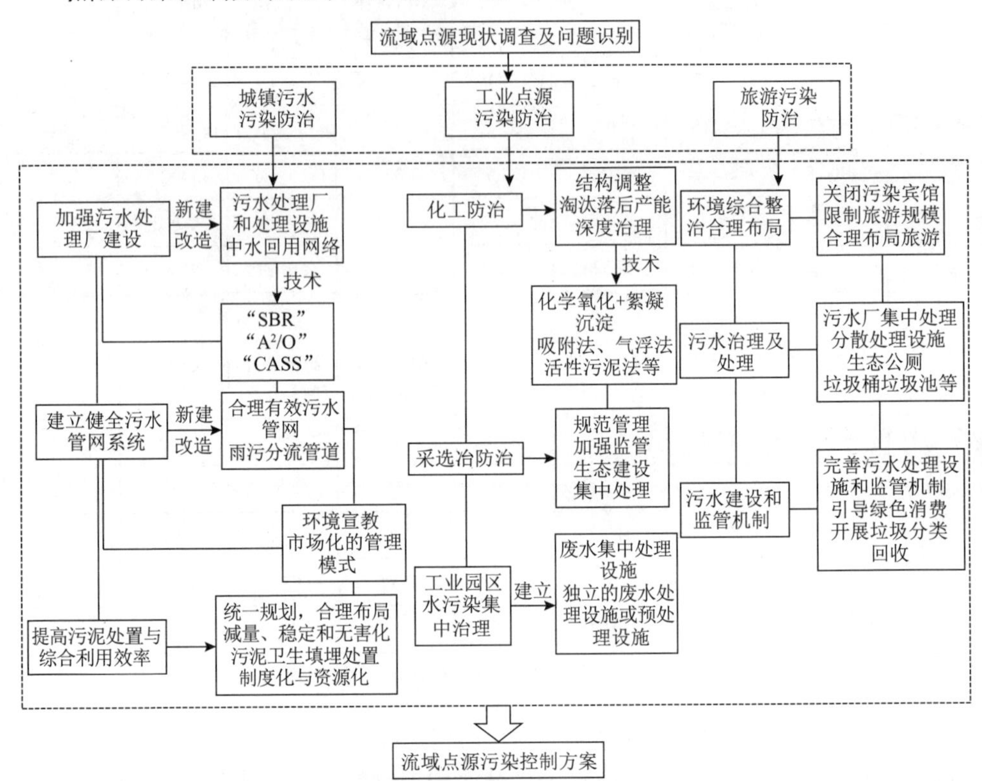

图 7-2　点源污染控制方案设计图

1. 城镇污水污染防治方案

东江湖流域城镇污染主要集中在环湖集镇及沤江干流沿线，来自资兴市东江湖环湖，如兴宁、白廊、滁口、黄草等乡镇，该区域环湖城镇人口较多，废水直排；汝城的暖水、桂东的沙田，处于沤江干流，城镇人口也较多，废水直排；同时宜章的瑶岗仙，城镇人口较多，废水直排入东江湖。

以污水厂改扩建和管网配套建设为主，优先对湖区和入湖河流周边城镇生活污染进行集中治理，通过城镇污水管网覆盖范围的扩展和现有污水处理厂的提标改造、人口密集城镇污水处理厂的新增建设、生活污水深度处理工艺的强化配置等，实现东江湖流域城镇生活污水治理。

1) 加强污水处理厂建设

新建改造覆盖城乡生活污水处理厂和处理设施，对现行污水处理厂实行挖潜改造，配套脱氮除磷设施，提高处理深度，增加处理能力；建设中水回用网络，提高水资源利用率。全面推行收取污水处理费政策，保障污水处理厂正常运转。到规划期末，区域城镇污水处理率平均达到 95%，所有污水处理厂达到一级 A 排放标准(GB 18918—2002)。

(1) SBR 工艺。

SBR 工艺是活性污泥法的一种变型，其核心处理设备是一个序批式间歇反应器，所有反应都是在这一个反应器中有序、间歇操作。所有 SBR 系统都有 5 个阶段，依次为流入、反应(曝气)、沉淀、排水和闲置。就连续运行应用而言，至少需要 2 个 SBR 池，这样当一个池完成整个处理过程后，另一个池可以继续运行。为了实现脱氮除磷，近年来科研人员对每个阶段都进行了许多改进。

SBR 工艺特点是装置结构简单，运转灵活，操作管理方便；投资省，运行费用低；运行稳定，能承受较大水质水量冲击。SBR 工艺示意图见图 7-3。

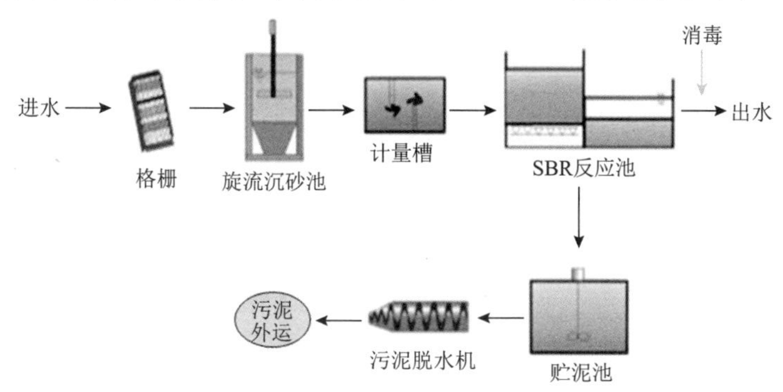

图 7-3　SBR 工艺示意图

(2) CASS 工艺。

CASS 是周期循环活性污泥法的简称，又称为循环活性污泥工艺 CAST，是 SBR 工艺的变型和发展。其实质是将可变容积的活性污泥工艺过程与生物选择器(bioselector)有机结合的 SBR 工艺。

CASS 工艺特点体现在工艺流程简单、紧凑；处理效果好、可以实现脱氮除磷；投资少、运行管理方便、可分期建设等方面。CASS 工艺示意图见图 7-4。

(3) A^2/O 处理技术。

A^2/O 是 anaerobic-anoxic-oxic 的英文缩写，A^2/O 工艺是厌氧-缺氧-好氧生物脱氮除磷工艺的简称，该工艺同时具有脱氮除磷的功能。原污水经简单预处理(格栅、沉砂池等)后，通过厌氧、缺氧、好氧 3 个生物处理过程。所以，A^2/O 工艺可同时完成有机物的去除、硝化脱氮、磷的去除等功能，脱氮的前提是 NH_3-N 应

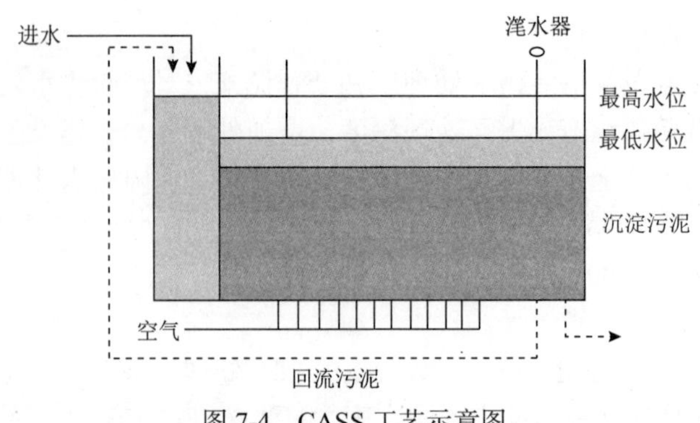

图 7-4　CASS 工艺示意图

完全硝化，好氧池能完成这一功能。缺氧池则完成脱氮功能，厌氧池和好氧池联合完成除磷功能。

工艺特点体现在污染物去除率高，运行稳定，可同时具有去除有机物、脱氮除磷功能等方面。A^2/O 处理生活污水工艺示意图见图 7-5。

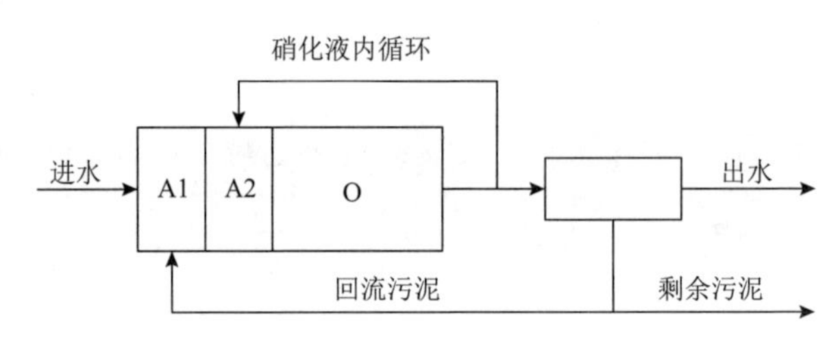

图 7-5　A^2/O 处理生活污水工艺示意图

2）建立健全污水管网系统

东江湖流域各县市尚未建立统一污水收集系统，已建成排水管网系统还存在不足，如覆盖面不全、维护与管理力度不足、现行设计中存在问题等。污水管网系统建设相对滞后，导致部分已建成的污水处理厂收水率过低达不到设计标准的现象依然存在。污水管网体系不健全，也不利于对污水的集中综合处理。因此，应加快推进城镇污水管网覆盖率，也要避免以往污水管网系统问题的重复出现。

（1）制定合理有效的管道建设方案，雨污分流，"全覆盖"截污。

综合考虑东江湖流域城镇发展总体规划及相关排水专项规划，实地踏勘后严格按照相关设计制定合理有效的污水管网建设设计方案。已建成区逐步推进雨污分流管道改造，新建区做好与建成区的总体对接。东江湖流域已建成管道系统多采用截流式合流制，为满足后期城镇发展过程中污水管网系统建设所需的标高要求，在已建成区预留检查井。

对短期无法将截流式合流制系统改为雨污分流制的，可将溢流式截流井的溢流口方式改为截流口方式，即将截流井设在合流干管接入截流干管之前，把以往截流式系统改为过渡式的合流制系统。城镇边缘新建区的污水管网系统应就近接入已施行雨污分流的污水管网系统，当接入合流制污水管网系统时应预留雨污检查井并设合流截污干管，待建成区污水管网系统改造扩建后，撤除合流干管按分流制排水。

(2)加强环境宣教力度，做好污废水排放前期预处理。

严禁将卫生用品和生活垃圾等容易堵塞污水管道的杂物排入污水管网系统，餐饮废水必须经过隔油隔渣处理，厕所废水必须经过化粪池处理后，才可排入污水收集管网中。对于工矿企业废污水，应加大监管力度，根据污水水质、水量、污染物特征等建立信息库，建设污水集水池，污水经污水支管排入集水池后，用泵打入污水干管送至污水处理厂处理，超标污水必须进行预处理才能排入污水管网系统，防止超标排放现象的发生。

(3)推行基于市场化的管理模式。

目前，东江湖流域城镇污水管网系统主要由政府部门主导建设、运行与管理，资金筹集渠道单一，污水管网缺乏长期有效的维护和管理，不能保证其在设计年限内正常稳定地运行，以至于出现管道堵塞、管道破裂(由于地面荷载或管道连接处渗漏产生不均匀沉降导致的)等现象。污水管网系统建设任重而道远，多渠道筹集资金建设城镇污水管网系统，使其走向市场化已成为趋势，城镇污水管网系统的建设、维护与管理可借鉴污水处理厂的 bot、tot 等特许经营的市场化方式，吸引社会资金参与到管网的建设当中，与水污染防治专项资金结合，由政府部门统筹使用，形成由政府部门主管，全社会共同参与的建设管理模式。

3)提高污泥处置与综合利用效率

(1)污泥处理处置应统一规划，合理布局。

污泥处理处置设施宜相对集中设置，鼓励规划区内城镇污水处理厂污泥集中处理处置。应根据城镇污水处理厂规划污泥产生量，合理确定污泥处理处置设施规模；近期建设规模，应根据近期污水量和进水水质确定，充分发挥设施投资和运行效益。城镇污水处理厂新建、改建和扩建时，污泥处理处置设施应与污水处理设施同时规划、同时建设、同时运行。污泥处理必须满足污泥处置要求，达不到规定要求的项目不能通过验收；目前污泥处理设施尚未满足处置要求，应加快整改、建设，确保污泥安全处置。

(2)实现污泥减量化、稳定化和无害化。

加强对有毒有害物质源头控制，根据污泥最终安全处置要求和污泥特性，选择适宜的污水和污泥处理工艺，实施污泥处理处置全过程管理。坚持安全、环保和经济前提下实现污泥的处理处置和综合利用，鼓励回收和利用污泥中的能源和资源；鼓励采用节能减排的污泥处理处置技术；鼓励充分利用社会资源处理处置污泥；鼓励污泥处理处置技术创新和科技进步；鼓励研发适合东江湖流域特点的污泥处理处置新技术、新工艺和新设备。

(3)污水排放的制度化与资源化。

东江湖流域城镇污水排放标准应以《城镇污水处理厂污染物排放标准》(GB 18918—2002)为基础，结合各污染控制单元经济发展水平和水环境总体情况综合确立一套完整、科学、合理、有效的污水排放标准。考虑东江湖流域实际情况，污水处理厂污泥的最终处置建议采用卫生填埋方法。

2. 工业点源污染防治方案

1)化工污染防治措施

加快结构调整，淘汰小型化工厂和落后产能，推动技术进步，企业在稳定达标排放的基础上进行深度治理。桂东化工厂引起的污染较重，桂东化工厂以生产高锰酸钾等为主，可选用化学氧化+混凝/絮凝沉淀工艺进行处理；其他化工废水可采用吸附法、气浮法、萃取法等，毒性小且 COD 含量较高的化工废水可采用接触氧化法、序批式活性污泥法、升流厌氧污泥床等生化法进行处理。

2)采选冶污染防治措施

(1)规范管理采选冶企业。

东江湖流域从事矿业开采项目企业，应严格执行建设项目环境影响评价，环保“三同时”制度，通过组织专家对周边水土保持、生态环境造成的污染和危害进行充分论证分析，确保各项防治措施可行、到位，方可允许投入开采、生产。对乱采滥挖、破坏资源、污染环境企业坚决予以取缔。

(2)加强采选冶水型污染防治与监管。

通过优化采选冶工艺、完善治污设施、修复污染土壤等措施减轻采选矿造成的污染；同时规范流域内采选矿企业的生产行为，督促其完善污染治理设施。

(3)逐步开展生态两型矿山建设。

严格控制矿产品开采总量，严格执行矿产品有关政策，规范矿产品资源开发秩序，鼓励矿产品的精深加工，转变生产方式，提高产品附加值，引导并促进矿区企业走集约化、规模化道路，推进矿山生态环境建设。

3)突出工业园区水污染集中治理

各工业园区污水排放量达到集中处理规模，必须建设废水集中处理设施，电镀、化工、皮革加工等行业可能对园区废水集中处理设施产生影响的企业，必须建立独立的废水处理设施或预处理设施，确保进水水质要求。

3. 旅游污染防治方案

1)加大环境综合整治合理布局产业

加大东江湖风景旅游区周边的环境综合整治力度，关闭部分污染严重的宾馆饭店，开展旅游业容量核算，严格限制旅游规模，降低旅游业对水域的环境胁迫。科学规划，合理布局，在饮用水水源地保护区、自然保护区核心区、缓冲区内禁止任何旅游项目的开发。

2) 加强污水治理及处理

加强旅游镇及沿湖各景区景点的污水治理，发展生态公厕，在主要风景点废污水必须深度处理或循环回用，不得排入湖内。加强东江湖区周边宾馆污水处理、回用的节水保清及污水处理后重复利用，使污水达到处理与回用的目的，采取污水厂集中处理和分散处理设施相结合的形式治理旅游景区污水，分散式污水治理工艺可采用一体化净化槽工艺、土壤净化槽工艺等。同时，加强东江大坝景区、龙景景区、兜率岛景区、黄草景区和白廊景区垃圾桶及垃圾池、水面垃圾清除和长效管理，改善视觉景观，减少污染，逐步引导并开展农家乐旅游污染治理，以分散治理模式减少散客旅游带来的污水、固废污染。

3) 完善污水建设和监管机制

完善现有旅游景区宾馆酒店等污水处理设施和监管机制，对现有宾馆、酒店污水处理设施实行严格管理和调查，保证污水处理设施发挥作用。加强对旅游产业引导管理，倡导游客进行正确、合理绿色消费，减少使用塑料包装袋，开展垃圾可利用物质分类回收、处置、综合利用设施建设。

7.2.2　面源污染控制

对流域面源污染特点分析的基础上，针对流域内威胁湖泊水环境与生态环境安全的面源污染实施污染防治的工程与非工程措施，主要包括农村生活污染防治、畜禽养殖污染防治、农田径流污染防治、农村垃圾污染控制等方面。流域面源污染控制设计图详见图 7-6。

1. 农村生活污染防治方案

以农村废水分散治理和人畜粪便等生活垃圾集中处理处置为重点，辅以普及沼气池和垃圾集中收集转运，普及建设分散性村落污水处理系统和资源回收型人畜粪便沼气资源化系统，实现农村污染排放量削减。

1) 加强农村污水治理建设

根据村镇人口密集程度，与城镇污水处理厂距离及村镇位置不同采取不同的处理策略，以分散处理为主，集中收集处理为辅。对人口密集程度较高、距离城镇污水收集干管较近的村镇，直接建设污水收集系统；对远离城镇污水收集干管的村落，其污水处理以建设分散型污水处理系统为主，其中位于山区的村镇，主要采用以土地处理技术为主的生态污水处理工艺，将污水处理与居民自留地相结合，

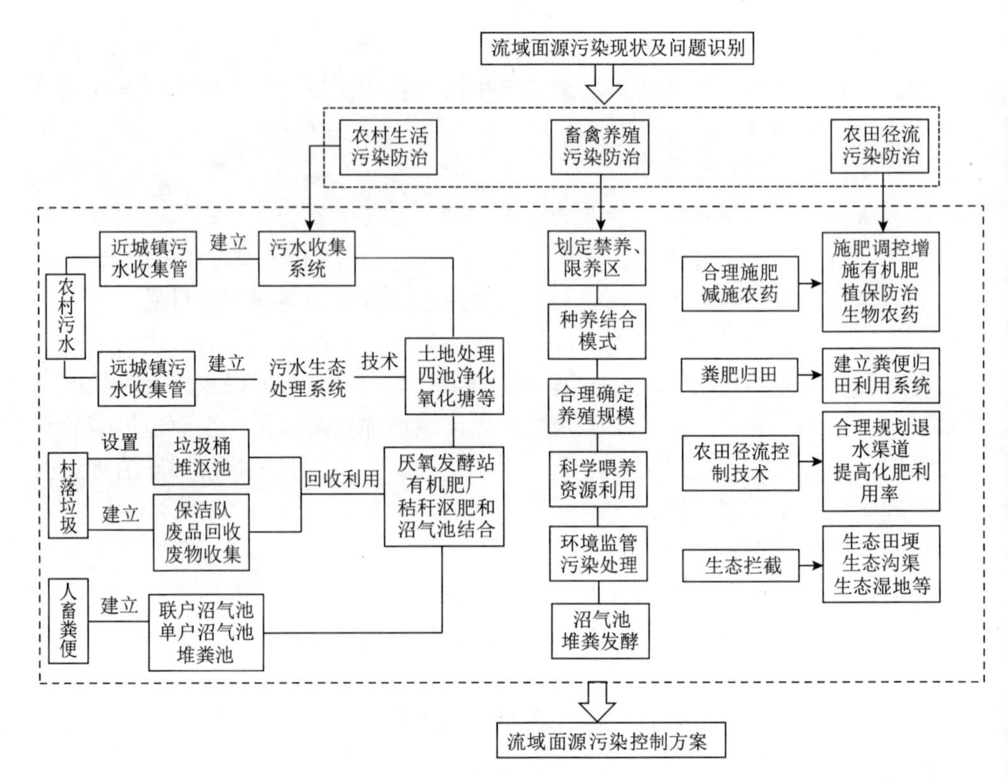

图 7-6　流域面源污染控制设计图

实现水资源的充分有效利用。对于分散型污水集中处理，根据东江湖流域农村经济现状及村落分布等具体情况，应选用造价低、易于建设、维护简便、运行稳定及处理效果好的工艺技术。如可选用土壤净化槽技术、人工湿地技术、沼气池技术、膜技术污水处理器、家庭式污水处理和生活污水净化槽技术等。

(1) 土壤净化槽技术。

土壤净化槽技术是一种比较成熟的分散式污水生态处理技术，易于建设、便于维护、投资省、运转费用低、节省空间、地面可进行绿化；在去除有机物的同时去除氮、磷，且脱氮除磷效果好；不产生二次污染，污水中的污染物成为植物的肥料。在我国已有很多成功经验，适合在农村、城镇小区及污水管网不易收集的地区推广。

土壤净化槽主要由四部分所构成，由上到下依次为：配水系统、厌氧层、好氧层和集水系统。其基本原理是：厌氧性污水通过布水系统，均匀通过透气性土壤，进入厌氧砂盘系统，然后通过“表面张力作用”越过砂盘边缘，进入好氧层，并通过“虹吸现象”向下层渗透并流出滤池。

(2) 人工湿地技术。

人工湿地是在一定填料上种植美人蕉、富贵竹、芦苇等特定植物，将污水投放到人工建造的类似于沼泽的湿地。当污水流过人工湿地后，经沙石、土壤过滤，植物根际的多种微生物活动，通过沉淀、吸附、硝化、反硝化等作用，水质得到净化，污染负荷降低，水质变好。定期对植物进行收割，将营养物质从系统中移出。人工湿地出水水质好，具有较强的氮、磷处理能力且生态功能强；建设投入成本少，基建投资、运行成本低，维护管理简便；水生植物可以美化环境，增加生物多样性且可收割植物，间接产生其他效益。但需占用足够土地面积，且湿地填料上种植的植物受植物自然生长规律影响，故运行及处理效果受季节限制。

(3) 沼气池技术。

沼气是科学、合理、经济地利用生物能源的方式，且制取容易、资源丰富、用途广泛，具有效益显著特点。沼气是由畜禽粪便、农作物秸秆等有机物在适当酸碱适当条件下，经过多种细菌作用-分解、氧化或还原而产生的一种可燃性混合气体。

沼气池不消耗动力、运行稳定、管理简便、剩余污泥少、能回收能源(沼气)。沼气池建设可结合农村改厕、改圈、改厨，并与种植业、畜牧业相结合，即构成种植系统(蔬菜、果树等)、养殖系统(畜禽圈舍)和厌氧发酵系统(沼气池、厕所)等生态农业模式。但沼气池在技术上也存在一定问题，污水停留时间长，出水中部分污染物浓度未达到排放标准；产气量受季节性影响明显，污水处理效果也受到温度等因素影响；需要占有一定的土地面积，定期进行填料、淘挖沼渣。

(4) 膜技术污水处理器。

该技术用膜组件代替传统活性污泥法中的二沉池，大大提高了系统固液分离的能力。活性污泥浓度因此可以大大提高，水力停留时间(HRT)和污泥停留时间(SRT)可以分别控制，而难降解的物质在反应器中不断反应和降解。在膜技术污水处理器内，培养有大量的驯化细菌，在兼氧、好氧微生物的新陈代谢作用下，污水中各类污染物得到去除。

通过膜的过滤作用可以完全做到“固液分离”，从而保证出水浊度降至极低，污水中各类污染物也通过膜的过滤作用得到进一步的去除，出水可回用于绿化、冲厕、洗车、生态修复或达标排放。由于膜技术污水处理器内的污泥浓度高达数万毫克每升，污泥负荷很低，很大一部分污泥通过自身消化被分解，污泥产量很少，基本不排出有机剩余污泥。膜技术处理污水的工艺流程见图 7-7。

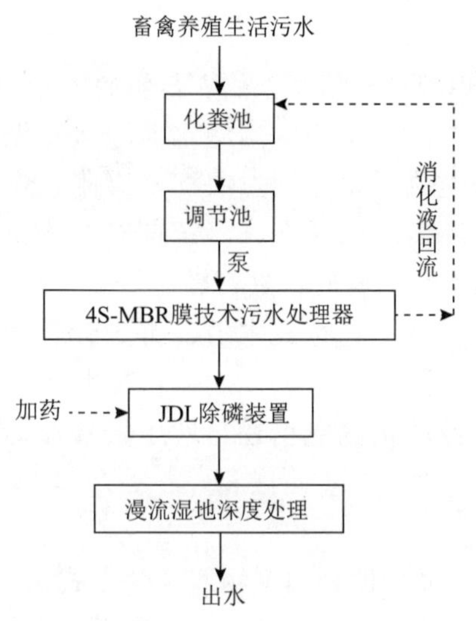

图 7-7　膜技术处理污水的工艺流程

(5)家庭式污水处理。

家庭式污水处理设施由集水井、厌氧池、沉淀池、砾石床和出水井五部分组成。生活污水经集水井进入厌氧池，难降解的有机污染物被厌氧微生物转化为小分子有机物，再经沉淀池沉淀，大部分悬浮物被有效去除，最后经砾石床物理、化学和生物综合处理进入出水井。此外，砾石床表面可种植物，植物的根系不仅创造了有利于各种微生物生长的微环境，形成局部的好氧微区和厌氧区，同时植物对各种营养物尤其是硝酸盐氮具有吸收作用。因此，这种组合不但能有效地去除有机物，还能有效解决目前污水处理中难以做到的氮、磷均能达标的难题。该技术适用于单户住宅生活污水的处理，具有灵活、分散、可降低传统污水处理中的管网投资等优点。庭院式污水处理设施示意图见图 7-8。

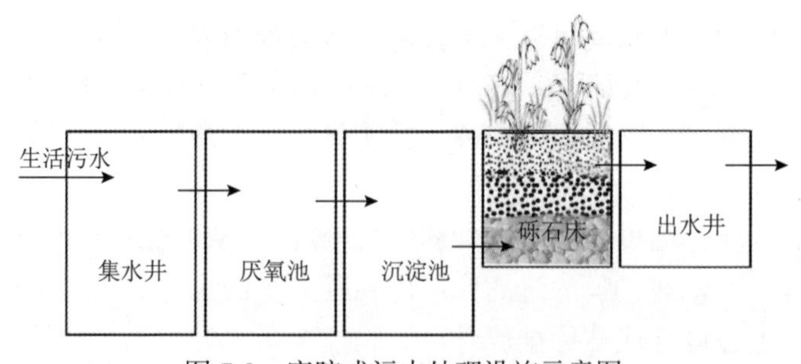

图 7-8　庭院式污水处理设施示意图

(6)生活污水净化槽技术。

生活污水净化槽是将几个水处理单元集中在一台设备当中，相当于一座小型污水处理站。通常采用的处理工艺为较为成熟的生化处理工艺，处理后出水可达到排放标准，一些净化槽还具有较好的脱氮除磷效果。

净化槽的主要工艺是水解和接触氧化，并可以配合投加有效微生物(EM)菌液。沉淀分离槽对污水起预处理作用，主要沉淀无机固体物、寄生虫卵及去除污水中一些比重较大的颗粒状无机物和相当部分悬浮有机物，以减轻后继生物处理工艺的负荷；此外还有水解和酸化的功能，复杂的大分子有机物被细菌胞外水解酶水解成小分子溶解性有机物，大大提高了污水的可生化性。预过滤槽内安装有塑料填料，填料上长有厌氧生物膜，其作用是去除可溶性有机物，该槽也是沼气的主要产生区。接触曝气槽采用接触氧化工艺，集曝气、高滤速、截留悬浮物和定期反冲洗等特点于一体，其处理污水的原理是反应器填料上所附着生物膜中微生物的氧化分解作用、填料及生物膜的吸附阻留作用和沿水流方向形成的食物链分级捕食作用，以及生物膜内部微环境和厌氧段的硝化作用。沉淀槽溢水堰末端设置了消毒盒，出水流经消毒盒与固体滤料接触以完成污水消毒。

2)完善村落垃圾处理处置设施

生活垃圾处理应推广设置户用分类垃圾桶、垃圾堆沤池，组用垃圾箱或垃圾池，每村建立保洁队伍和废品回收系统，划分垃圾整治卫生责任区，建设危险废物收集站；配备乡镇垃圾运输能力，通过垃圾收集车辆将农村垃圾运送至附近填埋场进行集中处理。提倡垃圾回收资源化利用，将能够进行厌氧发酵的有机性生物垃圾，包括秸秆等进行资源回收利用。

其回收利用措施依据地形地势有所区别，平坦、交通方便地区，可统一运送到集中式厌氧发酵站或有机肥厂进行回收；山区，考虑受到运输条件限制，重点普及田间秸秆沤肥和与“三位一体”沼气池建设相结合，实现农田垃圾资源化回收；其他无机垃圾先进行金属、玻璃等资源回收再处理。

3)提高人畜粪便处理能力

主要提倡采用“三位一体”沼气池进行人畜粪便处理。一方面为当地居民提供燃料，另一方面防止其流入水体中造成污染。“三位一体”沼气池主要由沼气池、猪圈、厕所三项结合在一起，人畜粪便自动流入沼气池，自动进出料，提高了沼气池的利用率，农民增加收入，改善农村环境卫生条件。

此外，应加强废弃物综合利用，推广防渗化粪池添加微生物制剂无害化处理技术、利用畜禽粪便生产生物有机肥技术、大型/联户沼气工程技术。村民居住较为分散的村庄，推广单户用沼气池，处理散养畜禽粪便污染。

(1)单户沼气池。

将人畜粪便通过厌氧发酵转化为可利用沼气能源、沼液和沼渣资源。沼气可作为农户生活燃料，解决农户烧饭、照明等问题(图 7-9)。

图 7-9　单户沼气池

(2)堆粪池。

堆粪池是堆沤人畜粪便及农田秸秆等废弃物设施，堆沤物经过发酵后再作为肥料回田，使人畜粪便得到再利用，降低化肥施用量，改善土壤肥力，减少营养物流失量，堆粪发酵池的使用对改善村落卫生环境，减少环境污染十分有利(图 7-10)。

图 7-10　堆粪池

2. 畜禽养殖污染防治方案

根据东江湖流域的畜禽养殖分布特征，流域畜禽养殖的污染重点控制区主要为青腰镇、白廊乡、滁口镇、黄草镇、四都镇、青山乡、沤江镇、增口乡、清江乡及龙溪乡等畜禽养殖污染较重的乡镇及环东江湖区域，此区域畜禽养殖密度较高。政策上主要实施沿湖、沿河等重点区域内划定禁养区和限养区，提倡“猪-沼-果”等种养结合模式，合理确定养殖规模；同时引导农户实施养殖小区、规模化畜禽养殖区建设。此外，通过科学配制饲料，降低营养物的排泄量和改变饲喂方式减少畜禽排泄物中的氮、磷等有机营养元素的含量，提高营养元素的利用率；推广垫料养殖、干清粪等较先进养殖方式，鼓励畜禽粪尿生产沼气、沤肥等资源化利用，提高养殖业清洁生产与废弃物资源化利用水平。实施规模化养殖场和养殖小区的环境监管，建设畜禽养殖污染处理装置，也可建设有机肥厂。分散式养殖户建设“三位一体”沼气池、堆粪发酵池。要求有废水外排养殖场达标排放。

规模化养殖畜禽粪污处理模式有三种模式可供选择，选用粪污处理工艺时，应根据养殖场的养殖规模、养殖条件、自然地理环境条件及排水去向等确定工艺路线及处理目标，并充分考虑畜禽养殖废水特殊性，在实现综合利用或达标排放情况下，优先选择低运行成本的处理工艺。

1) 模式Ⅰ

模式Ⅰ基本工艺流程见图 7-11，该模式以能源利用和综合利用为主要目的，适用于当地有较大的能源需求，沼气能完全利用，同时周边有足够土地消纳沼液、沼渣，并有一倍以上的土地轮作面积，使整个养殖场(区)的畜禽排泄物在小区域范围内全部达到循环利用的情况。

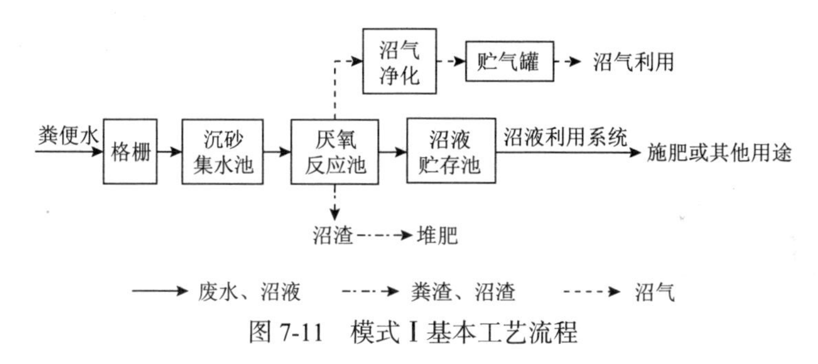

图 7-11　模式Ⅰ基本工艺流程

其原理是畜禽粪尿连同废水进入厌氧反应器，未采用干清粪工艺，应严格控制冲洗用水，提高废水浓度，减少废水总量。采用该模式的养殖场应位于非环境敏感区，环境容量大，远离城市，有能源需求，周边有足够土地能够消纳全部的污染物，养殖规模宜控制在存栏 2000 头及以下。

2) 模式Ⅱ

模式Ⅱ工艺流程见图 7-12，该工艺适用于能源需求不大，主要以进行污染物无害化处理、降低有机物浓度、减少沼液和沼渣消纳所需配套的土地面积为目的，且养殖场周围具有足够土地面积全部消纳低浓度沼液，并且有一定的土地轮作面积的情况。该模式基本原理是废水进入厌氧反应器之前应先进行固液(干湿)分离，然后对固体粪渣和废水分别进行处理。采用该种模式的养殖场养殖规模宜控制在存栏 2000 头及以下。

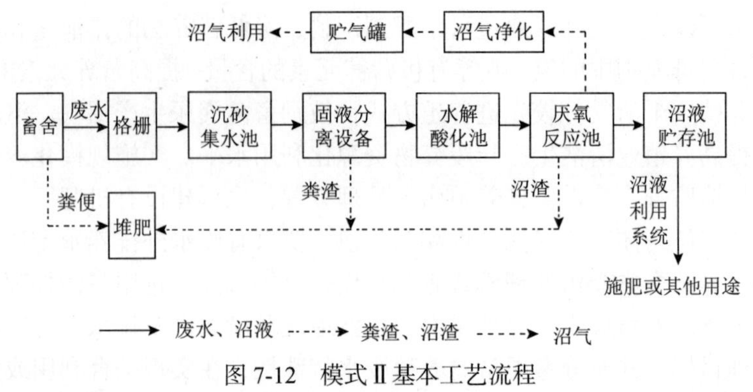

图 7-12　模式Ⅱ基本工艺流程

3) 模式Ⅲ

模式Ⅲ工艺基本流程见图 7-13，该模式适用于能源需求不高且沼液和沼渣无法进行土地消纳，废水必须经处理后达标排放或回用，且存栏在 10000 头及以上的情况，其基本原理是废水进入厌氧反应器之前应先进行固液(干湿)分离，然后对固体粪渣和废水分别进行处理。

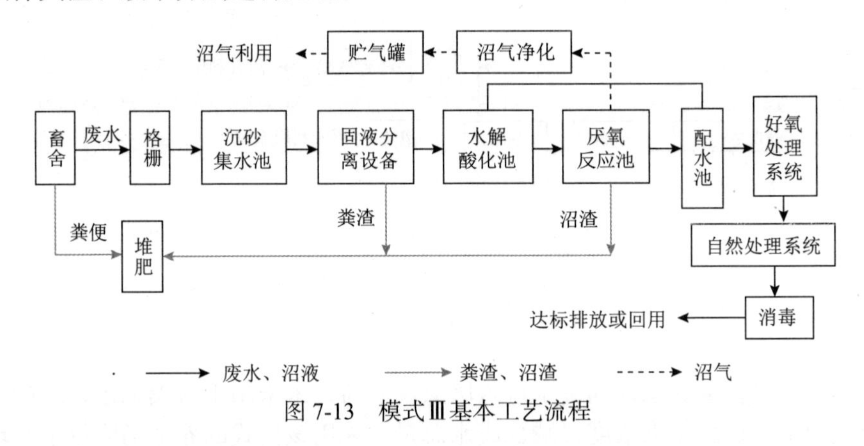

图 7-13　模式Ⅲ基本工艺流程

3. 农田径流污染防治方案

对农田径流的控制，重点治理区域为环湖农田，结合流域产业结构调整优化控制方案，主要是调整湖周库岸林果开发空间布局和规模、开展生态农业建设等。阻隔流域环湖、沿河种植业污染的直接入湖、入河危害，扩大生态农业覆盖面积，实施测土配方，调整优化用肥结构，尤其是对于面源污染较为严重的卢阳镇、土桥镇、泉水镇、井坡乡、大坪镇、热水镇、田庄乡、马桥乡、岭秀乡和文明乡等地要提高化肥利用效率。提倡增积增施有机肥、病虫害绿色防控、生态种养模式、节水灌溉等技术措施，逐步淘汰传统粗放式种植模式，引导和鼓励农民使用生物农药或高效、低毒、低残留农药，回收包装袋(瓶)等废弃物，推广秸秆还田综合利用模式。

1) 加大合理施肥，减施农药使用力度

因地制宜地通过施肥调控、控释氮、磷肥和土壤养分活化技术的综合运用，减少化肥使用量，提倡增施有机肥。积极示范推广生物农药、高效低毒低残留农药和新型高效药械，以生物防治、物理防治部分替代化学防治，控制农作物虫害发生频次，减少化学农药用量。

另外，采取覆盖防虫网、推广生物农药、安置太阳能杀虫灯等手段，全面地开展植保专业化防治，提高农药利用率。

2) 大力发展粪肥归田技术

畜禽粪便还田是实现废物资源化利用的有效方式。为减少农田土壤中畜禽粪便归田造成的氮、磷流失，任何粪肥归田之前均应该建立一个粪便归田利用系统，如畜禽场饲养规模必须与周围农田消纳粪便的能力相适应。应对施肥区的土壤、作物和粪便进行养分分析，避免过量施用，减少磷在土壤表层的积累。同时，避免降雨前施肥，减少氮、磷随径流流失。

3) 充分利用农田径流污染控制技术

合理规划农田退水渠道，减少氮磷扩散流失；增加土壤有机质含量，减少淋溶和下渗，从而起到容纳和保留地表径流的作用。提高化肥利用率，控制施肥总量，改进施肥制度，改善肥料结构以减轻化肥对水环境的影响，增加有机肥的使用量，采用缓释性好的化肥，减小施肥量，增加施肥次数。在耕作中把握适宜的施肥量和供水量，并根据作物不同生长阶段的需求特点进行综合运筹。例如，施肥后即进行适宜灌溉可以提高化肥利用率；将作基肥使用的化肥采用无水层混施或条施之后再灌水可降低施肥后存留于田面水中的化肥量，减少化肥损失；避免雨前施肥等。

4) 加强环湖农田氮磷流失生态拦截

采用生态田埂、生态沟渠、生态型湿地处理及农区自然塘池缓冲与截留等技术，利用植被拦截、过滤、吸附等作用，净化农田退水，减少污染物排放，建立新型面源氮磷流失生态拦截系统，拦截吸附氮磷污染物。

7.2.3　内源污染控制

在对东江湖流域内源污染调查分析的基础上，针对流域内威胁湖泊水环境的船舶污染、水产养殖污染进行治理。

内源污染控制方案设计图详见图 7-14。

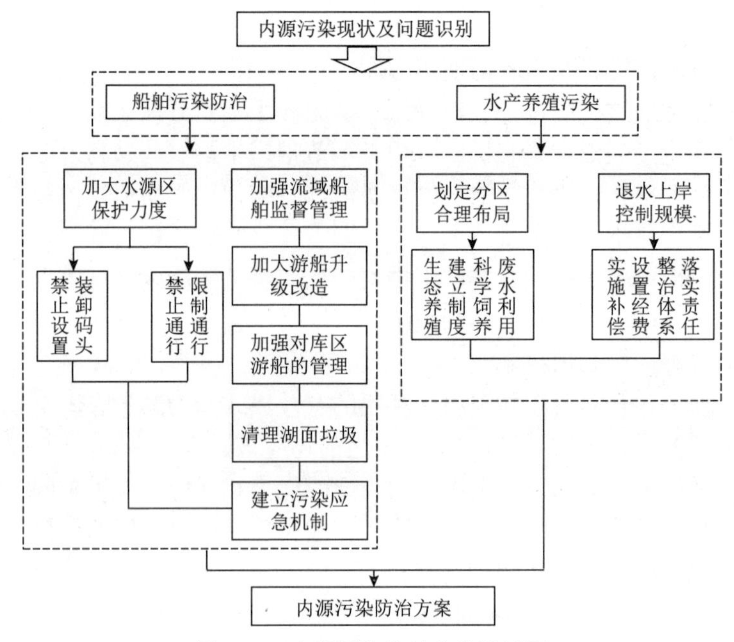

图 7-14　内源污染防治方案设计图

1. *船舶污染防治方案*

目前东江湖流域船舶主要航行在东江湖库区，停靠东江湖大坝码头，因此污染主要集中在资兴市东江湖环湖一级污染控制单元、资兴市东江湖环湖二级污染控制单元。船舶类型以旅游、考察等中下型船只为主，局部湖区存在居民散户部分渔船，目前船舶污染程度不太严重。调整水上运输结构，淘汰污染严重运输方式，逐步使船舶污染防治工作做到“标本兼治”。

1) 加大饮用水水源区保护力度

饮用水水源一级保护区内，禁止设置装卸码头；饮用水水源二级保护区和准保护区内，禁止设置危险品装卸码头。根据水源保护区不同保护级别，对船舶作出禁止通行和限制通行的规定，除监督管理用船和水源保护用船外，禁止其他船舶通行，不得通行装载高危险品的船舶，如确需通过，必须提前向有关部门报告，并配备防止污染物散落、溢流、渗漏的设备。

2) 加强对湖区流域船舶监督管理

对所有新增运力严格审批，坚持“先批后购，先批后入”原则。强化宣传，提高游客和运输船主的环境意识，建立全面严格的管理、监督机制。

3) 加快实施游船的升级改造

从污染源上根本解决水体油污染和铅含量偏高的原因，严格实行对现有使用二冲程汽油船舶、柴油等非环保船舶限期改为使用四冲程电喷式、电瓶或液化石油气的环保船舶淘汰替换。无此经济实力的湖面船只必须安装油污收集装置，组织技术人员解决油水分离器使用、监控等方面的难题，防止跑、冒、滴、漏现象的发生。此外，游船停靠码头时频繁启动、停机、换向会加重水域和大气的污染，由此引起的污染也应引起重视，尽量选用清洁燃料，采用降低最高燃烧温度等操作方式，或安装简易的废气再循环内处理设施和尾气后处理设施。

4) 加强对库区游船的管理

制定“船舶垃圾管理计划”，分发船舶垃圾记录簿，船舶垃圾处理作业应在船舶垃圾记录簿中如实记录，以备管理部门检查。船舶排放垃圾，应遵守《中华人民共和国船舶污染物排放标准》中有关船舶垃圾排放区域和排放标准的规定。对于违反规定船舶和个人，主管机关可依据有关规定进行处罚。各游船配备垃圾公告牌、垃圾存储设备，配备专(兼)职环保监督管理员，负责船上环境卫生的管理工作，禁止船员和乘客向水域抛弃垃圾。游船在港必须做到：船上垃圾应包装入袋或盛入容器；盛放垃圾的容器，不准吊挂舷外；未经主管机关批准，不得使用船上焚烧设备处理垃圾。游船出港前，船上垃圾应基本清除干净。禁止流域内游船冲洗装载过有毒害货物、重污染物的甲板、舱室或以其他方式将残物排放入水体。发生垃圾污染事故时，立即采取措施，控制和消除污染，事故严重者应及时向主管机关报告。

5) 清理湖面垃圾

定期清理湖区和入湖河流的水面垃圾，将打捞上来的垃圾进行分类收集后送抵湖区外的集中处置中心统一处理。同时，加强对流域内船只的监管，禁止东江湖湖区内各类船只将垃圾抛入水中，船上必须设置垃圾收集设施，上岸后集中处理。各市、县政府要在主要码头配备足够的废弃物和污水接收处理设施。

6) 建立相应的船舶防污染应急机制

对现有湖面参与营运从事水上货运的舰舶，采取防溢流、防渗漏措施，配备收集垃圾、含油污水设施，严禁向湖内直接排放或抛弃含油污水。船舶靠岸后，船上废水和垃圾应交由大坝码头风景旅游区综合管理处统一收集，按环保要求和标准处理。溢油清除首要任务是尽快采取措施，有效围控溢油，阻止进一步扩散漂移，以减少水域污染范围。用作溢油围控的器材主要是围油栏。围油栏的作用主要有三种：溢油围控和集中、溢油导流、防止潜在溢油。冲洗船舶应远离保护区，且应在保护区下游、下风向的港口进行，冲洗甲板时，应当事先清扫。不得冲洗装载有毒有害或者散装粉状货物的船舶。

2. 规模化水产养殖污染防治方案

目前，东江湖流域仍存在网箱养殖现象，主要分布在资兴市东江湖环湖二级污染控制单元，具体为资兴市白廊乡、兴宁镇。严禁在东江湖一级饮用水水源保护区实施网箱养鱼，逐步开展东江湖库区网箱养殖退水上岸。

1)划定分区，合理布局

对水产养殖区域全面规划，严禁在一级饮用水水源保护区实施水产养殖，禁止直接向东江湖区养殖水域“投肥养殖”及投饵钓鱼。流域非饮用水源保护区水产养殖应科学合理布局，实行生态水产养殖和不投饵养殖模式。积极推进和完善以养殖许可证为核心的水产养殖管理制度，推广科学饲养技术，推广生态营养饲料使用，加强水产养殖废水净化处理和循环利用。

2)退水上岸，控制规模

逐步开展东江湖网箱养殖退水上岸，实施网箱养殖退水上岸补偿工程。对渔政管理大队、领导小组、相关乡镇安排专项工作经费，明确以乡镇为主体、渔政监管、部门配合的整治体系，层层落实各个层面的责任，充分考虑库区移民今后的生产、生活发展问题，综合考虑移民的切身利益。

7.2.4　重点水域及河段水环境综合整治

目前，东江湖流域分布有 3 处集中式饮用水源保护区，位于资兴市东江湖环湖一级、二级污染控制单元、桂东县沤江流域污染控制单元、汝城县浙水流域污染控制单元，具体为小东江及东江湖水域、沤江桂东县城段、浙水汝城县城段。针对东江湖流域水环境功能区划等现状特征，结合所在地区的实际情况，采取适宜的，且具有针对性的工程措施进行重点水域及河段污染控制和环境综合整治，保障流域饮用水安全，改善入湖河流水质，使重点水域及河流水质达到或优于Ⅲ类标准要求。重点水域及河段水环境综合整治方案设计详见图 7-15。

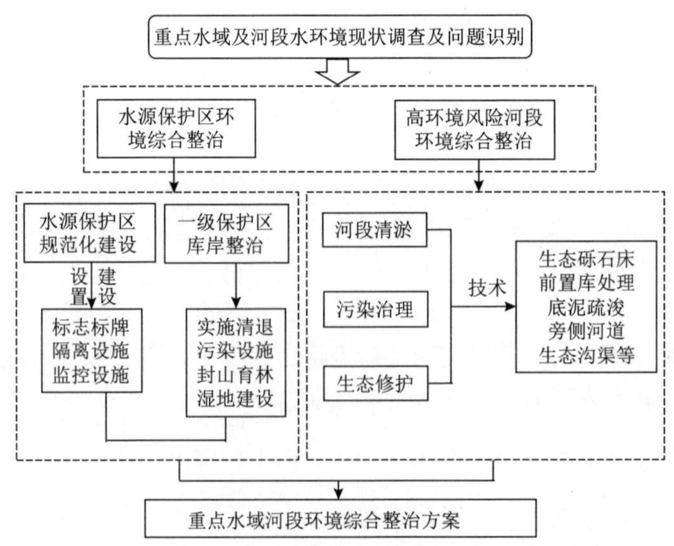

图 7-15　重点水域及河段水环境综合整治方案设计图

1. 饮用水水源保护区环境综合整治

1）加强饮用水水源保护区规范化建设

（1）设置标志标牌。

饮用水水源保护区标志包括饮用水水源保护区界标、交通警示牌和宣传牌等。界标是在饮用水水源保护区的地理边界设立的标志，标识饮用水水源保护区的范围，并警示人们需谨慎行为。

交通警示牌是警示车辆、船舶或行人进入饮用水水源保护区道路或航道，需谨慎驾驶或谨慎行为的标志。

宣传牌是根据实际需要，为保护当地饮用水水源而对过往人群进行宣传教育所设立的标志。

（2）设置隔离设施。

饮用水水源一级保护区应当设置隔离设施，实行封闭式管理。饮用水水源一级保护区隔离防护设施主要包括采用围栏或围网进行保护的物理隔离和选择适宜树木种类建设防护林的生物隔离两种形式。

（3）建设视频监控设施。

提倡视频监控设施建设。饮用水水源保护区环境监控视频系统主要由固定监控点、网络传输子系统、办公设施等组成，用于保护区及周边重要路段监控。通过对饮用水水源保护区视频监控，增强应对突发事件的能力。

2）加大东江湖大坝一级保护区库岸整治

将头山断面至小东江大坝饮用水水源保护区一级保护区内、公路临河侧的房屋、宾馆酒店、工业企业等实施清退，居民全部迁出，并对村民耕地、房屋等进行补偿，完成安置，移民新村配套建立生活污水、生活垃圾集中处理设施。对头山断面至小东江大坝饮用水源陆域一级保护区进行封育建设，开展封山育林、湿地建设、生态公益保护活动，保持区域内独特自然生态系统，维持系统不同动植物种生态平衡和种群协调发展，起到保护生物多样性、蓄洪防旱、调节气候，控制土壤侵蚀、降解环境污染等作用。

2. 高环境风险河段环境综合整治

对环境风险隐患大的重点入湖河段开展清淤、水污染治理和生态修护，重点针对沤江桂东县段、滁水汝城县段、延寿河、浙水汝城段进行水环境整治。建立水环境保护生态屏障，以沿岸 1 km 为界划定保护线，综合治理保护线内的污染企业，坚决取缔国家明令禁止和淘汰的小化工、小食品加工制造和未设置无害化处理设施的畜禽养殖场，综合治理河岸村镇生活污染，严禁生活污水、垃圾直排入河。具体采用工艺如下。

1）生态砾石床

生态砾石床净化技术是利用砾石（或生态砾石）之间微小沉淀区的沉淀作用及物化吸附现象，将低污染水中的固体微粒、胶体污染物及溶解性污染物迅速有效分离，再由生态砾石床中厌氧微生物、好氧微生物及微小动物等组成的生态系统将有机物进行强化分解，成为简单的含 C、N、P 等的无机物，最后通过生态砾石床的生物膜、植物体系吸收、利用，从而实现低污染水净化的目的（图 7-16）。该技术方法节省能源，不产生二次污染，污泥生成量少，不需要进行污泥处置，调试运行正常后，管理简单，不需要专人维护，运行费用低廉，污水处理系统地表可设置景观，不影响地面效果，投资省、运行可靠、操作简单。污染物去除率可以达到 COD 80%左右，SS 80%左右，TN 20%左右，TP 30%左右。

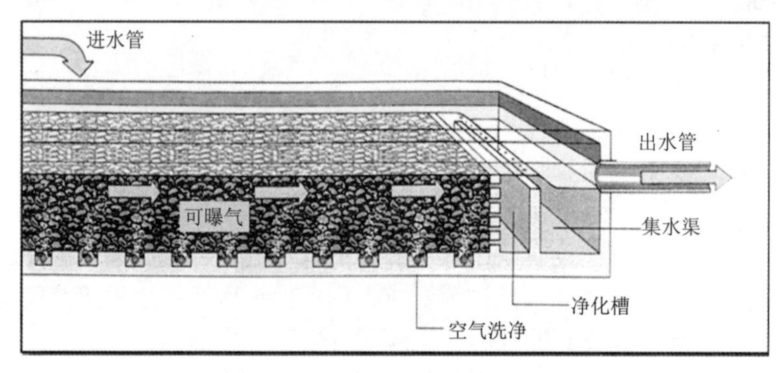

图 7-16　生态砾石床结构示意图

2）前置库处理

前置库是指在受保护的水体上游，利用天然或人工库（塘）拦截暴雨径流，通过物理、化学及生物过程使径流中污染物得到净化的工程措施。广义上讲，汇水区内的水库和坝塘都可看作是前置库，对入湖径流有不同程度的净化作用。本研究中的前置库技术是为了控制径流污染而新建或对原有库塘进行改造，强化污染阻截作用的工程措施，通常采用人工调控方式（图 7-17）。前置库是一个物化和生物综合反应器。污染物（如泥沙、氮、磷及有机物）的净化是物理沉降、化学沉降、化学转化及生物吸收、吸附和转化的综合过程。前置库依据物理和化学反应原理，可以有效去除非点源中的主要污染物，如氮、磷及泥沙等。前置库工艺流程为暴雨径流污水，尤其是初期暴雨径流通过隔栅去除漂浮物后引入沉砂池，经沉砂池初沉淀、去除较大粒径的泥沙及吸附的氮、磷等营养盐。沉砂池出水经配水系统均匀分配到湿生植物带，湿生植物带在整个流程中起着“湿地”的净化作用，一部分泥沙和氮、磷营养物进一步被去除。湿地出水进入生物塘，停留数天后，细颗粒物逐渐沉降，溶解态污染物被生物吸收利用，径流被净化稳定后排放。经过多级净化后，径流污染得到较好的控制。

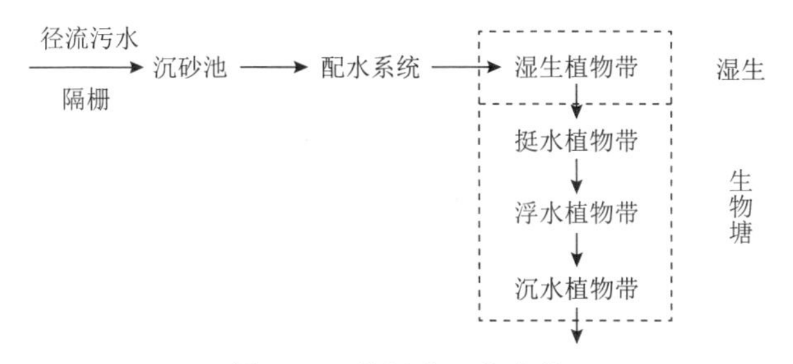

图 7-17　前置库工艺流程

3）底泥疏浚

底泥疏浚能有效消除河流等内源污染，避免污染底泥中污染物释放对河流水质产生影响，造成二次污染。目前国内底泥疏浚采取工艺有排水干塘疏挖、不排水干塘疏挖、泥浆泵水利冲挖机组干塘疏挖、挖泥船疏挖等，主要是人工、机械、水力等各种手段相结合，对河道进行疏挖。

4）旁侧河道

旁侧河道（图 7-18）是日本首先研发的一种外围污染阻截技术，其可以利用河道周边空闲地开挖或利用原有河道周边沟渠改造，形成平行于原河道的小型河渠，即旁侧河道。因其为新建或改建河渠，一定程度可不受原有河道防洪、排涝、水质、规模等限制，可根据实际需求在旁侧河道内设置水生植被、净化设施等；可利用其拦截、收集外侧支流、沟渠及暴雨径流等，使污染物首先进入旁侧河道净化，之后根据需求回归原河道或排放。

图 7-18　旁侧河道示意图

5) 生态沟渠

生态沟渠主要应用于农灌沟渠的改造，适用于低矮小型灌渠的生态改造，对农灌回水进行处理，主要利用物理沉淀方法与生物净化，采用格栅-沉沙系统-农田沟渠处理系统组合的处理工艺。农灌回水进入经过改造的生态沟渠，由植物、土壤和微生物对污染物进行分解、吸收，净化后的出水排放入自然水体。适宜低污染水的净化处理。

6) 河道跌水工艺

利用河床自然或人为落差，使水流产生跌水，水体由高向低落下时产生水花，空气被裹入水中，完成水体充氧，适合河床落差大的河道上游。

7) 滩潭净化工艺

于河床人工回填石块和挖深河床，制造浅滩和深潭，形成快慢不同的流速带，增加水体上下层交换，增加河水与空气接触，增加溶解氧；此外，浅滩和深潭的形成，可极大增加河床比表面积，使附河床微生物数量增加，有利于水体自净能力增强。该工艺适宜坡度大、流速快的河道。

8) 旁侧多塘净化工艺

利用河流周边自然或人工塘净化河水，流域大部分河流均适用。多塘系统是利用具有不同生态功能的塘处理来水，属于生物处理工艺。其原理与自然水域自净机理相似，利用塘细菌、藻类、浮游动物、鱼类等形成多条食物链，构成相互依存、相互制约的复杂生态体系。水体有机物是通过微生物的代谢活动而被降解，达到水质净化目的。其中微生物代谢活动所需要的氧由塘表面复氧及藻类光合作用提供，也可人工曝气供氧。按塘内充氧状况和微生物优势群体，可将稳定塘分为好氧塘、厌氧塘和曝气塘。

9) 浅层曝气工艺

该工艺尤其适用于渔业养殖区域。浅层曝气设备能够大面积、持续性地让水体内部产生垂直方向对流，使上下层相互交换，有效给水体充氧曝气，提升净化水质效率，还能达到消除藻华的目的。

7.3 本章小结

东江湖流域内主要污染源包括流域内居民生活排放的生活污水、流域内农田产生的面源污染、流域内畜禽养殖产生的污染和工业点源污染等。由于东江湖流域经济的发展，流域污染负荷增加明显。一是以农田径流、农村生活污水、城镇生活污水和畜禽养殖为主的外源污染负荷大，且处理能力弱，对流域水环境威胁大；二是网箱养殖和船舶污染的内源污染物直排入湖，对东江湖的污染贡献也不容忽视；三是重点水域河段的水环境存在潜在风险，需加以关注和加强综合整治。

在东江湖水环境容量计算及流域生态环境分区的基础上，针对湖泊流域点源、面源和内源等不同污染源，湖泊水污染水平与程度，不同地区、不同行业之间的污染特点和难点，深化流域点源和面源污染综合治理，充分考虑流域禁止开发区及饮用水源地一级保护区的相关规定，按照不同区域与水体污染特点和要求，有针对性地解决湖泊水污染防治中的关键问题，有效地削减入湖污染负荷。

在产业结构调整优化和环境保护强化管理基础上，以污染削减和风险防控为目标，对东江湖流域主要污染源分布区域的矿山、化工等典型点源污染实施重点治理；优先开展环湖建制镇城镇污水垃圾处理设施建设；开展环湖农村环境综合整治；开展网箱养殖“退水上岸”工程；推动湖区船舶污染防治。在加强环湖和湖区污染治理基础上，将工业、城镇生活、农业农村等污染防控扩展到全流域，从根本上减少污染物的产生量和入湖量。

根据东江湖流域点源、面源、内源污染的实际情况，以及重点水域河段水环境的现状，因地制宜地制定污染控制方案及综合治理方案。分别对点源、面源、内源污染和重点水域及河段水环境的综合整治提出了解决和治理方案，以及可选择的技术工艺和治理措施等。

第8章　东江湖入湖河流与河口区环境综合整治

入湖河流是湖泊主要水资源的补给通道，也是流域污染物入湖的主要途径，其水质状况直接影响湖泊水质。湖泊综合治理的首要任务就是要对入湖河流进行治理，只有入湖河流得到有效治理才能从根本上保证湖泊水生态系统健康安全。东江湖也不例外，本章系统地梳理和诊断东江湖入湖河流及河口区环境问题，根据主要入湖河流特点，提出入湖河流与河口区环境综合整治方案，主要实施清水产流区修复、河道整治及生态修复和入湖河口湿地建设等措施，以期改善河流水质及生态环境，支撑形成东江湖生态屏障。

8.1　东江湖入湖河流现状及治理总体思路

入湖河流的保护和治理是湖泊保护治理的重要内容，特别是对于处于治理初期的湖泊而言，其首要任务就是要做好入湖河流水污染治理与生态修复，这是湖泊保护治理的重要前提。东江湖虽然水质总体较好，但入湖河流水质总体较差，而且近年来有污染加重趋势，湖泊应有的缓冲和生态功能尚未充分发挥。本研究试图通过梳理东江湖入湖河流水质及生态状况，提出保护治理及生态修复总体思路及目标，以期指导东江湖入湖河流水污染治理与生态修复。

8.1.1　入湖河流生态环境状况

1. 入湖河流部分河段污染严重，水质较差

通过对东江湖主要入湖河流调查，入湖河流水质下降明显，局部断面存在着部分指标超标现象，氮磷浓度相比于2011年总体呈现升高趋势，重金属中镉和铅浓度有所升高；局部断面存在着部分指标超标现象，影响东江湖水质。

2. 河道生态结构和功能被破坏，自净力降低

流域内主要入湖河流包括沤江、浙水、淇水、滁水、长策河、延寿河等，较多河流部分河段出于美化、防洪灌溉等要求，硬质改造，破坏了原有生态结构和生态功能，使河流自净能力减弱甚至消失。

3. 河床河岸被毁坏，生态屏障作用小

各河流城镇河段由于生活和农业污染，出现河床淤塞、河岸带毁坏等现象；

滁水、延寿河等矿区河段由于废矿渣无序堆存及尾矿坝垮塌，部分河段河床、河岸遭到废矿渣截断、掩埋。目前东江湖主要入湖河流河口湿地均为天然形成，湿地面积减少，发挥的生态屏障作用小。

8.1.2　入湖河流治理总体思路及目标

1. 总体思路

为了保证进入湖泊的水流清洁，以河流治理为主线，加大弃矿区污染控制、水源涵养林建设，尤其针对生态破坏较为严重的城市乡镇河段、矿区河段等进行河流清淤、生态护坡重建等生态修复，以期达到改善河流生态现状，增强自净能力的目的。同时，在此基础上，对主要入湖河流河口现有小型天然湿地进行改造，使其经由人工复合湿地，最终自然化为大型河口自然湿地或湖滨自然湿地，并制定具有针对性的管理保育方案，使其成为湖泊生态系统的有机组成部分，形成东江湖的生态屏障。入湖河流与河口区综合整治方案总体思路见图 8-1。

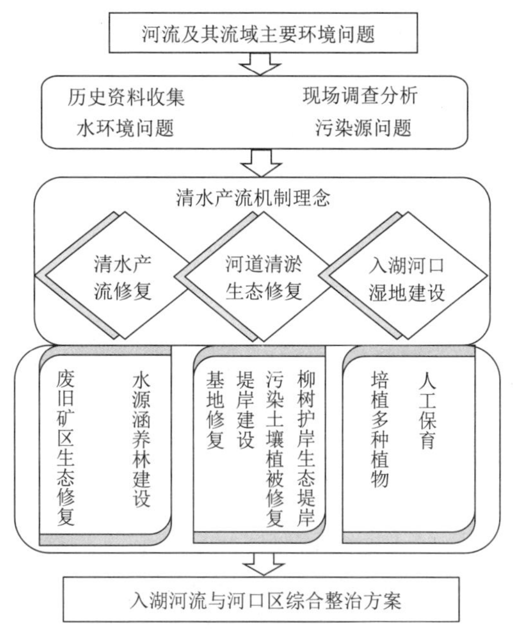

图 8-1　入湖河流与河口区综合整治方案总体思路图

2. 总体目标

近期根据现状本底条件的差异，分段式设计，进行延寿河的河道生态修复；完成入湖河口生态现状调查，制定适宜各主要入湖河口实际的湿地建设方案，对资兴市部分入湖河流、沤江河、滁水、浙水、长策河进行初步河道生态治理，并完成兴宁河、浙水、滁水、沤江的人工湿地建设。

远期对生态修复河流进一步恢复，并对近期实施的人工湿地逐步进行自然化改造，强化入湖河口湿地管理维护，形成相应的管理机制、法律法规，加强湿地保育，降低人为干扰，使入湖河流水质稳定在Ⅱ类水质标准。

8.2　东江湖入湖河流与河口区湿地修复

东江湖入湖河流不仅水质较差，而且生态系统退化也较为严重，受人为活动干扰等造成的侵占和破坏问题突出，河口区水生系统退化更为明显，东江湖来水水质水量无法得到有效保障。本研究试图针对性地提出东江湖入湖河流与河口区整治及修复建议，重点考虑入湖河流清水产流区修复、入湖河道整治与生态修复及入湖河口区湿地修复与建设等，修复东江湖流域生态系统，充分发挥入湖河流及河口湿地对东江湖的缓冲和屏障作用。

8.2.1　入湖河流清水产流区修复

清水产流区修复工程针对东江湖流域的汝城县小垣矿区、井坡矿区，宜章县瑶岗仙矿区，资兴市清江，桂东县青洞、流源等地，进行废旧矿区生态修复和对东江湖环湖及上游区域进行水源涵养林建设，保障清水产出，从而保证河道的水质健康，河流清水产流区修复设计图详见图 8-2。

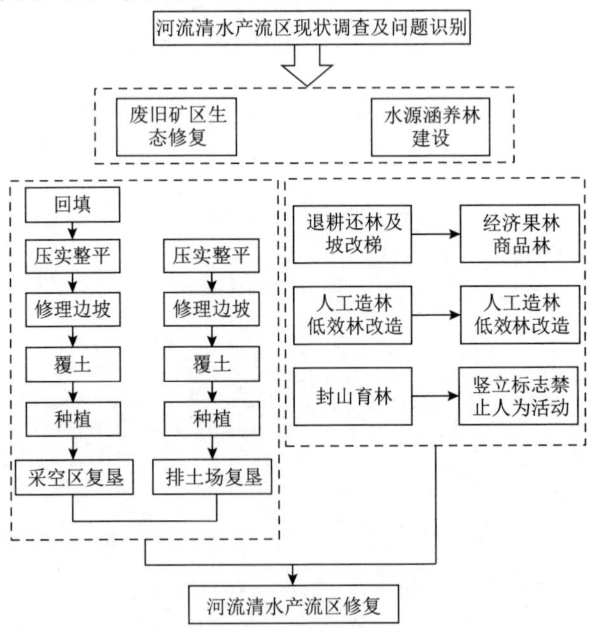

图 8-2　河流清水产流区修复设计图

1. 废旧矿区生态修复

采取废旧矿山生态环境保护、水土保持、复垦还绿等措施，对资兴、汝城、宜章和桂东环湖矿山进行生态修复和治理，改善植被质量，修复面积 3470 hm^2 以上。根据废旧矿区特点，对闭坑矿进行复垦、植树造林等生态修复。砖瓦黏土开采后实施凹地采空回填，矿渣堆放场、废旧矿址做好土地复垦或植被恢复工作；建筑石料开采场闭矿后，应清除危岩、护坡，再进行复绿还林；重金属污染较为严重、污染面积较大的废弃矿区采取表土转换、客土覆盖等土壤改良措施；地质灾害风害较大的矿区，矿山边坡采用石砌护坡或植被护坡方法防护；还可据坡长分段设置截留沟、排洪渠，并配以防护林草带，增加植被覆盖。

1) 采空区复垦

采空区复垦采取回填、压实整平、修理边坡、覆土和种植等步骤。

(1) 回填：利用排土场堆存的废土石对矿山开采留下的矿坑进行回填。回填时，应将大块岩石或有害含毒岩石堆置在采空区的底部，块度小的堆在上面，组成合理的级配。

(2) 压实整平：废土石填充，采用推土机进行推平压实，将下层废土石压紧，可通过加入一定量的黏土进行压实，形成隔水层减少地面水下渗。

(3) 修理边坡：坡度角应小于自然安息角，为了避免地表径流的冲刷，要求整平后的坡度控制在 1%以内。针对复垦为耕地的区域，对复垦区依地面高程分阶梯状进行场地平整，尽量减缓坡度。

(4) 覆土：在经整平压实的采空区废土石底质上面覆盖一定厚度的土层。以建立适宜植物生长的土壤层，一般在 0.5～1.0 m 之间。

(5) 种植：林草种类选择遵循“乡土植物”优先，“速生能力好、生长快、根系发达、耐旱耐瘠、易繁殖、适应性强”的树草种。对生态严重退化区域，以恢复灌-草为主，栽种耐酸、耐贫瘠土壤的先锋灌木树种，运用生物工程等手段全面加强生态治理；在土壤条件相对较好的地区，增施客土及石灰、碱性磷肥和有机肥料，以恢复乔-灌-草为主，种植阔叶树种。

2) 排土场复垦

排土场复垦采取压实整平、修理边坡、覆土和种植等步骤。

(1) 压实整平：将粗粒废石堆置在下层，采用推土机推平压实。

(2) 修理边坡：坡度角应小于自然安息角，要求整平后的坡度控制在 1%以内，以避免地表径流的冲刷。

(3) 覆土：同采空区。

(4) 种植：同采空区，其边坡上覆土植藤本种植护坡。

2. 水源涵养林建设

1) 退耕还林及坡改梯

改造山区大面积坡耕地，对坡度 25°以上的坡耕地，按照统筹规划、突出重点、分步实施，全流域逐步推进实施退耕还林。退耕还林地区主要以经济果林、商品林为主。若短时期无法实现，则进行坡改梯的建设。

2) 人工造林及低效林改造

对大面积的荒地、草地等无林地进行人工造林，提高植被覆盖率。针对低效林、疏林地及灌木林等进行改造，补植乔木，增加水源涵养能力。

3) 封山育林

封山育林是现有森林和新造林地良好管理的措施，对已有林地实施封山育林，加强相应管护措施，例如，竖立封山育林标志，禁止进入林地进行放牧、割划、修枝、开荒、采石等人为活动，保护林下幼树，尤其是保护林分优势树种外的其他幼苗，使其逐步成为混交林，增加其防护性能。保证山区水源涵养林的可持续发展，支撑流域生态建设，保障足量清水产出。

8.2.2 入湖河道整治与生态修复

通过对河道整治基地修复、堤岸建设、岸边带污染土壤植被修复和柳树护岸式生态堤岸等生态修复技术工艺，以期达到改善河流生态现状，增强自净能力的目的，河道整治及生态修复设计图详见图 8-3。

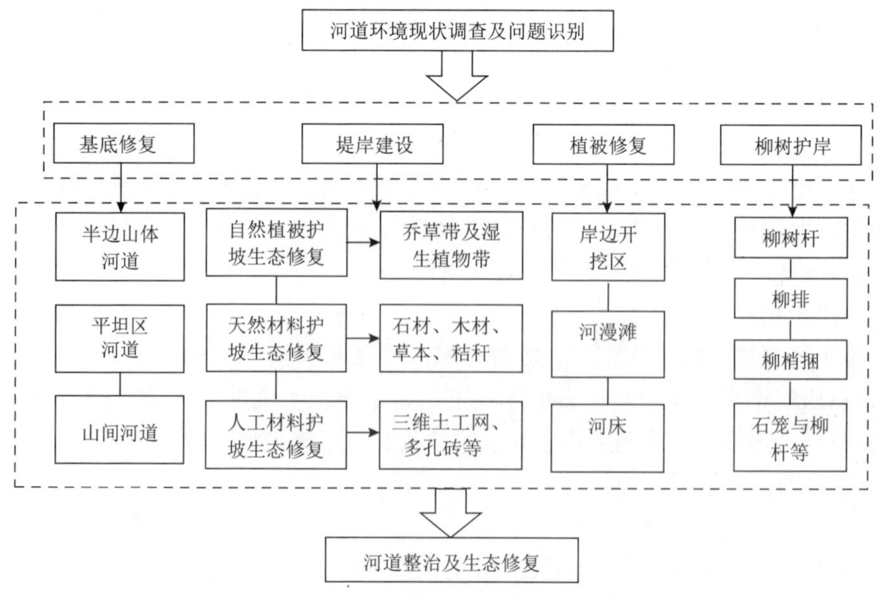

图 8-3 河道整治及生态修复设计图

1. 基底修复

河道中尾砂疏挖后，开挖区的底面与边坡受到扰动，为了保证河道边坡稳定与安全，需对河道边坡实施修复，实施河床基底修复，并在此基础上进行河道及两岸的生态修复工程。

1）半边为山体的河道疏挖后修复

对于河道一侧是陡峭的山体，另一侧是平缓的河漫滩的河段，利用机械或人工平整开挖区、覆土，恢复河道自然平缓的形态；对于陡峭的山体的一侧，疏挖时注意维持其岩石岸坡现状，工程后不作基底修复。半边为山体的河道尾砂疏挖前剖面、疏挖后剖面分别见图 8-4 和图 8-5。

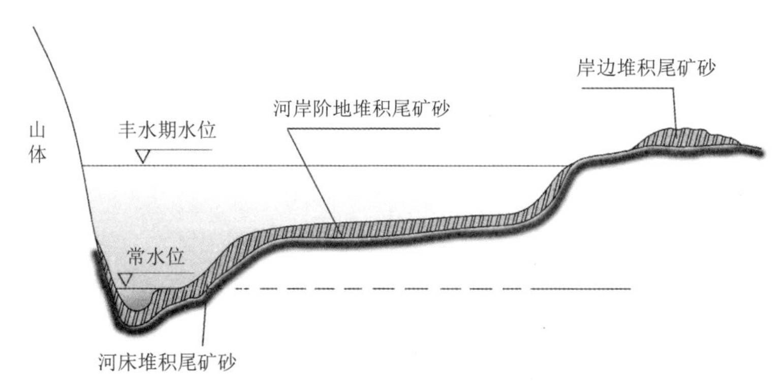

图 8-4　半边为山体的河道尾砂疏挖前剖面

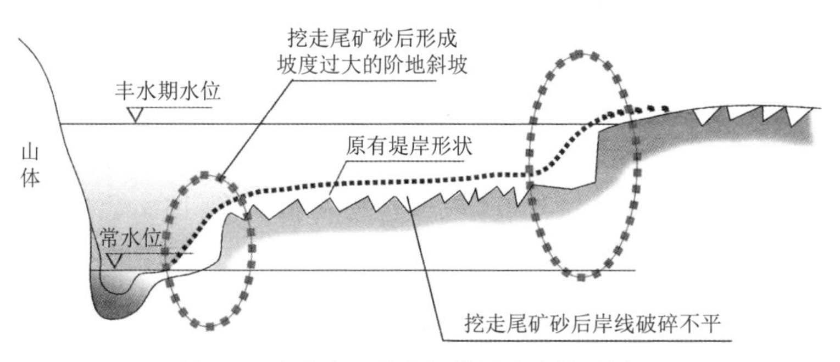

图 8-5　半边为山体的河道尾砂疏挖后剖面

2）平坦区河道疏挖后基底修复

对于较平缓河漫滩的地段，利用机械或人工对开挖区实施平整土地、覆土，恢复河道自然平缓的形态。平坦区河道尾砂疏挖前剖面、疏挖后剖面分别见图 8-6 和图 8-7。

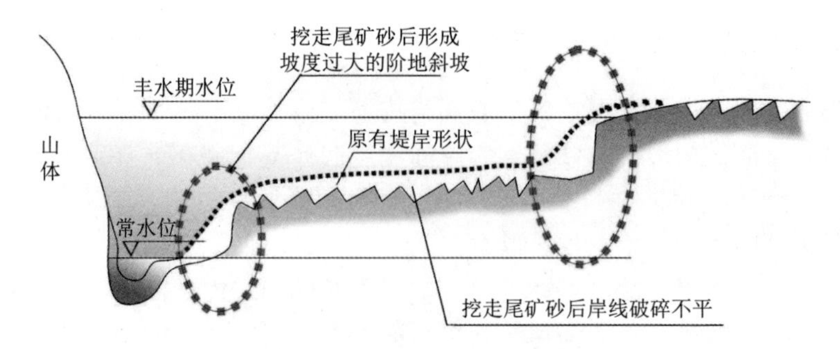

图 8-6　平坦区河道尾砂疏挖前剖面

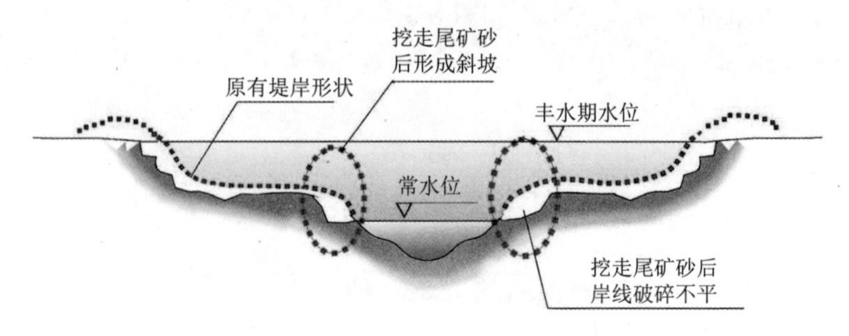

图 8-7　平坦区河道尾砂疏挖后剖面

3）山间河道疏挖后基底修复

两岸都是陡峭山体的地段，尾矿砂疏挖后留下的是裸露的岩石，疏挖注意维持其岩石岸坡现状，不作基底修复，同时自然恢复山体植被。

2. 堤岸建设

在采取机械或人工对开挖区实施平整土地、覆土，恢复河道自然平缓形态的基础上，生态修复河道疏挖区，根据实际情况可以分别采用如下 3 种修复工艺。

1）自然植被护坡生态修复

主要采用直接种植植被方式，种植、恢复乔草带及湿生植物带，以恢复及保持其自然堤岸特性，增加其抗洪、保护河道堤岸的能力。

2）天然材料护坡生态修复

主要采用天然材料，如石材、木材、草本、秸秆等护坡，增加堤岸抗冲刷能力，并恢复自然植被，使得植被、土壤、天然材料共同作用，形成护坡结构，常见有大块干砌石、木桩、砾石碎石、石笼、石框等型式。

3）人工材料护坡生态修复

随着新材料的研发和技术的不断发展，出现了各种类型的人工材料生态护坡，常见的有：三维土工网、多孔砖、固化土壤等，这些人工材料都是为土壤和植被提供抗冲的连续空间，将土壤、植被形成一体，保护堤岸土壤和植被不被冲刷。目前河道及其堤岸植物缺失主要是河道及堤岸沉积、堆积尾砂所致，疏挖后裸露堤岸基本为河道原有堤岸形态，堤岸结构稳定，因此只需采用自然植被护坡生态修复工艺对疏挖区河道生态修复。在河道疏挖区基底修复基础上种植、恢复乔草带及湿生植物带，在河道内自然恢复水生植物，促进河道生态景观的改善和生态系统的逐渐恢复。

3. 岸边带污染土壤植被修复

据疏挖情况，生态恢复主要包括岸边开挖区植被恢复、河漫滩植被恢复及河床植被恢复，恢复要考虑周边景观及环境需求。

1）岸边开挖区植被恢复

在岸边开挖区种植适合当地条件的植物，建立乔草结合的乔草复合带。

物种选择原则：选取的物种应为耐贫瘠、能改良土壤、短期内有效果，以及可重建良好的生态群落，美化环境的物种。

物种选择：草本植物：丹草、铁扫帚、巴芒杆、香根草、银合欢、铺地菊、竹节、假俭草、海棠桐等；乔灌木：枫香、喜树、桑树、樟树、重阳木、女桢、冬青、桦木、阴香等。

种植方式：草本植物：点植，种植密度为 4 株/m^2；灌木：丛植，丛距 2.0 m×2.0 m；乔木：点植，株行距 4.0 m×4.0 m，带土球（1 m×1 m）移栽。

种植方法：对肥力条件不足的种植区，为满足植物的生长需要，需从工程区外运送少量土壤，采用点式覆盖在已经平整的场地上。若需植草本植物，则需覆盖足以让草生长的薄层土壤 30 cm。

2）河漫滩植被恢复

在河漫滩高于正常水面的地段，考虑到河道防洪的要求，恢复以湿生草被为主的植被，恢复要考虑周边景观及底质条件。

物种选择原则：尽量选择土著物种，选取的物种应为耐贫瘠、浅根系、喜湿耐捞、美化环境的物种。

物种选择：湿生草被：中华结缕草、铁线草、普通早熟禾、节节草、灯芯草、水莎草、水芹、水葱或其他本地开花草本植物。

种植方式：点植，种植密度为 4 棵/m^2。

3）河床植被恢复

对于常年有水的河床，待河流水质好转后植物会自然恢复，因而以自然恢复为主，恢复要考虑周边景观及底质状况。单侧为河漫滩河段和两侧均为平缓河漫滩河段的生态修复见图 8-8 和图 8-9。

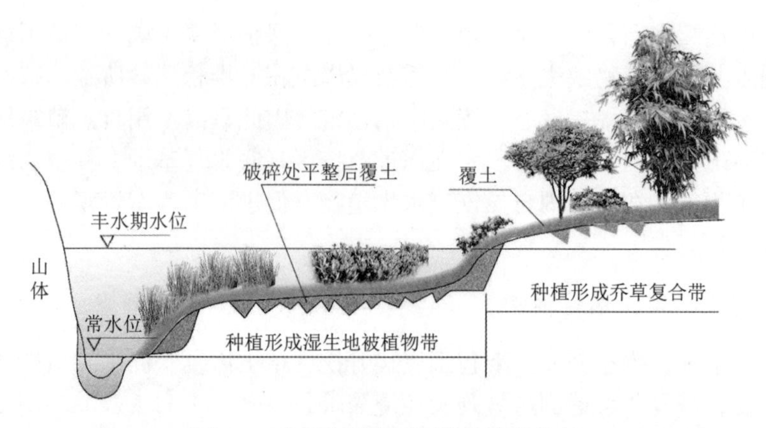

图 8-8　单侧为河漫滩河段的生态修复

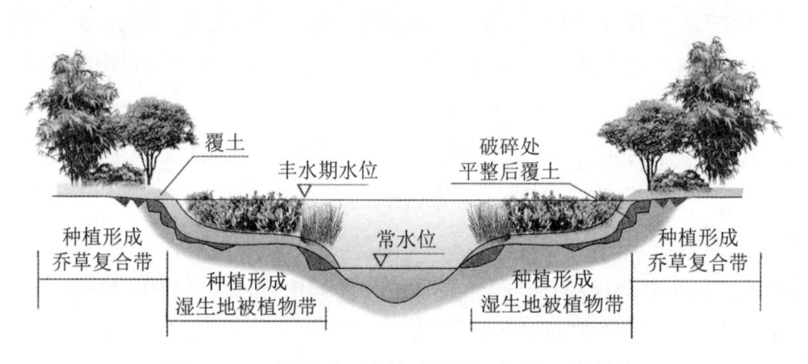

图 8-9　两侧均为平缓河漫滩河段的生态修复

4. 柳树护岸式生态堤岸工艺

柳树护岸技术是通过使用柳树与土木工程和非生命植物材料的结合，减轻坡面及坡脚的不稳定性和侵蚀，并同时实现多种生物的共生与繁殖的一项技术。柳树因耐水性强，并可通过截枝繁殖，是生态型护岸结构种使用最多的天然材料之一。柳树护岸充分利用柳树发达根系、茂密的枝叶及水生护岸植物的能力，既可达到固土保沙、防止水土流失的目的，又可增强水体自净能力。

同时，岸坡上的柳树所形成的绿色走廊还能改善周围的生态环境，为人类营造一个美丽、安全、舒适的生活空间。柳树护岸主要形式有柳树杆护岸、柳排护岸、柳梢捆(柴捆)护岸、石笼与柳杆复合型护岸、柳杆护脚护岸、柳枝工复合护岸，其结构分别如图 8-10 所示。

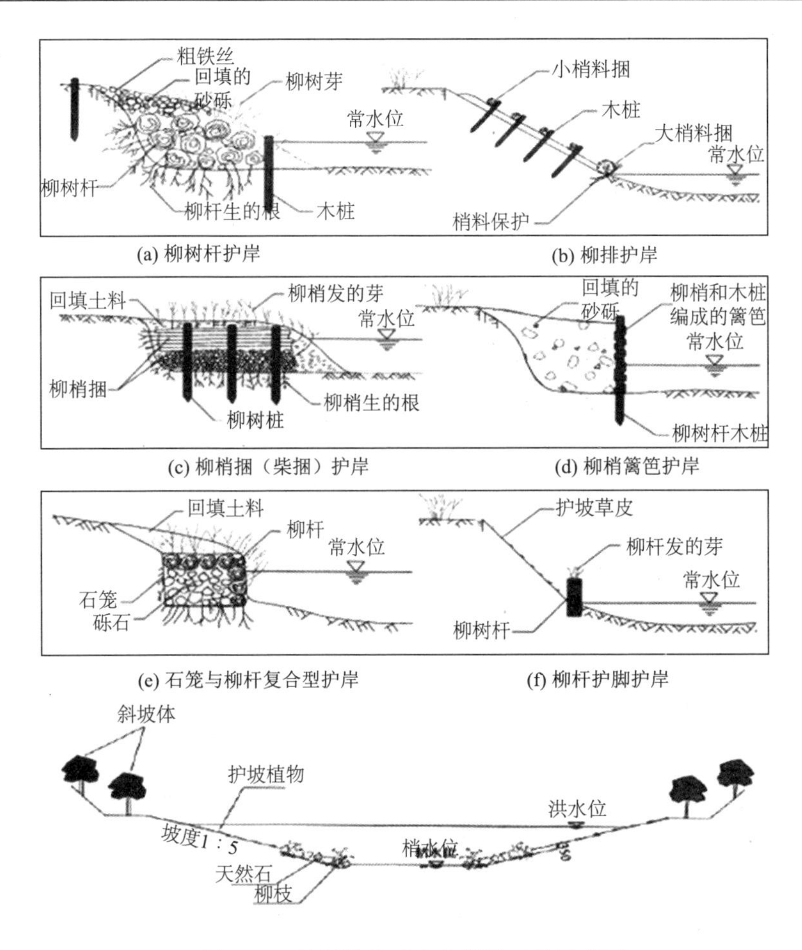

图 8-10　柳树护岸式生态堤岸工艺示意图

8.2.3　入湖河口区湿地修复与建设

入湖河口湿地对流域污染物有明显的拦截、削减和净化作用，同时对整体生态系统的稳定作用也不可或缺。湿地水域植被退化严重区，根据河口地区基底现状、水深等条件，因地制宜地培植多种挺水植物、浮叶植物、沉水植物，如荷花、芦苇、蒲草、菱角等，并使其与周边生态环境协调一致，通过人工保育，自然演变，逐渐使其向自然湿地过渡，改造后的河口湿地将成为河流入湖处水陆生态交错带或过渡带，与湖泊自然生态形成一个整体，使湖泊不易受到外界侵害。同时湿地交错带内生物或非生物因素及相邻生态系统相互作用，对交错带内能量流动和物质循环的调节，在景观斑块变化或稳定中起到十分重要的作用。入湖河口湿地修复及其植物区系恢复，也将改善水生动物与水禽生存条件。

8.3 本章小结

东江湖流域主要入湖河流包括沤江、浙水、淇水、滁水、长策河、延寿河等，主要问题是入湖河流水质差，部分河段污染严重；局部断面存在着部分指标超标现象。此外，河道生态结构和功能被破坏，河流自净能力减弱；部分河段河床、河岸遭到废矿渣截断、掩埋；主要入湖河流河口湿地面积减少明显。

因此，为了保证进入湖泊的来水清洁，以河流治理为主线，加大弃矿区污染控制及水源涵养林建设，尤其针对生态破坏较为严重的城市乡镇河段、矿区河段等进行清淤及生态护坡重建等生态修复，以期改善河流生态现状，增强自净能力。改造主要入湖河流河口现有小型天然湿地，使其经由人工复合湿地，最终自然化为大型河口自然湿地或湖滨自然湿地，并制定具有针对性的管理保育方案，使其成为湖泊生态系统的有机组成部分，形成东江湖生态屏障。

本研究提出了东江湖近期和远期入湖河流及河口区综合治理建议。近期进行延寿河的河道生态修复，制定适宜各主要入湖河口实际的湿地建设方案，对部分入湖河流进行初步河道生态治理；远期对近期未完成生态修复的河流进行进一步生态恢复，并对近期人工湿地逐步进行自然化改造，强化入湖河口湿地的管理与维护，形成长效管护机制，使其入湖水质稳定在Ⅱ类水质标准。分别针对河流清水产流区修复河道整治与入湖河口湿地修复等内容，提出了相应方案及可供选择的技术措施。

第 9 章　东江湖流域及湖滨缓冲带生态建设

湖滨缓冲带是湖泊流域陆地生态系统与水生态系统间十分重要的生态过渡带，作为湖泊的天然屏障，湖滨缓冲带也是最脆弱的湿地生态系统之一。湖滨缓冲带的功能定位为水陆生态系统间物流、能流、信息流和生物流发挥过滤器和屏障作用，保持生物多样性，并保护动植物栖息地及其他特殊地，稳定湖岸，控制土壤侵蚀，可提供丰富的资源多用途娱乐场所和舒适的环境及经济美学等。由于流域经济社会发展需要，东江湖流域部分区域湖滨缓冲带遭到破坏，水土流失较严重，物理基底和生物群落已遭受严重干扰或破坏。因此，根据东江湖湖滨缓冲带现状及问题，提出保护建议，降低人为干扰等措施。同时，采用多种适用工艺，结合不同湖区地理位置、功能等特征，构建湖滨缓冲带，提出了流域及湖滨区生态建设方案，有效拦截净化陆域污染，减缓人类开发活动对湖泊的压力，修复退化生态系统，逐步恢复湖滨缓冲带健康生态系统，构建东江湖生态屏障。

9.1　东江湖湖滨缓冲带现状及建设总体思路

湖滨缓冲带作为湖泊重要组成部分，对污染物净化和生态功能发挥具有重要作用。我国湖泊湖滨缓冲带建设总体滞后，尚未根据湖泊保护治理需求建设和保护湖滨缓冲带，部分湖泊湖滨缓冲带甚至成了重要的污染源。东江湖受流域地形等影响，其湖滨缓冲带空间较小，且受移民等影响，湖滨缓冲带受流域人类活动干扰强度大。因此，湖滨缓冲带的修复和建设对东江湖保护治理具有决定性作用。本研究试图通过梳理东江湖湖滨缓冲带现状及问题，从东江湖保护角度提出湖滨缓冲带建设总体思路及目标，指导湖滨缓冲带修复与建设。

9.1.1　湖滨缓冲带现状

1. 部分区域缓冲带被破坏，水土流失较严重

东江湖湖岸线总长约 581 km(湖面高程 285 m)，具有湖岸较陡、湖滨缓冲带较窄的特点。岸边带湿地及自然湖滨带面积目前保护状况良好，缓冲带土地利用形式主要以果园为主，约占 70%，其他还有农田、山体、村落、景区等。岸边带湿地及自然湖滨带由于经济发展的需要，部分地区出现了一定的水土流失、一定

程度的重金属污染及周边居民的生活污染问题。

2. 人类活动干扰大，缓冲带生态群落被严重破坏

基岩岸段，缓冲区较窄，湖浪冲蚀岸壁的缓冲带区域，其湖岸土地及生态群落已遭受一定程度的干扰和破坏；以村落、农田等为主要土地利用形式的缓冲带，该区受强人为干扰，其物理基地和生态群落已遭受严重干扰或破坏，主要分布在东江湖西、西北岸的资兴市白廊、兴宁等地湖滨。

9.1.2　湖滨缓冲带建设总体思路及目标

1. 总体思路

从流域出发，根据东江湖湖滨缓冲带现状，对现有自然湖滨带进行保护，降低人为干扰，保证水生植物群落结构稳定协调。同时，采用多种适用工艺，结合不同湖滨地理位置、功能及地形地貌等特征对东江湖最高蓄水水位线以上 200 m 陆域范围及外围建立流域经济发展区与自然湖泊间的过渡区，构建湖泊缓冲带，有效拦截净化陆域污染，减缓人类开发活动对湖泊的压力，保护湖泊生态环境质量。以绿色经济发展、生态修复及污染控制为主要手段，分别构建内圈禁止发展带、中圈过渡带和外圈发展带，修复退化生态系统，逐步恢复湖滨缓冲带健康生态系统，流域及湖滨区生态建设方案总体思路图详见图 9-1。

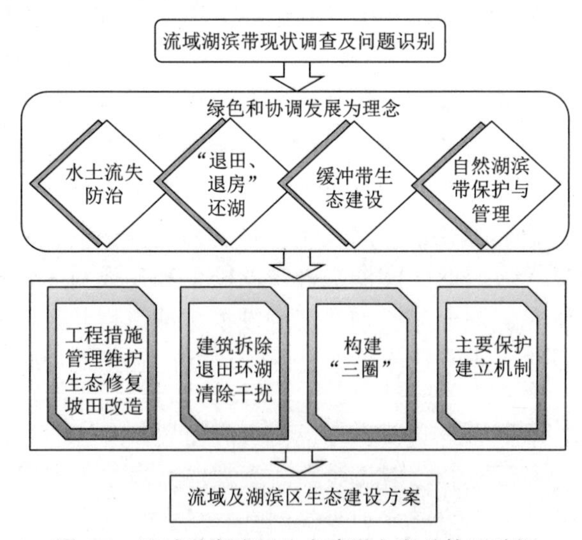

图 9-1　流域及湖滨区生态建设方案总体思路图

2. 总体目标

去除缓冲带人为干扰及各种不合理侵占，改善或恢复重点或主要功能区的自

然景观及功能，实施构建缓冲带生态系统，修复东江湖缓冲带内的生态结构和功能，使其生态环境与自然景观有明显改善。

9.2　东江湖湖滨缓冲带建设及保护管理

就目前东江湖湖滨缓冲带而言，其保护、修复与建设任务较重，且由于东江湖较为特殊的流域地形特征与受移民生产生活等影响较大，导致湖滨缓冲带建设和管理任务艰巨。本研究重点分析和探讨环湖岸区和丘陵地带防治水土流失、湖滨缓冲带退田退房还湖还湿地及湖滨缓冲带生态建设及管理等内容，以期促进东江湖湖滨缓冲带修复、建设及保护管理。

9.2.1　环湖岸区和丘陵地带防治水土流失

对东江湖环湖岸区和丘陵地带，采用工程措施与管理相结合，水利工程与生态修复相结合，坡田改造与种植结构调整相结合。防治范围是位于资兴市东江湖的黄草、滁口、清江、龙溪等地；桂东、汝城山地花岗岩治理区，具体位于桂东县淇水流域的四都、桂东县沤江流域的普乐、流源、汝城县沤江流域污染控制单元的濠头等地；资兴市八面山花岗岩治理区具体位于资兴市东江湖环湖的青腰、连坪等地；汝城低山丘陵砂页岩治理区，具体位于汝城县延寿河流域污染的小垣镇、汝城县浙水流域的井坡、泉水等地，4 个区域共计约 800 km^2 治理面积，全面控制流域内的中度、强度侵蚀地区，减少水土流失，恢复森林生态功能。

对于侵蚀冲沟，通过采用拦砂坝、前置库、谷坊沟等形式拦截泥沙，淤积填满冲沟，随后恢复植被；对于低产陡坡耕地，通过退耕还林、坡改梯进行林果开发或防护林建设。可以采用的主要技术有拦沙坝和谷坊。

1. *拦砂坝*

拦砂坝是以拦截山洪及泥石流中固体物质为主要目的，防治泥沙灾害的挡拦建筑物。它是荒溪治理主要的沟渠工程措施，坝高一般为 3～15 m。

2. *谷坊*

谷坊是山区沟道，内为防止沟床冲刷及泥沙灾害而修筑的横向挡拦建筑物，又名冲坝、砂土坝、闸山沟。谷坊高度一般小于 3 m，是水土流失地区沟道治理的一种主要工程措施。

9.2.2　湖滨缓冲带退田退房还湖还湿地

对湖滨缓冲带 100 m 内建筑物逐步拆除，主要分布在东江湖西、西北岸的资兴市白廊、兴宁等地湖滨区范围内的农田实施退田环湖或还林，主要分布在东江湖大坝码头区域、黄草景区和东江湖西南岸—清江沿湖一线湖滨、兜率岩等范围内的餐馆、酒店、娱乐设施等实施逐步清退，控制缓冲带外围村落、景区、城镇等生活污染。最终彻底清除缓冲带内人为干扰及不合理侵占，为缓冲带生态修复奠定基础，减少周边污染物入湖量。

9.2.3 湖滨缓冲带生态建设及管理

1. 湖滨缓冲带构建

根据东江湖湖滨缓冲带现状，结合不同湖滨位置、功能及地形地貌等特征，可采用植被修复、陡岸修复、生态透水植被带恢复等技术与工艺，对东江湖最高蓄水水位线以上 200 m 陆域范围内及外围分别构建内圈禁止发展带、中圈过渡带和外圈发展带(图 9-2)。

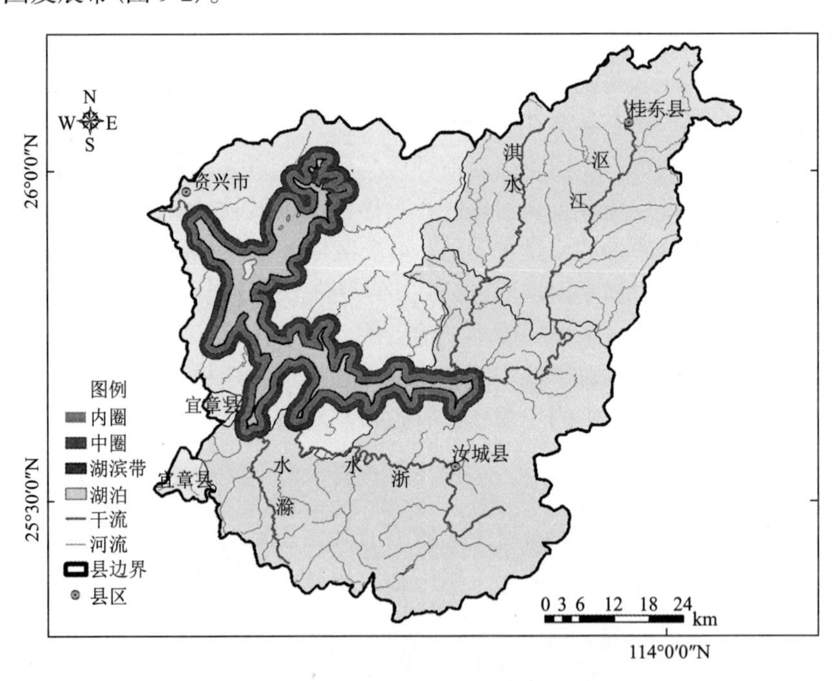

图 9-2　东江湖流域湖滨缓冲带构建图

内圈禁止发展带：紧靠湖滨带，宽度在 100 m 左右，构建灌草带可以种植如樱花、野蔷薇和河柳等隔离带。禁止发展产业。

中圈过渡带：是缓冲带主要区域，宽度 100 m 左右，限制产业发展，进行低影响开发，以种植结构和布局调整为主，将农田种植调整到缓冲带外或缓冲带外圈，可补种如柑橘、桃树、核桃、板栗、山楂和竹子等经济物种，并限制肥料和农药使用量等。

外圈发展带：中圈以外区域作为产业发展带，为加强阻控污染物进入，可在紧挨中圈过渡带设置截蓄净化带将通过库塘调蓄，将外圈低污染水截蓄处理至农田可利用水平，并可种植 10 m 宽以草本植物为主的生态拦截带。

通过三圈空间格局构建，实现技术减排、结构减排及管理减排的有机结合，最终有效控制东江湖入湖污染负荷，修复其退化生态环境。

2. 湖滨缓冲带构建工艺与技术

1）植被修复工艺

东江湖湖滨缓冲带植被修复主要是指陆生植被的修复，水生植被不进行人工构建，以自然恢复为主。根据地形、地貌、高程等条件植被修复进行乔草带与灌草带的构建。

2）陡岸生态修复工艺

陡岸构建工艺可分为岸上修复与水下修复两种，可根据陡岸特点、地形、地貌单独或组合构建。岸上修复主要是在陆地系统建设草林和灌草复合系统，改善陆地环境，防风固土。岸上修复方案可与缓冲带（100 m）构建共同考虑。东江湖陡岸修复主要是水下修复工艺，考虑到陡岸的稳定性，为达抗浪、消浪与防浪蚀，水下修复工艺可采用人工鱼礁、大块毛石等人工介质护岸，并营造适合低等植物、微生物生存的局部静水环境，在基底孔隙形成生物膜，净化水质。

3）生态透水植被带恢复技术

生态透水植被带由地下水净化处理系统、下凹式绿地、生态拦截带构成。地下净化处理系统仅需在缓冲带内开挖净化用沟槽，在槽内填充生态砾石或腐殖土等填料，对地表径流污染进行深度处理；下凹式绿地通过一定的结构形态配置能蓄渗部分或全部的雨水，同时可将大量固体污染物沉积在绿地内；生态拦截带是通过恢复灌草系统的建设，拦截地表径流携带的污染物，起到控制与治理缓冲带外围面源污染的作用。

3. 湖滨缓冲带保护与管理

对于现有的自然湖滨带，主要进行保护，降低人为干扰，保证水生植物群落结构的稳定和协调，东江湖湖滨带管理机制建设包括四个方面。

（1）建立专职机构统一管理；

（2）完善湖滨带管理相关法律法规，严格管理；

（3）聘用兼职管理员；

（4）相关部门互相配合。

9.3 本章小结

近年来东江湖经济发展较快，随着经济发展的需要和人类活动的干扰，东江湖流域部分区域缓冲带被破坏，水土流失较严重；基岩岸段缓冲区较窄，湖浪冲蚀岸壁的缓冲带区域，其湖岸土地及生态群落已遭受一定程度的干扰和破坏，以村落、农田等为主要土地利用形式的缓冲带，受强人为干扰，其物理基地和生态群落已遭受严重干扰或破坏。因此，对于东江湖流域及湖滨区生态建设，应从流域出发，以绿色和协调发展为理念，根据东江湖湖滨缓冲带现状，对于现有的自然湖滨带，主要进行保护，降低人为干扰，保证水生植物群落结构的稳定和协调。同时，采用多种适用工艺，结合不同湖滨的地理位置、使用功能及地形地貌等特征对东江湖最高蓄水水位线以上 200 m 陆域范围内及外围建立流域经济发展区与自然湖泊间的过渡区，构建湖泊缓冲带，有效拦截净化陆域污染，减缓人类开发活动对湖泊的压力，保护湖泊生态环境质量。

以绿色经济发展、生态修复及污染控制为主要手段，分别构建内圈禁止发展带、中圈过渡带和外圈发展带。通过三圈空间格局构建，实现技术减排、结构减排及管理减排的有机结合，最终有效控制东江湖入湖污染负荷，修复其退化生态环境，逐步恢复湖滨缓冲带健康的生态系统。最终实现去除缓冲带人为干扰及各种不合理侵占，改善或恢复重点或主要功能区的自然景观及功能，实施修复东江湖缓冲带生态结构和功能，使其生态环境与自然景观有明显改善。

对东江湖环湖岸区和丘陵地带，采用工程措施与管理维护相结合，水利工程与生态修复相结合，坡田改造与种植结构调整相结合。对湖滨缓冲带 100 m 内的各种建筑物进行逐步拆除，退田退房还湖还湿地。采用植被修复、陡岸修复、生态透水植被带恢复等技术与工艺构建缓冲带；加强湖滨带保护与管理建设。

第 10 章　东江湖水生态保育与应急处理

作为珍贵的生态自然资源的水是支撑地球生命系统的基础。健康的水生态系统不仅可保持其结构完整性和功能稳定性，且具有抵抗干扰、恢复自身结构和功能的能力，并能够为流域提供合乎自然和人类需求的生态服务。东江湖水质虽然总体较好，但主要生物类群已经发生了变化，水生植物群落总体分布范围小且狭窄，生物多样性降低。伴随东江湖流域渔业开发加速，大量剩余饲料、鱼类药物、粪便等排泄物和死鱼腐烂等污染水质。加上人类活动污染、植被枯枝落叶等自然有机物流入及湖滨区人类活动频繁，致使东江湖生态系统结构与功能成效受损，枯水季节部分水域甚至出现富营养化现象；特别是针对东江湖水污染突发事件，应急处理能力还比较薄弱。因此，提出东江湖水生态保育方案，保护与修复水生植被，调整优化渔业结构，发展生态渔业模式，加强水生态系统管理保护，并制定水污染应急处理预案，对东江湖保护治理具有重要实际意义。

10.1　东江湖水生态状况及生态保育总体思路

东江湖虽然水质总体较好，但就浮游植物、底栖动物及鱼类等生物类群来讲，已经发了较大变化，水生态系统已呈现退化趋势。保护东江湖水环境，对其生态系统来讲，急需实施保育措施，通过植物修复及鱼类调控等措施，保育东江湖水生态系统。本研究基于东江湖水生态系统调查和资料梳理，试图提出水生态保育总体思路、目标及重点内容等，指导东江湖水生态保育。

10.1.1　水生态状况

1. 水生植物群落物种组成单一，生物多样性较低

东江湖部分区域水土流失、重金属污染及周边民众引起的生活污染等问题较严重，导致其湖岸土地及生物群落已遭受一定程度的干扰和破坏，其主要生物类群已经发生了变化，如藻类生物多样性下降，浮游动物呈现小型化。总体上水生植物群落分布范围小且狭窄，植物物种丰富度低，物种组成单一，生物多样性较低。

2. 网箱养殖过度，渔业管理薄弱

随东江湖流域渔业开发加速，尤其网箱养殖效益好，网箱养殖人员多，养殖秩序较为混乱，大量剩余饲料(包括粉状饲料)、鱼类药物、粪便等排泄物和死鱼腐烂等污染水质，且渔业养殖管理薄弱，渔业捕捞队伍及渔民的环境意识较低，对东江湖水质保护威胁较大，东江湖鱼产业开发与水环境保护形成了比较尖锐的矛盾，渔业养殖发展模式急待完善。

3. 人为活动较剧烈，水污染应急处理能力弱

随着东江湖流域经济发展需要，人类活动加剧，农业面源污染问题日渐严重，人类活动产生的污染及植被枯枝落叶等自然有机物输入，致使东江湖生态系统结构与功能受损，部分水域在枯水季节甚至出现富营养化现象；对水污染突发事件，目前尚未有相应应急措施，处理应急突发事件能力还比较薄弱。

4. 水源保护区周边人为活动频繁，对水质造成威胁

东江湖是国家 5A 级旅游景区，东江湖水体及沿岸分布了许多优美景点，如雾满小东江、龙景峡谷瀑布群、兜率灵岩溶洞等分布在一级水域保护区和一级陆域保护区。此外，开建的饮水工程取水口附近也存在日接待游客达万人的客运码头，客运码头上游区域还分布着数十家农家宴餐厅；同时，餐饮、油船、旅游等排放的污染物也给一级保护区水质安全带来隐患。

10.1.2　水生态保育总体思路及目标

1. 总体思路

对东江湖“贫营养”类湖泊的水污染防治与保护工作，湖泊水体应以保育为主，而不要轻易采取工程措施，因为此类湖泊水质总体很好，水生态健康。通过建立水生植物保护区和修复水生植物，调整优化渔业结构，提高东江湖生物多样性，提升水体生态系统功能，兼顾湖面保洁和管理，保持和维护湖面清洁，防治污染物进入东江湖，结合水生态监测，全面掌握东江湖突发性的水污染原因，做好应急对策，进一步维持和保护东江湖水生态系统健康，通过饮用水水源保护区环境综合整治，合理布局东江湖水源地及周边产业，加强水源保护区风险防范与应急处理能力等保护建议措施，进一步加强饮用水水源保护力度，提高饮用水水源地水环境质量，从而确保水源地生态系统良性循环和饮用水安全。

东江湖水生态保育方案思路见图 10-1。

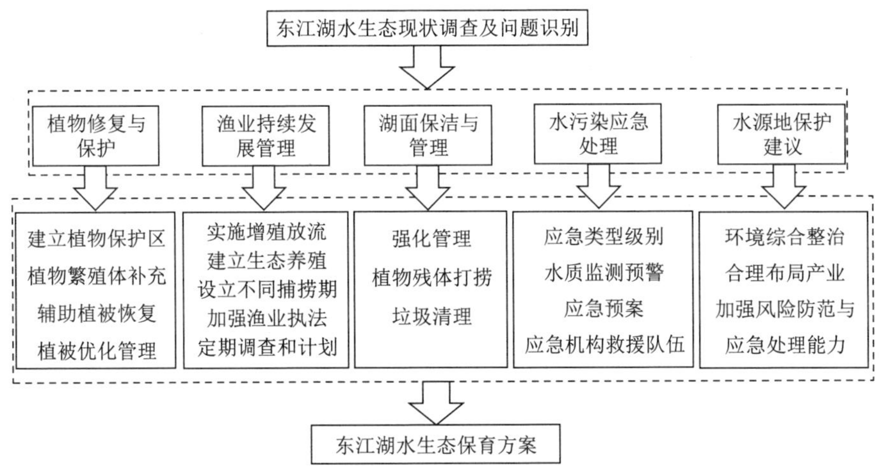

图 10-1　东江湖水生态保育方案思路图

2. 总体目标

通过保护修复水生植物，实施渔业结构优化调整，提高东江湖生物多样性，提升水体生态系统功能；实施湖面保洁、管理和突发水污染事故应急处理等措施，进一步提高东江湖水生态系统保障水平。

此外，通过对饮用水源地实施一系列严格的保护措施，提高饮用水水环境质量，确保饮用水安全。

10.2　东江湖水生态保育

东江湖水生态系统虽然呈现退化趋势，但其水生态状况总体仍然较好，目前尚处于可通过实施生态保育措施逐步修复的阶段，水生态保育是东江湖保护治理的重要内容和特色，也是重点任务之一。本研究试图从水生植被修复与保护、可持续渔业模式优化调整及湖面保洁与管理等方面探讨东江湖水生态保育问题，以期支撑恢复东江湖健康生态系统。

10.2.1　水生植被修复与保护

水生植物是浅水型湖泊生态系统的重要组成部分，因其独特的空间结构，可为鱼类提供食物及繁殖栖息场所，有利于维持和提高湖泊生物多样性和生态系统的稳定性；大型水生植物区可减小风浪扰动，抑制湖泊沉积物的再悬浮、改善沉积物的特性、吸收一定数量的水体污染物，从而减少营养盐向上覆水中释放。因为水生植物的生命周期比藻类长，氮、磷在其体内的储存比藻类稳定，所以可通过在富含氮、磷等营养物质的湖水中种养水生植物，达到使湖水脱氮除磷的目的。

目前，在东江湖实施大规模的水生植被修复或恢复，特别是沉水植物恢复基本不具备条件，可选择合适水域开展试验示范，在突破东江湖水生植被修复或恢复技术难点后，可通过实施生境改善等相关工程措施，为东江湖水生植被修复创造条件。在条件具备后，可根据具体情况实施推进。但是就目前来讲，虽然不宜在东江湖开展大规模的水生植被修复，但可针对建立植物保护区和划定区域进行水生植物修复等方面开展工作，可为后续的东江湖水生植被修复提供基础。

水生植物修复与保护设计详见图 10-2。

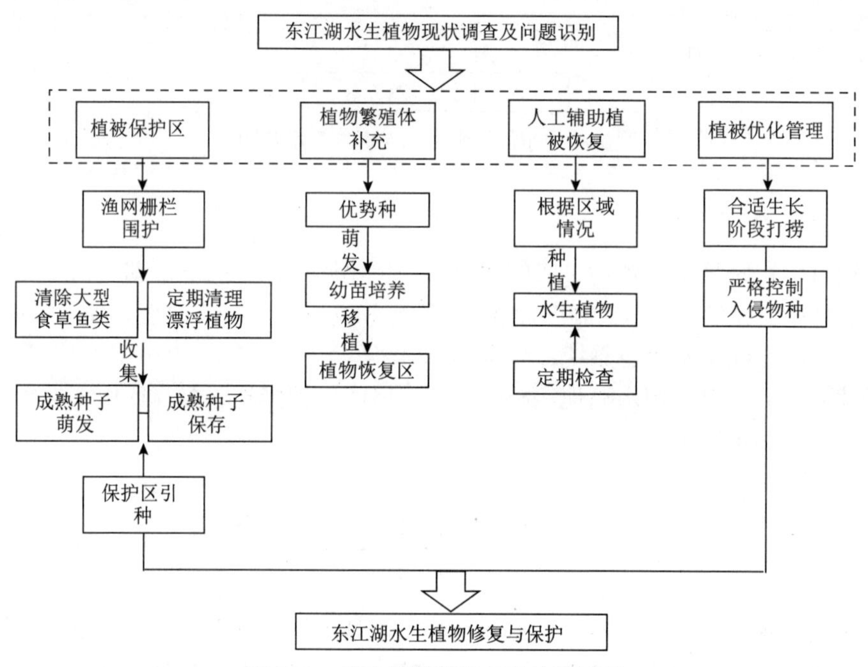

图 10-2　水生植物修复与保护设计图

1. 建立水生植被保护区

水生植被保护区应具备风浪影响较小，底质坡度平缓，水位变化不大，人类和渔业活动干扰较小，物种资源基础较好等特点。湖湾是建立保护区的首选地点，如东岸白廊湖滨等人为活动较少的平缓湖滨区，均存在从远湖端至湖泊浅水处方向保存较完好的演替分布，湿生植物带—挺水植物带—浮叶、沉水植物带，加强植被多样性高、生物量大的浅水湖湾区保护与管理，防止重点区域植被退化；建立有效的反馈机制和应急措施；保护东江湖湿地植物敏感种和特有种，提高重点区域湿地植物物种多样性。

在不影响景观的前提下，通过渔网或栅栏将需保护水域围起来，将保护水域的大型草食性鱼类清除出去，并安排工作人员定期清理漂浮植物。每年收集保护区内各物种的成熟种子，在幼苗培养基地培养至成年株进行补充栽种，以逐步扩大保护区范围，将另一部分种子作为种子资源保存于繁殖体保藏设施。每年分两次（春秋两季）从附近水体中采集东江湖缺少的沉水植物的繁殖体与幼苗，向保护区引种，以丰富东江湖水生植物资源，显著提高东江湖整体的物种多样性水平。

2. 沉水植物繁殖体补充

选择东江湖沉水植物优势种作为繁殖体主要修复对象，温室中将繁殖体大规模萌发，于幼苗培养基地预培养，待植株具有较强的存活能力后投放到植被修复区，结合春季水位优化运行措施，逐步恢复东江湖沉水植物种群规模。

3. 人工辅助沉水植被恢复

优先选择底泥黏固性好，透明度高，水位较浅（2.0 m）的区域种植耐污且鱼类不喜食的水生植被如狐尾藻，再根据区域水动力情况，选择合适机械力学的水生植物栽种如狐尾藻、篦齿眼子菜等茎机械性能较高的物种，而轮叶黑藻、单果眼子菜、小眼子菜等的机械性能则弱。在秋冬季则可种植菹草改善水质和底泥，利于春夏季其他植物种类的生长。在水浅库湾区，种植一定量的水草也是限制东江湖水体富营养化的又一措施。另外，在旅游景点或投饵网箱四周等区域设置水生植物浮床或鱼菜共生设施，来吸收 N、P，净化水质，减少外源性污染，增加水体溶解氧。对种植区域定期检测水质、底泥及种植植被的生长状况，尽可能地使其完成生活史，以达到水生植被的可持续生长。同时禁放草鱼等草食性鱼类，保护东江湖现有水生植物，有效削减外源营养物质负荷，也兼顾内源营养盐治理。

4. 实施沉水植被优化管理

机械损伤不利于处于水位胁迫、水华胁迫下水生植被的生长和繁殖；也会有损处于成熟期水生植被种子及根状茎等繁殖器官。从水生植被生长、繁殖及移出污染物等角度综合考虑，建议在合适生长阶段实施适量打捞等管理活动，尽可能保留种子和能量贮存器官，严格控制入侵物种。

10.2.2　可持续发展的渔业模式

渔业生产是自然界物质与能量循环的一部分，合理生长的鱼类种群结构有利于水体生态系统从藻型向草型转变，从而提升水体生态系统，改善水质的功能。因此，通过科学的渔业生产，调节渔业结构能进一步保护和改善东江湖水质。同时，从提高东江湖生物多样性、维持东江湖水体生态系统完整性和健康的角度，亟须实施长效管理机制。

渔业可持续发展管理机制设计图详见图 10-3。

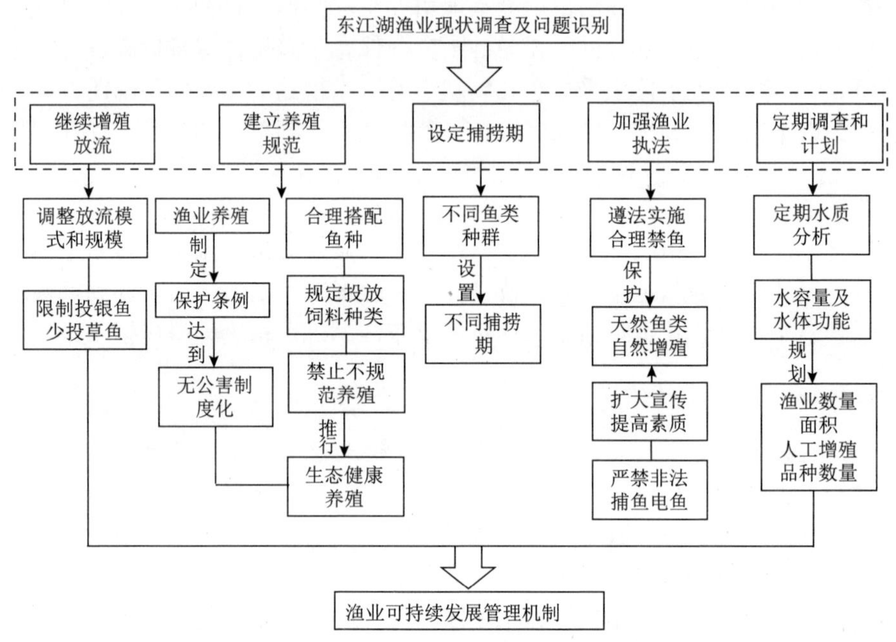

图 10-3 渔业可持续发展管理机制设计图

1. 继续实施渔业增殖放流，完善人工放流模式

基于自 2008 年以来实施的东江湖渔业人工增殖放流，在今后的 5～10 年继续实施增殖放流；根据东江湖水环境变化特征，适时调整放流模式和放流规模，例如，可以考虑鱼类生长速度、水体深度及捕捞因素，可投放一定数量的滤食性鱼类，鲢、鳙为主要放流品种，限制投放银鱼，尽量少投放草鱼等草食性鱼类，同时可补充放流黄尾密鲴、细鳞斜颌鲴、鲤鱼、青鱼、三角鲂等品种。黄尾密鲴、细鳞斜颌鲴以刮食水中腐殖质、有机碎屑为主，鲤鱼摄食底栖生物，青鱼摄食螺、蚬、蚌类，三角鲂摄食水生植物、水生昆虫和软体动物。这些放流品种不但能有效地净化水质，改善水体环境，而且经济价值较高，能有力地促进渔业产业发展。保护东江湖现有水生植物，有效削减外源营养物质负荷，也兼顾内源营养盐治理；根据市场要求及资金状况，适当调整投放鱼类品种大小和数量；因个体大的鱼种体质相对强、成活率高，所以放养鱼种规格应略大些，一般宜选择 5～200 g/尾。同时，不断地完善放流模式，保持渔业的可持续发展。

2. 建立生态渔业养殖技术规范，实行无公害养殖

针对东江湖鱼类养殖制定渔业环境保护条例，实行水产养殖准入制，达到无

公害养殖规章制度化，合理搭配放养鱼类品种，禁止使用化肥养鱼及严禁不规范的养殖企业进入等。同时，可以通过推广生态健康养殖，合理密养，减少耗电耗能以减排，禁止使用生鲜饲料，促进东江湖无公害渔业可持续发展。

3. 设立不同捕捞汛期，合理利用东江湖渔业资源

目前，东江湖规定每年的 4 月 1 日至 6 月 30 日为东江湖禁渔期，该期针对所有鱼类的捕捞，在一定程度上削弱了东江湖渔业资源的开发利用。同时，不利于调控东江湖水生态系统的自净能力。因此，应设立不同的捕捞汛期，针对不同的鱼类种群或渔业资源设置独立的捕捞汛期，有利于调控东江湖不同优势鱼类的种群结构，实现东江湖渔业资源利用的最大化。

4. 加强渔业执法，规范渔业捕捞队伍

遵循国家《渔业法》和《东江湖流域渔业资源管理办法》实施合理的禁渔期，保护东江湖天然鱼类的自然增殖。扩大执法宣传，提高渔业捕捞队伍人员的素质，自觉遵守不同汛期使用不同的渔具进行作业。严禁非法捕鱼、电鱼或毒鱼等作业行为，加强渔业执法，规范渔业捕捞队伍，提高渔民的环境意识，防止酷鱼、滥捕，有效保护渔业资源。

5. 实现渔业可持续发展

鉴于东江湖外源性营养量的不确定性，定期开展调查，定期进行水体渔业水质分析，包括 TN、TP、初级生产力的调查。根据环境水容量和水体功能要求等，重新规划渔业数量及面积、人工增殖放流品种和数量，坚持开展效果评估，及时检查生态养殖状况，支撑实现渔业可持续发展。

10.2.3　湖面保洁与管理

湖面保洁与日常维护是东江湖水生态健康的重要方面，重点是清除湖面垃圾、降低人为活动对湖滨带、鱼类及水生植被等的影响。

1. 强化管理，降低人为干扰

湖滨区村落较多，村民出入湖滨带现象较频繁，在湖滨带内预留出入通道，加强管理，禁止在湖滨带内搭建临时性居所。加强湖滨带与近岸水域的管理，对占用湖滨带进行耕种、放牧等侵占湖滨带的行为应该坚决制止。实行分段责任制，安排专人进行维护和管理，对于游客进入湖滨带随手丢弃垃圾、破坏湖滨带植被的行为应加以劝阻，并及时恢复植被。

2. 植物残体的打捞

及时清理湖滨带枯枝败叶、死亡植物及水生植物收割残体，防止二次污染。

3. 垃圾清理(近岸水域)

加强湖滨带生活垃圾清理，加强近岸湖面清洁，还应注意与河管员、各村保洁员合作，及时清运湖内生活垃圾，保证东江湖湖面清洁卫生。

10.3 东江湖水污染应急处理

伴随经济社会快速发展，目前我国正处于环境事故高风险期，环境事故风险较大且频发，而应对措施及应急预案明显准备不足。鉴于东江湖水环境保护压力及水资源保护的重要性，急需提出针对水污染事故的应急措施建议及应急预案，重点是明确总体要求，提出针对水污染事故的应急预案，特别是要提出水污染事故应急需求及措施建议等。

10.3.1 总体要求

在东江湖湖区附近建立生态灾害应急监测点，参考《突发环境事件应急监测技术规范》(HJ 589—2010)，结合突发事件的类型和发展趋势，配置相应的监测力度、监测设备，快速监测所需水质数据、信息等，建立水质监测与预警平台，为更好地开展应急工作提供决策依据，对水环境的突发性污染事故做到防患于未然。常年设定东江湖水污染突发环境事件应急指挥部，负责领导、组织和协调东江湖涉及突发水污染事件应急工作。针对突发水污染事件，组建应急管理机构及应急事件处理专家组，确定应急类型及应急级别，制定相应应急预案和处理措施。

应急指挥部具体职责为组织指挥各方面力量处理影响水污染的突发环境事件，统一指挥事件现场的救援，控制事件的蔓延和扩大；向上级应急机构报告水污染突发环境事件应急处置情况，发布水污染突发环境事件预警级别和处置命令，启动相关预案或采取其他措施；负责指挥、调度及调动警力、民兵及相关部门、企事业单位等社会力量，共同做好应急救援工作；决定对水污染突发环境事件现场进行封闭和对交通实行管制等强制措施。东江湖水污染应急处理设计图详见图 10-4。

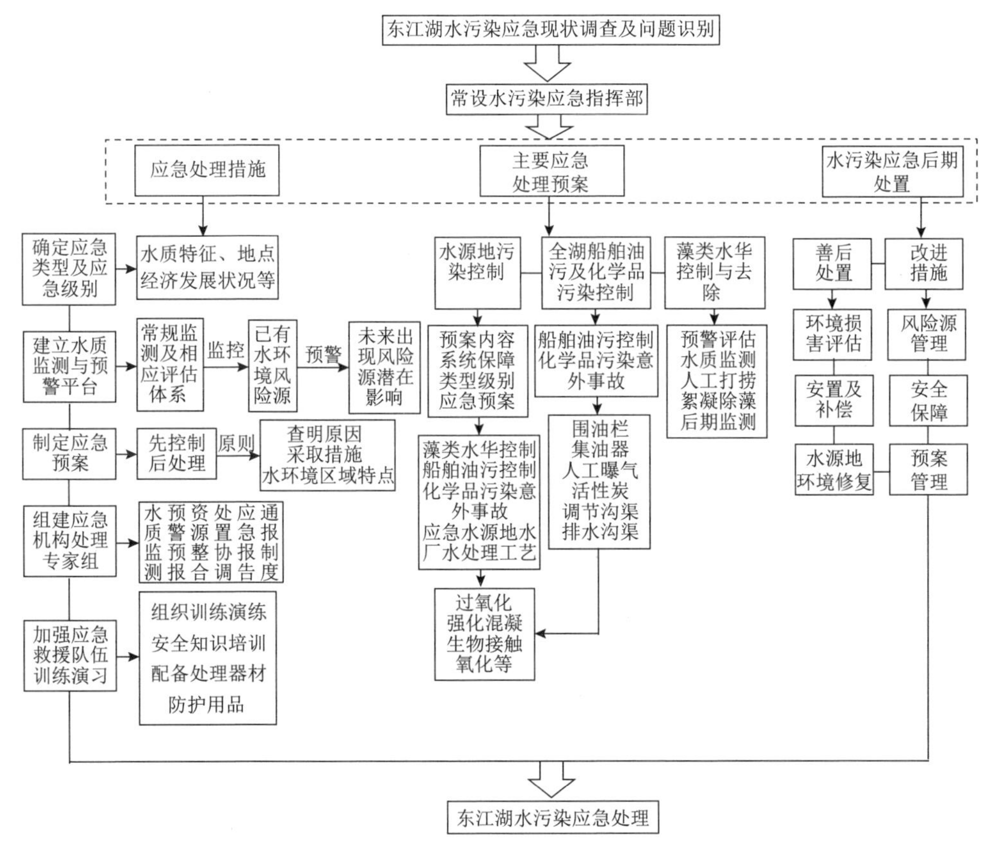

图 10-4　东江湖水污染应急处理设计图

10.3.2　应急处理措施

1. 确定应急类型及应急级别

针对东江湖水质特征、地点、所在地区经济发展状况与经济发展模式等，确定东江湖水污染应急类型与应急级别。

2. 建立水质监测与预警平台

提高水质自动监测和实时监测的能力。依靠常规监测为主体的日常环境监测及相应评估体系，对已有水环境风险源加以监控，充分考虑未知及将来可能出现的风险源造成潜在影响，做好应急预警，建立水质预警服务数字化监测系统、预警信息管理系统等技术依托平台，建立信息传递、技术资料提供、应急指挥、报警服务等高效、快捷的信息共享、反馈、发布系统，做好技术支持保障工作，对水环境突发性污染事故做到防患于未然。

3. 制定应急预案

迅速查明事件原因，果断采取处置措施，防止污染扩大，尽量减少污染范围。根据水环境区域特点，确定事故响应级别，制定事故应急预案。应急预案的主要内容应是事故应急处理方案，并根据需要清理危险物质的特性，有针对性地提出消除环境污染、恢复环境质量的应急处理方案。

4. 组建应急管理机构及应急事件处理专家组

建立应急管理机构，负责日常水质监测、预警预报，由环境监测部门代为负责，出现紧急突发事故时由政府相关部门组织建立应急指挥小组。应急指挥部应对资金、物资、人员、信息、技术等资源整合，做到调动迅速，有序，明确职责，妥善协调参与处置突发事件有关部门或人员关系。建立应急情况报告，通报制度，建立准确、透明、适度、科学的突发事件信息发布制度。

5. 加强应急救援队伍的训练和演习

为提高预案的科学性、系统性、实战性和有效性，由指挥部牵头，组织有关职能部门、企业对专业救援队伍组织训练和演练。对船只的驾驶员进行有关安全知识培训，驾驶员、船员、装卸管理人员必须掌握石油类泄漏等的安全知识，持证上岗，配备必要的应急处理器材和防护用品等。

10.3.3　应急处理预案

应急处理预案根据容易发生情况和重点区域，分为水源地污染控制预案、全湖船舶油污及化学品污染控制预案、藻类水华控制与去除预案。

1. 水源地污染控制预案

针对目前东江湖集中式饮用水水源地保护的应急能力比较薄弱的状态，加强环境事故风险的防范能力，避免或防止饮用水水源地污染，以预防为主，充分考虑潜在的突发性事故风险，制定不同风险源的应急处理处置方案，形成应对突发事故应急处理处置能力，保障居民生活的用水安全。

应急能力建设目的表现在两个方面，其一是通过在日常饮用水水源地水质管理中实施污染控制措施，降低饮用水水源地污染事故发生概率；其二是一旦发生污染事故并造成或可能造成饮用水水源地水质污染，可有计划应对，最大程度减小污染事故危害，并及时进行水环境修复。

1）预案内容

预案内容包括5个部分。

（1）确定应急类型及应急级别。针对东江湖饮用水水源地水质特征与所在地区经济发展状况等确定东江湖饮用水水源地应急类型与应急级别。

(2) 建立水质监测与预警平台。依靠常规监测为主体的日常环境监测及相应评估体系，对已存在水环境风险源加以监控，并充分考虑未知及可能风险源造成的潜在影响，对水源地保护区突发性污染事故做到防患于未然。

(3) 提高饮用水水源地水质监测能力。做好水质监测，提高饮用水水源地水质自动监测和实时监测能力。建立饮用水水源地预警服务数字化监测系统与预警信息管理系统等技术依托平台，建立集信息传递、技术资料提供、应急指挥与报警服务等于一体的高效、快捷信息共享、反馈及发布系统。

(4) 制定应急预案。根据东江湖饮用水水源地特点，确定事故响应级别，制定应急预案。应急预案主要是事故应急处理方案，根据需要清理危险物质特性，针对性地提出消除环境污染、恢复环境质量的应急处理方案。

(5) 组建应急管理机构。负责日常水质监测及预警预报等工作，可由环境监测部门代为负责，出现紧急突发事故时由政府部门组织建立应急指挥小组。根据东江湖水源地保护区周围经济发展、地形、交通、水质等特点，判定可能发生的污染事故类型，针对性建设并储备应急装备。主要包括购买捞藻船等设备，针对可能的燃油污染购置相应拦油、除油设备设施及试剂等；针对可能发生的突发性翻车或意外事故导致的污染物而进行活性炭等应急材料储备。

2) 应急系统建设及有效运行保障

为使突发性污染或事故应急系统有效运行，需要进行应急系统建设，包括应急管理机构组成和设置、监测预警机构的建立和完善及相应的应急能力的建设等，例如，专业藻类清捞船只的购置等，并同时需要做好以下保障。

(1) 资金保障。突发污染事件应急处理所需经费，包括设备、专业清捞船、交通车辆、应急咨询、应急演练、人员防护设备与应急运行经费等。

(2) 应急队伍保障。应急队伍组建应包括环保、公安、卫生(疾控)、水利、安全生产监督管理、交通、信息、后勤保障及责任部门单位等，形成应急监测网络和应急救援体系；指挥部牵头，组织有关职能部门、企业对专业救援队伍和预案组织排练和预演，确保事件发生时，能迅速控制污染，减少人员、生态、经济活动及水源地危害，保证环境恢复和用水安全。

(3) 装备保障。加强对重金属、石油类、危险化学品检验、鉴定、监测设施设备建设，增加应急处置、快速机动和防护装备物资储备，包括清污、除油、解毒、防酸碱，以及快速检验检测设备、隔离及卫生防护用品等。

(4) 制度体系保障。根据国家有关法律法规，按照不同应急级别建立完善的饮用水水源地污染事故应急预案，同时应明确责任人、责任单位，并在保障公众人身安全的前提下，充分发挥公众参与力量。

(5) 科技保障。加强科学研究和技术开发，采用先进的监测、预测、预警、预防和应急处置技术及设施，提高应对事故的科技水平和指挥能力。

3) 应急类型与级别

根据东江湖集中饮用水水源地特点，分成常规污染型和突发事故型两种应急类型，前者主要包括水华暴发与堆积、船舶油污染；后者是化学品等可能污染物因翻车或意外事故等流入水体而造成的水源地无法正常供水。

应急预案级别分成 3 等，预警等级越高，预案措施则要越周密完备。

基本应急状态(一级：黄色)：发生事故，对水源地周边水体造成轻微污染，对饮用水源地暂不构成威胁。

紧急应急状态(二级：橙色)：发生事故，已造成水源地周边水体严重污染，但污染未进入保护区，暂不影响水源地取水。

极端应急状态(三级：红色)：发生事故，造成水源地及周边水体严重污染，对居民饮用水水质安全构成严重威胁。

4) 应急预案

水源地容易发生藻类水华与船舶油污染风险，强化应急预案及重要性。

5) 应急水源地和水厂水处理工艺应急准备

建设地下水源应急水源地及东江湖水源地一级保护区，供水水质不能达标情况下，则应考虑启用应急水源，保证群众安全用水。

水厂水处理工艺应急准备可采用以下方法。

(1) 过氧化法。即采用不产生有害副产物或产生安全剂量副产物的化学药剂，对原水进行预氧化处理，该方法可以去除或降低水中有机污染物，如常用的高锰酸钾、臭氧和过氧化氢等强氧化剂。

(2) 强化混凝法。即采用向水中投加过量的混凝剂和助凝剂，提高水体常规处理中有机物的去除效果，最大限度地去除消毒副产物前体物。该法对于污染较轻的水源地和受到藻类水华污染的水源地等经济有效。

(3) 生物接触氧化法。即采用附着在填料表面的微生物对水污染物进行吸附和降解，用曝气方式供氧。填料可采用活性炭、陶粒等高比表面积粒状多孔介质。该方法能够有效去除有机物和氨氮等可生物降解物质。

(4) 活性炭吸附法。即利用粒状活性炭吸附去除水体污染物。可在传统水处理系统之后作为深度处理工艺单元，可与臭氧氧化结合成为臭氧活性炭工艺，也可与生物法结合成为生物活性炭工艺或臭氧生物活性炭工艺。该工艺对有机污染、有毒有害化学物质及藻毒素等均有一定去除作用。

(5) 膜法。即采用微滤膜、超滤膜及纳滤膜等膜滤方法去除水体污染物。一般接在其他处理系统之后作为深度处理工艺单元，以生产优质水。

(6) 紫外线消毒。即利用紫外线光源产生的波长为 200～275 nm 的紫外线杀灭水微生物的消毒方法。该方法不产生任何对人体有害的消毒副产物，是一种高效、经济、安全的饮用水消毒工艺，可作为氯化消毒替代消毒方法。

2. 全湖船舶油污及化学品污染控制预案

近年来湖区旅游人数快速增长，但东江湖数个知名景点，如雾满小东江、龙景峡谷瀑布群、兜率灵岩溶洞等均分布在一级保护区范围，游客排污量增加，以及距离在建饮水工程不足 1 km 的游客码头所存在的船舶燃油污染也给保护区生态环境带来了较大风险。

1）船舶油污染控制预案

普通船舶由于碰撞、搁浅、装卸等，均可能造成燃油污染，石油类污染物排入水体后，会在水面上形成厚度不一的油膜，阻碍了空气与水体之间氧交换，严重影响了水体复氧功能，导致水体中溶解氧浓度迅速下降，影响水体自净能力，石油污染会破坏水体正常环境条件，还可使水质变黑发臭。另外，石油类污染物中的“三致”物质(致癌、致畸、致突变物质)也会被鱼、贝类等生物富集。石油类污染物将会对常规水处理工艺产生一系列不利影响，进而影响出水水质。水体石油类物质不利于常规混凝过程，妨碍已形成的絮体沉降；石油类物质吸附在颗粒表面，阻止砂滤过程的正常进行，降低反冲洗效率，因而常规处理工艺很难将石油类微污染水处理到符合饮用水水质标准；石油烷烃类物质在传统加氯消毒过程中被氧化会产生三卤甲烷类副产物，该类物质大多具有致癌与致突变性。我国溢油事故技术处理工具及手段主要有以下几种：围油栏、集油器、油回收船、吸油材料、凝油剂、分散剂、现场焚烧、微生物降解、沉降处理等。

当发生溢油事故时，首先应采用围油栏及时控制油污染扩散，尽量将污染阻截在二级保护区以外，然后根据污染情况采取相应除油措施去除污染油类。如果污染物已进入水源保护区，则应及时监测水源水质，迅速控制污染的同时，应在水厂采取措施，情况紧急时启用备用水源。

2）化学品等污染物意外事故控制预案

公路运输水体污染物，如化学品车辆翻车倒入湖泊或农用船装载农药、油等发生意外泄漏事故，直接流入湖泊中，造成水体甚至水源地污染。为防止污染物泄漏等事故造成水源地无法供水，公路靠近东江湖一侧建设地下调节沟渠，事故发生时启用调节沟渠，由于公路运输车辆装载量限制，该类突发事故造成污染泄漏的量不会很大。因此，也可利用现有道路两侧的排水沟渠，但应做好防渗设计，防止污染物渗入地下，污染地下水或通过地下暗流进入东江湖。同时，发生泄漏等事故时，可在调解沟渠对污染物进行应急处理处置。根据泄漏物质性质采用解毒、防酸碱、防腐蚀等试剂材料进行处理或采用活性炭吸附去除，同时应进行加密监测，一旦污染物进入水体，则应启动应急水源供水方案，以防止化学品污染对公众安全构成威胁。

3. 藻类水华控制与去除预案

东江湖虽目前水质总体较好，但浮游生物量呈增加趋势，其局部水域可能存在水华发生风险。因此，针对东江湖目前的水质和水生态状况，从东江湖保护和管理的角度考虑，需建立藻类水华应急方案。

1) 水华发生前期的预警与风险评估

根据历史资料和区域水文、水化学及营养负荷等特征，做好前期监测和预警等措施，及时向当地政府汇报情况，作出反应。藻类水华易发季节，应加强这些水域的监测和巡查，及时发现情况并汇报。另外，要及时通知相关政府部门，及时测定藻类水华暴发时的应急预案。

2) 水华暴发时加强水质监测

水华暴发后要求能在短时间能削减藻类，以减小对生态系统的破坏，应做好水质应急监测，藻类易发水域水质动态监测，藻类动态观测及藻华物种鉴定及毒性分析。如果饮用水水源地水质恶化或藻毒素等超标，需提升水厂处理级别或停止供水，通过限量供水或启用备用水源以保障供水安全。

3) 人工打捞应急除藻

水华风险较大区域设置水华藻类打捞点、打捞平台，配备一定数量机械打捞船等打捞设备，培训专职打捞人员；建立应急处理反应队伍。此外，藻类具有高N、P吸收和周转能力，富含植物蛋白、多糖等营养成分，是一种优质有机物料，可把打捞或收集的蓝藻等废弃物加工处理，资源化利用。

4) 絮凝剂应急除藻

经壳聚糖包覆改性黏土絮凝除藻是一种环境友好应急除藻技术。常用絮凝剂有聚合氯化铝(PAC)、聚合硫酸铁(PFS)、氯化铁、改性黏土、蒙脱土、壳聚糖、淀粉、淀粉-丙烯酰胺接枝物、纤维素、粉煤灰超纯磁铁矿粉复配物、活化粉煤灰改性壳聚糖等；常用助凝剂有黏土、粉末活性炭等。

5) 水华发生后期的监测与数据分析

水华发生后，一方面继续跟踪监测，以防藻类水华再次发生；同时，组织专家系统分析水华发生及水质变化与水文气象等相关数据，分析预测东江湖藻类水华发生趋势，为后续管理和富营养化治理提供依据。

10.3.4 应急后期处置

1. 善后处置

事发地县(市)区政府会同有关部门，积极稳妥、认真细致做好善后工作，弥补损失，消除影响，总结经验，进一步落实应急防范措施。

1)环境损害评估

应急终止后，环境应急指挥中心相关成员单位评估事件损害。

2)安置及补偿

事发地政府对事件中伤亡人员、应急处置工作人员和紧急调集、征用有关单位及个人物资及时给予抚恤、补助或补偿；对污染发生地群众经济损失，应根据评估结果给予相应补偿。

3)饮用水水源地环境修复

针对不同水源类型，采取科学有效措施，对污染水源地实施环境修复。

2. 改进措施

环境应急管理办公室根据调查，并总结评估情况，向环境应急指挥中心提出风险源管理、水源地环境安全保障、预案管理等环境安全改进措施建议。在政府统一领导下，相关部门和单位落实各项改进措施。

10.4　本章小结

目前东江湖水质虽然总体较好，但主要生物类群已发生了较大变化。水生植物群落总体分布范围小且狭窄，生物多样性降低；渔业管理薄弱，发展模式有待完善；水源保护区周边人类活动频繁，对水质造成威胁；水污染应急处理预案尚未建立，水污染事故应急能力薄弱。

因此，东江湖水体以保育为主，而不轻易采取工程措施。应通过建立水生植物保护区和修复水生植物，调整优化渔业结构，提高东江湖生物多样性，提升水生态系统功能，保持湖面清洁，防止污染物进入东江湖，结合水生态全面监测，全面掌握东江湖突发性水污染原因，做好应急对策，进一步保护东江湖水生态系统健康，提高东江湖水生态系统安全保障水平。

此外，通过饮用水水源保护区环境综合整治、合理布局东江湖水源地及周边产业和加强水源保护区风险防范与应急处理能力等，进一步加强饮用水水源地保护力度，提高饮用水水源地水环境质量，从而确保水源地生态系统良性循环和饮用水安全。重点做好水源地污染控制预案、全湖船舶油污及化学品污染控制预案、藻类水华应急控制预案。

第 11 章　东江湖流域综合管理

流域综合管理是系统解决流域水环境问题的重要手段，是提供了一种以“生态”的综合方式来解决复杂自然资源管理问题的管理手段和理念。目前，东江湖流域正处于快速发展阶段，经济社会发展势必会给流域生态安全带来较大压力。因此，基于流域综合管理问题诊断，在对东江湖流域污染源综合治理和控制的同时，必须加强流域综合管理，以建设先进的流域水环境质量监测预警体系为目标，整合流域内监测等信息资源，评估现有监测指标，建立健全统一的质量管理体系和协调机制，建立完善的流域生态安全管理机构和信息系统，对湖泊水质、水量及水生态变化实时监控，并采取相应措施；提出基于水生态健康与富营养化防控的流域综合管理方案，最终建成东江湖流域水资源水环境综合管理系统。

11.1　东江湖流域综合管理现状及总体思路

长期以来，东江湖全流域缺乏统一的监管主体、制度和措施，缺乏对矿产开采、船舶排污、水上餐饮与湖区养殖等行为的强制约束，特别是涉及跨行政区的滥采滥挖行为更是较难控制。监管不到位使局部区域植被破坏严重，土壤侵蚀加剧，局部水体内源污染负荷大。本研究针对东江湖流域综合治理存在的问题，确定了总体思路及主要内容，支撑东江湖流域综合管理。

11.1.1　流域综合管理现状

东江湖流域水资源和水环境监管现状和问题包括如下几点。

1. 环境监测能力薄弱，环境监管制度与体系尚不健全

东江湖流域现有资兴、宜章、汝城、桂东 4 个县级环境监测站，监测仪器缺乏、业务水平不高，常规监测频度也仅为每季度一次。各县级监测站监测能力相对偏低，功能单一，实验室能力达不到实验室建设标准要求，监测能力只能反映区域水质状况和一般变化趋势，难以反映严重和突发性水污染全过程，也无法查明其原因，全流域监测技术水平较低。

东江湖作为重要饮用水源地，自动监测能力不足，饮水安全监测预警体系有待完善。水质常规监测点位较少，监测频次较低，特别是对水质和底泥重金属等

指标的监控能力不足，全流域监测预警网络尚未建立。

2. 管理机制不健全，流域水环境综合管理难以到位

东江湖流域涉及一市三县，水环境保护需涵盖环保、水利、林业、农业等各部门。然而，目前东江湖水环境保护局与资兴市环保局合署办公，两块牌子，一套人马，由资兴市政府代管，东江湖水环境保护局还不是一个完全意义上的东江湖流域水环境保护的综合管理机构，而仅是一个功能较弱的水质保护管理机构。该体制难以站在流域全局高度实施管理，从各行政区环境监管能力来看，跨县市区域监督管理能力不足，拥有对四县市水质监测、评估和公布的义务，却没有流域跨县市水环境污染监管权；从管辖专业来看，仅能管辖环保一家，不利于东江湖水环境保护工作的全面开展。另外，管理机构机制的完善建立也成为流域水环境保护面临的重点问题。

3. 生态补偿制度不健全，公众参与保护意识不够

为保护东江湖生态环境，流域大部分区域被列为限制发展区，已经形成支柱产业的湖区网箱养殖必须退水上岸；生猪养殖、农家游、水果种植等被限制发展；生态公益林补偿标准过低，工业发展更是严格禁止，湖区经济价值上千亿元的矿产资源被禁止开发；旅游开发则需要大投入、长周期、高门槛，群众暂时难以受益。为了保护东江湖，有矿不能开，有树不能砍，有水不能养(鱼)，而相应的补偿机制还未完善。湖区居民为生存而破坏环境的现象时有发生。

此外，民众参与东江湖生态环境保护意识不强，公众参与机制不健全，没有突出人民群众在东江湖保护中的主体地位；环境政务信息公开不够，公众参与环境保护的机制有待进一步完善。

11.1.2 流域综合管理总体思路及目标

1. 总体思路

按照“控源和管理”相结合的思路，保护流域水环境；坚持“依法治湖保护优先”为原则，治理和控制流域污染源的同时，开展全流域环境管理；按照“谁开发谁保护、谁受益谁补偿”的原则，建立健全流域生态补偿机制，制定和采取相应管理措施，建立完善的流域生态安全管理机构和信息系统。通过流域污染源控制与环境监测和预警体系建设，结合国家环境保护法律法规和东江湖环境保护条例等，形成流域水环境管理与决策服务信息平台，且对湖泊水质水生态变化实时监控。加大环保宣传力度，提高民众环保意识和参与程度，进一步发挥和强化东江湖保护治理工程的整体性和协同性。东江湖流域综合管理方案具体思路详见

图 11-1。

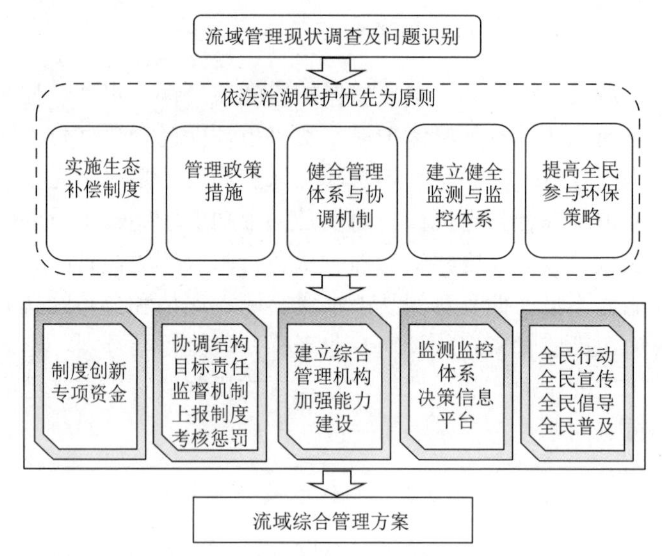

图 11-1　东江湖流域综合管理方案思路图

2. 总体目标

以建设先进的流域水环境质量监测预警体系为目标，整合流域监测等信息资源，评估现有监测指标，建立健全统一的质量管理体系和点位管理制度，完善流域质量评价技术方法与信息发布机制，健全东江湖保护管理体系与协调机制，确定并实施流域综合管理措施。将东江湖流域建成布局合理、覆盖全面、功能齐全、指标完整、运行高效的水环境监测网络和健全的水环境管理体系。

11.2　东江湖流域综合管理主要内容

就目前东江湖水环境保护面临的压力和问题，加强流域综合管理具有重要意义。重点实施生态补偿制度，优化流域管理政策措施，健全东江湖保护管理体系与协调机制，提高湖区居民参与流域保护的意识，建立健全东江湖流域生态补偿制度，妥善解决东江湖保护与区域经济社会发展间矛盾，提升东江湖生态价值。

11.2.1　实施生态补偿制度

就生态补偿而言，东江湖的重点是水资源生态补偿，应包括水资源保护工程投入补偿、水资源保护发展机会损失补偿、水源补给生态效益补偿、洪水调蓄生态效益补偿等。生态补偿制度的建立需要国家和地方出台相应法律和政策。应积极争取将东江湖列为国家生态补偿试点，研究生态补偿标准和实施办法，推动开展上下游水资源生态补偿和自然保护区生态补偿，开展基于生态补偿的财政转移支付制度创新，建立生态补偿专项基金，多渠道筹集经费。

需要把东江湖流域纳入国家级生态环境补偿体系，探索下游向上游补偿机制和政策措施，建立东江湖保护基金，给予东江湖周边群众生态补偿。省政府财政给予东江湖生态专项补偿，纳入省财政年度财政预算。建设东江湖国家环境监控断面，加强环境监测投入，加强监控能力建设。

资兴市是国家林业重点县市，森林蓄积量 1039 万 m^3，森林覆盖率为 69.2%；境内动植物种类丰富，素有基因库之美称。作为湖南省唯一、全国罕见的优质大型水体，东江湖还承担着为下游上千万人口提供饮用水源的重任。国家主体功能区划中，东江湖流域与资兴市接壤的桂东、宜章、汝城三县均列入了南岭山地森林生态及生物多样性功能区，但资兴市不在其列。因此，建议将资兴市纳入南岭山地森林及生物多样性主体功能区，推进东江湖流域生态文明建设。

11.2.2　优化流域管理政策措施

1. 成立领导小组和协调机构

为做好本方案的组织实施，成立以市长为组长、分管副市长为副组长，以及市直相关部门及沿湖三县政府领导组成的领导小组，三县成立东江湖保护治理工程管理局。建立相应的协调机构，由领导小组对各相关部门、各个工程进行分配和协调指挥，形成良性互动的推进机制。

2. 落实目标责任制

建立目标责任制，将东江湖水生态健康及富营养化防控项目逐项分解落实到各有关部门，各项治理工程分别签订目标责任书，责任到人，层层落实，确保各项工程的有效实施和按时完成。

3. 建立项目监督机制和项目推进上报制度

成立监督小组，对各项工程措施实施情况监督检查，严格执行基本项目建设程序，实施项目工程监理，严格控制工程质量，及时发现问题，及时反馈，及时制定应对措施。按照实施方案项目计划表，编制项目进度简报，填报项目调度表。开展定期或不定期监督检查，进行年度定期检查制度。

4. 实行考核惩罚制

建立责任考核机制，将考核结果作为奖罚依据之一。对有效实施并按时完成任务的相关部门及领导给予一定奖励；对因决策失误造成工程未实施或延误的领导干部和公职人员，追究相应责任。

11.2.3 健全东江湖保护管理体系与协调机制

创新机制和体制，进一步加强东江湖流域管理能力。目前在《湖南省东江湖水环境保护条例》及相关管理体制中没有明确省级政府及相关部门的保护职责，《湖南省东江湖水环境保护条例》尚未出台实施办法。省级政府及下游城市群财政相对宽裕却无保护责任，支持力度不够；东江湖流域当地县、市有责任保护，但因财力有限，相对于东江湖保护所需巨大投入而言只是杯水车薪。

同时也体现在管理机构设置方面。虽然郴州市政府根据《湖南省东江湖水环境保护条例》要求，于 2003 年成立了专门的东江湖管理机构——东江湖水环境保护局(副处级)，且按当时的“三定”方案，东江湖水环境保护局与资兴市环保局合署办公(两块牌子，一套人马)，行政上由资兴市代管，业务上由郴州市环保局授权管理，没有上升到省一级管理的层次，甚至市一级管理都大打折扣。因此，无论是管理权限、级别等都与东江湖的重要作用与战略地位极不相称。更为重要的是，从长远来说，郴州市东江湖水环境保护很难履行统一监督管理、执法的职责，更无权到流域内的宜章、汝城、桂东三县进行执法和监督管理。监管上的不统一，在很大程度上影响了对整个东江湖流域的统一执法管理。

因此，需树立流域管理理念，建立流域综合监管系统，实现湖泊流域统一管理，建立行政、监测预警、宣传教育等一体化流域管理机构。为加强部门和区域间协调与合作，建立东江湖保护联席会议机制，负责明确各部门和区域在东江湖保护管理方面的职责；审议和检查各部门和区域在东江湖保护方面的财政预算计划；明确利益分配机制，协调各方利益冲突；实现各部门和区域信息交流与共享。支持郴州市东江湖水环境保护局升级或升格，争取在省部层面实行双重领导，流域内实行统一管理，以加大东江湖保护力度，争取国家层面对东江湖的污染防治和生态建设给予更多财政政策和技术支持，保障东江湖治理成效。

为加强东江湖及流域水环境管理，增强管理的科学性，应加强管理能力建设，主要包括管理硬件建设与管理人才培养等部分。环境管理硬件建设主要指环境监测监察能力建设，包括基础设施建设、普通监测监察车辆、通信设备、计算机、仪器购置等；通过引进、培训等手段培养环境管理专门人才，从事环境管理专门人员每两年进行一次培训；提高从法律法规、行政管理、环境经济等几方面加强环境管理的科技含量。

11.2.4 提高湖区居民参与流域保护意识

湖泊流域管理优化需要流域周边地方政府、企业、非政府组织、居民等相关利益主体的广泛参与，构成社会参与四主体三维立体结构(图 11-2)。居民可选择作为单独个体或者参与非政府组织监督企业生产经营行为和政府生态环境保护公共产品供给行为。政府应坚持贯彻“善治原则”、实现制度创新，建立引导、激励、约束和规范社区参与湖泊流域管理政策体系和法律体系，完善社区居民参与决策和共同治理机制、社区参与保障机制，鼓励、支持社区参与湖泊流域管理。

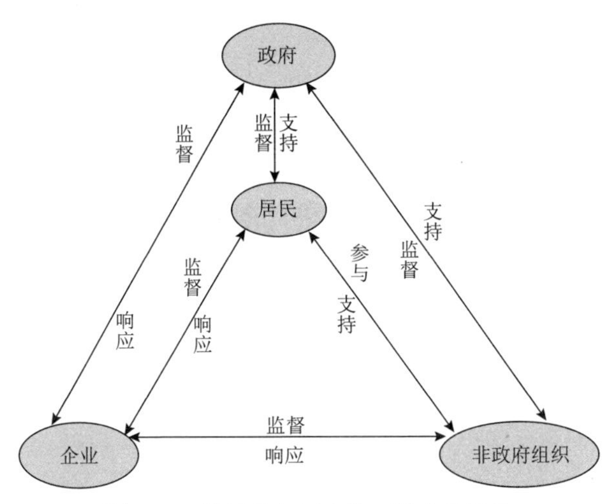

图 11-2　社区参与四主体三维立体结构

激发干部群众居民建家乡、管家乡、爱家乡的热情。建设生态科普教育基地，增强人们生态环境保护意识；狠抓环保教育，融入村规民约，做到全民行动，全民宣传，全民倡导，全民普及。强化公众参与，建立完善社会力量参与东江湖保护治理的机制，加强与社区、民间环保组织和环保志愿者的沟通，引导全社会主动参与东江湖的保护与治理，突出人民群众在东江湖保护的主体地位。

1. 增强民众生态文明意识

积极开展各类环境宣传教育活动，实行环境信息公开，动员各界力量参与东江湖环境保护。大力宣传环境保护的方针政策和法律法规，提高公众的环保意识和法制观念。全方位、多层次推广，建立资源节约型、环境友好型社会要求的生产生活方式。在各级党校、行政院校和大学、中学、小学等院校，开设环境保护课程培训班，提高各级领导干部、企业管理人员树立落实科学发展观和环境与发展综合决策的意识和能力，培育青少年的环境意识。

2. 扩大公众环境知情权

加强环境政务信息公开，利用现代化网络技术，为政府与公众间沟通和互动提供快捷通道，在制定重大环境政策、环境立法、环保规划和建设项目环保审批时，通过听证会和社会公示等形式，广泛征求公众意见，接受社会监督，保障公众对重要环境决策的参与权。定期通过新闻媒体向社会发布环境质量信息，推进企业环境污染和突发性环境污染事故的信息披露，保障群众的环境知情权。

3. 完善公众参与环境保护机制

建立健全公众信息接入与反馈机制，充分发挥环保举报热线，利用官方政务微博、微信等新媒体平台加强政民沟通。拓宽和畅通公众举报投诉渠道，完善公众投诉反馈、处理机制，提高处理效率。完善公众参与规则和程序，采用听证会、论证会、社会公示等形式，听取公众意见，接受群众监督。

11.3 加强科技支撑，建立健全监测监控与流域综合管理平台

伴随技术进步，特别是近年来信息技术和大数据技术等快速发展，流域水环境监测与监控及流域综合管理进入了信息化大数据时代，采用新型传感器、自动测量、自动控制与高性能计算机等高新技术及相关专用分析软件和通信网络等，对流域水环境质量进行实时在线监控与统计分析，彻底改变了传统环境监测手段，基于数据集成与信息管理平台、数学模型应用与地理信息系统，对污染源及环境质量实施长期、连续、有效监测，科学准确、全面高效地监测、管理流域环境状况，包括流域水质、水生态监测监控、流域水环境风险预警评估、水环境遥感监管和流域水环境大数据平台等，支持流域水资源、水环境及水生态等问题诊断与管理决策。目前东江湖流域监测监控及综合管理急需加强科技支撑，建立健全监测监控与流域综合管理平台，推进信息化建设，提升流域监管水平。

11.3.1 建立健全流域监测监控体系

东江湖流域现有 4 个县级环境监测站，监测能力偏低，功能单一。因此，建立健全由流域污染源在线监控、入湖河流水文水质在线监测、农业环境监测体系、流域(陆地)生态监控系统等组成的流域监测与监控体系，时刻掌握流域生态环境状况，以及对东江湖生态系统的影响。

针对监测监控能力不足问题应采取措施，构建东江湖流域生态环境监测与监控体系，主要包括以下部分。

1. 水生态监测

1) 水生态监测要求

(1) 要有足够的样本容量以满足统计学要求。

因受环境复杂性和生物适应多样性的影响，生态监测结果的变异幅度往往很大，要使监测结果准确可信，除监测样点设置和采样方法科学、合理且具有代表性外，要有足够的样本数量，应该满足统计学的要求，对监测结果原则上都需要进行统计学的检验和分析。

(2) 要定期、定点连续观测。

生物的生命活动具有周期性特点，要求生态监测在方法上应实行定期、定点连续观测。每次监测均要保证一定的样本数量和一定的重复性。切不可用一次监测结果作依据对监测区环境质量给出判定和评价。

(3) 综合分析。

对监测结果要依据生态学的基本原理做综合分析。所谓综合分析，就是通过对诸多复杂关系的层层剥离找出生态效应的内在机制及其必然性，以便对环境质量做出更准确的评价。

(4) 要有扎实的专业知识和严谨的科学态度。

生态监测涉及面广、专业性强，监测人员需有娴熟的生物种类鉴定技术和生态学知识。根据国家环保部门的有关规定，凡从事生态监测的人员，必须经过技术培训和专业考核，必须具有一定的专业知识及操作技术，掌握试验方法，熟悉有关环境法规、标准等技术文件。要以极其负责的态度保证监测数据的清晰、完整、准确，确保监测结果的客观性和真实性。

2) 水生态监测指标

(1) 水生生物监测指标。

浮游植物：总生物量(mg/L、cell/L)、优势种名录及生物量(mg/L、cell/L)；浮游动物：总生物量(mg/L)、优势种名录及生物量(mg/L)；底栖动物：重要门类，优势种名录及生物量(mg/L)；鱼类：种类、生物量、鱼龄；沉水植被：面积、分布、种类、优势种及生物量；

(2) 沉积物监测指标。

污染底泥厚度及其分布；沉积物总氮、总磷、重金属等含量；

(3) 监测点布置。

根据东江湖水环境质量及污染负荷现状，在常规水质监测点基础上在湖内另外增加 8 个监测点，如图 11-3 所示。

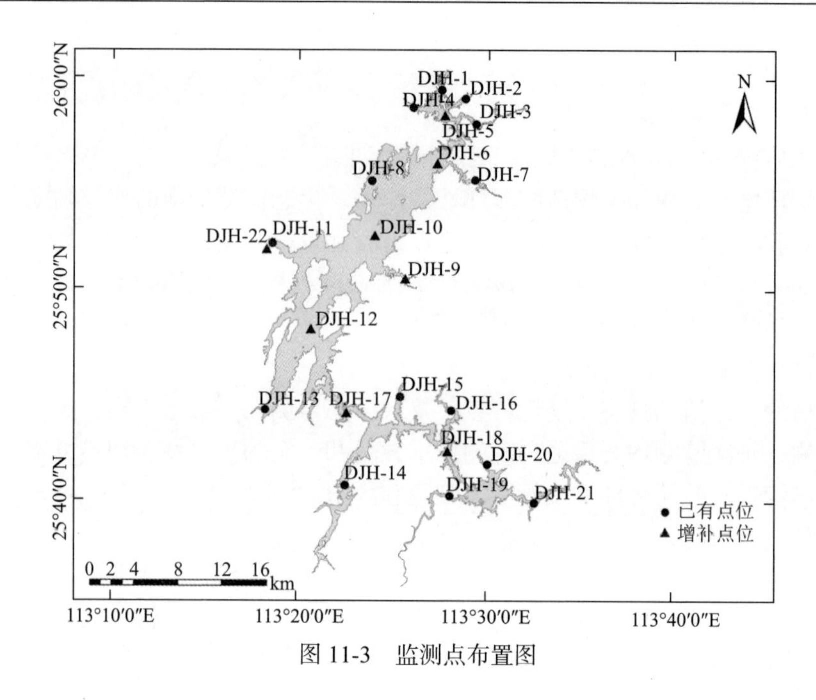

图 11-3 监测点布置图

3）监测频率确定

（1）水生生物监测指标。

浮游植物、浮游动物每月 1 次；底栖动物：每年 2 次；鱼类：每年 1 次；沉水植被：每年 1 次；

（2）沉积物监测指标。

每 2 年一次。

生态监测指标与内容详见表 11-1。

表 11-1 生态监测指标与内容

监测项目		监测指标	监测频度及时间	备注
群落植物种类组成	挺水植物物种特征	样方号，中文名，拉丁名，优势高度，盖度，株数	每年都监测，1 次/3 月	样方调查，每个观测场 2 或 3 个样方
	浮叶/挺水植物带物种特征	样方号，中文名，拉丁名，株数		样方调查，每个观测点 2 或 3 个样方
	沉水植物	样方号，中文名，拉丁名，数量		样方调查，每个观测点 2 或 3 个样方
群落生物量		挺水植物带生物量，浮叶/沉水植物带生物量，浮游植物生物量，总生物量	每年都监测，1 次/3 月	样方调查，每个观测点 2 或 3 个样方

续表

监测项目	监测指标	监测频度及时间	备注
浮游植物	样方号，中文名，拉丁名，数量	每年都监测，1 次/月	样方调查，每个观测点 2 或 3 个样方，水深 3m 以内只取表层样，水深大于 3m 应增加采样层次
浮游动物	样方号，中文名，拉丁名，数量	每年都监测，1 次/月	样方调查，每个观测点 2 或 3 个样方，水深 3m 以内只取表层样，水深大于 3m 应增加采样层次
底栖动物	样方号，中文名，拉丁名，数量	每年都监测，2 次/年	样方调查，每个观测点 2 或 3 样方
鱼类	样方号，中文名，拉丁名，数量	每年监测 1 次	抽样调查
沉积物	总氮、总磷、有机质及重金属含量	每 2 年监测 1 次	全湖布点(监测表层)

2. 流域污染源在线监控系统

对全流域重点污染源(包括工业点源与城市污水处理厂)实现在线监测与实时监控，主要监控指标包括：pH、COD、TN、TP、NH_3-N 等，以及根据工业企业污水水质特点选择有代表性的特征指标(如重金属、有毒有害有机污染物等)，出现事故排放等情况时及时预警。

3. 入湖河流水文水质在线监测

对全流域入湖河流重点断面进行水文水质的在线监测，包括水位、水量、流速、pH、COD、TN、TP、NH_3-N 等。

4. 农业环境监测体系

针对东江湖农业面源污染问题，构建农业环境监测系统，对流域农田废水、农村生活污水、农用废弃物、生活垃圾等进行监测。

5. 流域(陆地)生态监控系统

主要采用遥感与现场监控等手段相结合的方法，对流域水源涵养林、水土流失、土地利用格局、流域植被覆盖与变化情况等进行在线监控。

11.3.2　建设流域综合管理与决策信息平台

流域管理应用先进技术手段是保证管理有效性和实现管理目标的基础，美国流域管理采用了许多现代化手段，主要有地理信息系统、遥感技术、全球卫星定位系统及计算机的普及应用。通过综合运用“3S”技术可以采集、存储、管理、分析、描述和应用流域内与空间和地理分布有关的数据，及时可靠地对流域内资源的地点、数量、质量、空间分布进行精确输入、存储、控制、分析、显示，以作出科学决策，并制定相应的实施措施。

因此，利用先进技术构建东江湖及其流域环境综合管理与决策信息平台，建立东江湖及其流域基础信息数据库，为东江湖的保护与管理提供支撑。该技术的重点是实现海量数据信息快速检索、有效管理与综合解析；集成数据库模块、污染源监控模块、河湖水质预测水华预警模块等，利用开发平台支持软件，集成综合平台支持硬件，建设东江湖流域生态管理综合平台，为东江湖流域水环境智能化和动态管理提供信息化决策支持。

建设基于 GIS 的生态环境保护地理信息系统，应包括环境监测与评价、自然生态保护、环境应急预警预报、水环境管理子系统。

1. 环境监测与评价子系统

利用 GIS 技术可对环境监测实时采集的数据进行存储、处理、显示、分析，实现为环境决策提供辅助手段的目的。该系统直观显示和分析流域水环境现状、污染源分布、水环境质量评价，追踪污染物来源。可结合数字地图查询历年监测数据及各种统计数据，为流域水环境的科学化管理和决策提供科学依据。

2. 自然生态保护子系统

该系统能反映区域高程、坡向、坡度、植被等信息，还可直观反映生物多样性信息、珍稀濒危物种空间分布及变化情况，利用 GIS 比较精确地计算水土流失、森林砍伐面积等，客观地评价生态破坏程度和波及的范围，为开展生物多样性研究、珍稀濒危物种保护及各级政府进行生态环境综合治理提供科学依据。

3. 环境应急预警预报子系统

该系统能够对事故风险源的地理位置及其属性、事故敏感区域位置及其属性进行管理，能提供流域内主要生产、储存、使用危险化学品单位情况，提供污染事故的河流、湖库污染扩散的模拟过程和应急方案。该系统采用 GIS 技术进行污染源搜索和定位，用于出警指挥和导航。

4. 水环境管理子系统

利用 GIS 更加明确地揭示不同区域的水环境状况，反映水体环境质量在空间上的变化趋势。可更加直观地反映如污染源、排污口、监测断面等环境要素的空间分布，还可进行污染源预测、水质预测、水环境容量计算、污染物削减量的分配等，可为水环境管理决策提供多方位、多形式支持。

11.4　本 章 小 结

目前，东江湖流域正处于快速发展阶段，经济社会发展势必会给流域生态安全带来较大压力。而流域综合管理能力薄弱，一是环境监测能力薄弱，二是管理机构管辖权利与管辖专业有限，流域水环境保护综合管理难以到位，三是生态补偿制度不健全，公众参与保护意识不够。流域综合管理是系统解决流域性问题的重要手段。因此，必须加强流域管理，以建设先进的流域水环境质量监测预警体系为目标，整合流域内监测等信息资源，评估现有监测指标，建立健全统一的质量管理体系和协调机制，建立完善的流域生态安全管理机构和信息系统，对湖泊的水质水生态变化实时监控，并采取相应措施；实施基于水生态健康与富营养化防控的流域综合管理方案，进而最终建成东江湖水资源水环境综合管理体系。

流域综合管理应主抓流域生态补偿制度，解决当前东江湖保护与区域经济社会发展之间矛盾；优化流域管理政策措施，落实目标责任制，建立项目监督机制，建立项目推进上报制度，并实行考核惩罚制；健全东江湖保护的管理体系与协调机制，实现湖泊流域的统一管理，建立行政、监测预警、宣传教育等一体化的流域管理机构。此外，提高湖区居民参与保护的意识，激发群众建家乡、管家乡、爱家乡的热情。最后，还需加强科技保障，建立健全监测与监控体系。

第 12 章　对东江湖水环境保护的总体认识

东江湖水污染总体呈现加重趋势，尤其氮浓度不容忽视。流域污染负荷近年来呈现增加趋势，尤以总氮和氨氮增长较快。入湖氨氮和总氮浓度大幅度增加，表明东江湖来水水质下降明显，入湖负荷明显增加，与近年来东江湖周围不断增长的农村生活、农田径流、畜禽养殖等面源污染和城镇生活、旅游发展等点源污染及处理设施效率较低等有直接关系。东江湖水质已由原来主要受上游流域污染排放影响逐步转变为主要受上游来水和湖区周边污染共同影响，与全流域经济社会快速发展与治理措施相对滞后等密切相关。

目前东江湖水生态系统处于健康状态，但已呈现退化迹象，浮游生物变化较大，水生植物群落分布范围小且狭窄，生物多样性较低。生态指标与其他评价指标相比变化较大，受人为干扰影响较大，且管理水平较低，管理能力薄弱。因此，对于东江湖保护和治理，尤其需要高度重视东江湖临湖区污染控制，重点应加强沟渠、村落、处理设施等监管，加大治理力度，进一步加强临湖重点区域、敏感区域污染控制与生态修复，做好断面达标方案，分解落实，确保东江湖水质不下降。同时，需要加强东江湖水污染规律研究，提升保护与治理的针对性，应从全流域角度全面考虑东江湖的保护和治理问题，需进一步加大投入，系统保护。

12.1　转变发展思路，做好顶层设计

我国湖泊水污染治理与富营养化控制发展到今天，过去的实践与教训证明，必须清醒地认识到要想保护好湖泊，必须把湖泊保护和治理纳入区域经济社会发展的总体布局中考虑，必须协调好湖泊保护与区域经济社会发展间的关系。需要从流域和区域层面，做好顶层设计，构建山水林田湖草为一体的生态文明体系。

12.1.1　实施湖长制，做好顶层设计

湖泊保护是我国水污染防治的重中之重，是保障饮用水水源地安全的重中之重，也是给后代留下有价值生态系统的重中之重，坚持以质量改善为核心，撬动全社会力量，把良好东江湖打造成生态文明示范窗口。

实施湖长制，坚持节水优先、空间均衡、系统治理、两手发力，遵循湖泊的

生态功能和特性，建立健全湖长组织体系、制度体系和责任体系，构建责任明确、协调有序、监管严格、保护有力的湖泊管理保护机制，为改善湖泊生态环境、维护湖泊健康生命、实现湖泊功能永续利用提供有力保障。实施湖长制，牢固树立尊重自然、顺应自然、保护自然的理念，处理好保护与开发、生态与发展、流域与区域、当前与长远的关系，全面推进湖泊生态环境保护和修复。

党政领导担当履职是落实湖长制改革举措的关键所在，要把落实地方党政领导责任作为关键抓手。坚持领导带头、党政同责、高位推动、齐抓共管，逐个湖泊明确各级湖长，细化实化湖长职责，健全网格化管理责任体系，完善考核问责机制，落实湖泊生态环境损害责任终身追究制，督促各级湖长主动把湖泊管理保护责任扛在肩上、抓在手上。全面落实湖长制六大任务(图 12-1)。

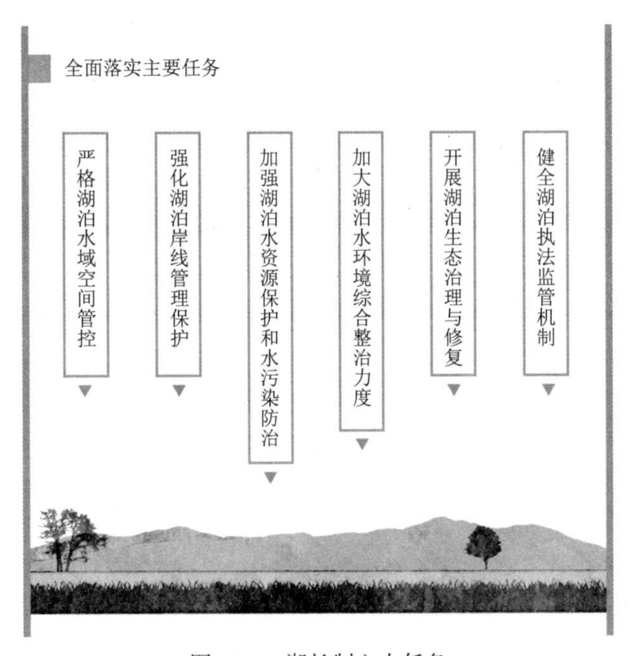

图 12-1　湖长制六大任务

12.1.2　统筹湖泊生态系统治理，优化湖泊保护空间

湖泊保护是责任所在，要树立正确的自然观、世界观和政绩观，平衡和处理好经济发展与环境保护的关系；以环境质量的改善作为检验工作的标尺，把握好质量与总量的关系；严格环境执法，营造公平公正的市场竞争机制；健全生态环境保护制度，让保护者受益、让损害者受罚。

湖泊保护是一项十分复杂的系统工程，要统筹湖泊生态系统治理，充分认识湖泊问题表现在水里，根子在岸上，加强源头控制，强化联防联控，统筹陆地水域、统筹岸线水体、统筹水量水质、统筹入湖河流与湖泊自身，增强湖泊管理保护的整体性、系统性和协同性。各部门共同推进湖泊管理保护工作。

以预防为主，优化湖泊保护空间。预防为主，加强东江湖保护，积极保护生态空间，严格准入标准，严格水域岸线用途管制。深入研究湖泊保护规律，针对湖区不同特质，分区分类研究提出有针对性的保护措施。

严格湖泊水域岸线管控，着力优化水生态空间格局。依法划定湖泊管理保护范围，严禁以任何形式围垦湖泊、违法占用湖泊水域岸线，从严管控跨湖、穿湖、临湖建设项目和各项活动，确保湖泊水域面积不缩小、行洪蓄洪能力不降低，生态环境功能不削弱。强化湖泊岸线分区管理和用途管制，严格控制岸线开发利用强度，最大程度保持湖泊岸线的自然形态。

科学治污，完善湖泊流域生态保护体系。东江湖流域应科学制定“水十条”落实方案，提高方案的针对性和可操作性，脚踏实地推进落实。要加强科技支撑，做到科学决策，实现系统、科学、精细、有效治污，节约时间和资金成本，提高治污效率，增强社会对改善水环境质量的信心。夯实湖泊保护管理基础工作，科学布设入湖河流及湖泊水质、水量、水生态等监测站点，收集分析湖泊管理保护的基础信息和综合管理信息，建立完善数据共享平台。

加大投入，建立湖泊保护长效机制。要强化激励和约束，兼顾社会效应、环境效益、投资效率，把水污染防治资金用在“刀刃”上；要充分发挥市场机制作用，积极吸引社会资本参与湖泊水污染防治工作。

严格执法，加强湖泊保护社会监督。强化湖泊流域行政执法与刑事司法联动，加强环保队伍建设，提高基层监测、执法能力，推动环境守法成为新常态。打击涉湖违法违规行为，依法取缔非法设置的入湖排污口，严厉打击废污水直接入湖和垃圾倾倒等违法行为，坚决清理整治围垦湖泊、侵占水域及非法养殖、采砂、设障、捕捞、取用水等行为，集中整治湖泊岸线乱占滥用、多占少用、占而不用等突出问题。积极利用卫星遥感、无人机、视频监控等先进技术，实行湖泊动态监管，对涉湖违法违规行为做到早发现、早制止、早处理、早恢复。

加强信息公开和宣传教育，构建上下结合、全民行动、共同推进的湖泊流域水污染防治格局。把鼓励引导公众广泛参与作为重要基础，加大新闻宣传和舆论引导力度，建立湖泊管理保护信息发布平台，完善公众参与和社会监督机制，让湖泊管理保护意识深入人心，成为公众自觉行为和生活习惯，营造全流域关爱湖泊、珍惜湖泊、保护湖泊的浓厚氛围。

12.1.3　抓好水资源节约与保护，提升湖泊生态服务功能

着力抓好湖泊水资源节约保护。坚持以水定需、量水而行、因水制宜，实行湖泊取水、用水、排水全过程管理，从严控制湖泊水资源开发利用，切实保障湖

泊生态水量。强化源头治理，加强湖区周边及入湖河流工矿企业、城镇生活、畜禽养殖、农业面源等污染防治。落实污染物达标排放要求，规范入湖排污口设置管理，确保入湖污染物总量不突破湖泊限制纳污能力。

推进湖泊系统治理与自然修复，提升湖泊生态服务功能。开展湖泊健康状况评估，系统实施湖泊和入湖河流综合治理，有序推进湖泊自然修复。开展清洁小流域建设，因地制宜推进湖泊生态岸线建设、滨湖绿化带建设和沿湖湿地公园建设。综合采取截污控源、底泥清淤、生物净化、生态隔离等措施，加快实施退田还湖还湿、退渔还湖，恢复水系自然连通，逐步改善湖泊水质。

12.2　山水林田湖一体化保护与修复，建设绿色流域

流域是具有相对独立的产汇流水循环空间，也是人类生产生活的重要单元。因此，一个流域不仅是一个大的生态空间，也是社会经济活动场所。在这个空间内，人类的社会经济活动必须严格控制在流域资源与环境的承载能力范围内，否则就会出现资源枯竭、环境污染、生态恶化等问题。流域是水循环和人类社会经济活动的重要单元。因此，一个地方要实现绿色发展，要优先从流域视角出发，统筹考虑流域上下游左右岸的水、土、气及生物等诸多资源环境与生态要素，推进山水林天湖一体化保护与修复，逐步建立基于流域的绿色发展模式。

12.2.1　将流域作为绿色发展统筹的基本单元

流域是我们的家园，也是绿水青山和“山水林田湖草”生命体。这个生命体一定要有生命力，处于健康的状态，而不是只有人类活动空间而自然空间全部被挤占和破坏的大开发区。十九大提出“人与自然共生”，与以往提的“共存”或“和谐”有内在和实质性差异，关键词就是“生”，体现了人和自然是密不可分的生命共同体，含义更加深刻。因此，在绿色发展过程中，首先要把一个流域分出人和自然相对独立的空间，即目前正在开展的“三区三线”工作。把流域内的自然空间留足留够，让流域保持水、土、气、生(生物)的良好状况，建设海绵流域，同时严格资源和环境红线管控，给自然不仅留出空间，还要留出水土资源，不能吃光喝净。开展生态海绵型流域建设，要从“流域统筹、分区负责”的角度画好一张流域生态文明建设的图，即按照流域进行“三区三线”及资源环境管控谋划，具体责任分解落实到各市、县、乡、村。在流域内的生态空间划定中，也要在保护主导功能的同时，兼顾自然和人类的相互依存关系。

重视绿色发展的流域评估及补偿激励机制。一个流域是否在生态文明建设方向上取得进步，需要一套系统科学量化的评估体系，需要将责任落实情况进行监

测、评估和考核。将绿色 GDP 纳入社会经济发展综合评估体系，将生态资产损益作为核心衡量指标。将评估结果纳入自然资产审计、干部任用考核等工作。同时，不仅要有惩罚的“大棒”，也要有奖励和激励性的“萝卜”，即对生态保护工作做得好的分区进行生态补偿，从而形成良性的激励机制。

12.2.2　重视流域一张图式的综合管理体制改革

良好的体制机制是绿色发展的强大动力和保障，构建科技含量高、资源消耗低、环境污染少的产业结构和生产方式，大幅提高经济绿色化程度。河长制湖长制是目前水环境方面的生态文明顶层体制设计，对于流域尺度的生态文明及绿色发展来说，也要从体制上深化改革，打破体制瓶颈。东江湖保护就需要从全流域着手，按照分区功能及承载能力，明确不同县乡的绿色发展目标。

流域规划应该作为绿色发展的“一张图”，统筹流域国土开发、水资源利用、环境整治、产业布局、城镇发展、新农村建设等事务。过去流域规划主要是水资源，实际上内涵需要大幅度地扩大和充实，将绿色发展、生态保护作为总纲，全面规划产业布局和管控各项开发活动。绿色发展是生态文明的核心，水、土、气、生等资源环境要素，都应该在流域的空间内进行谋划和保护。

12.2.3　优化调整产业结构及空间布局

经济转型升级可以促进污染物排放强度持续下降。我们正在由过去规模的快速扩张转变成提高质量和效益,这个转变过程会带来污染物排放强度的持续降低。大力优化调整产业结构及空间布局，着力协调经济发展模式，建立适合东江湖保护目标的经济发展产业结构。大力发展绿色经济、低碳经济、循环经济，加快传统农业结构升级和生态化改造，在产业功能发展区规划的基础上，分区制定准入机制，主要针对东江湖临湖区域。合理配置种植业，推动规模化畜禽养殖业发展，禁养区养殖企业全退出，优化畜禽养殖结构及规模，加快湖区网箱养殖退水上岸，大力调整湖周库岸林果开发空间布局和规模，加强生态农业建设。

以循环经济理念和节能减排为目标发展工业，重点对流域水体重金属污染采选矿业进行结构调整和对汊江流域沿河化工企业群的水环境风险布局进行优化。优化工业结构，淘汰落后产能，关停和搬迁湖泊敏感区域污染企业，促进工业结构升级，规模企业入园发展，矿山整合升级，开展生态工业园和两型矿山建设，湖泊上游地区要优先发展高新技术产业或其他无污染或低污染产业，合理布局湖泊流域内的工业园区，鼓励企业实行清洁生产；适度发展低耗材、低耗能、低耗水、少排放或零排放、劳动力密集型的轻型工业，从而有效解决农业劳动力分流和城镇劳动力就业问题。在合理选址基础上，规划布局和建设若干个生态工业小区，引导企业入园发展。同时，通过整合升级培育龙头企业和工业园区建设，规模化、标准化和现代化工业企业扶持政策，高污染、高能耗、高风险企业转产转型，新型产业达标排放、超标严罚、排污收费和生态补偿等监督管理措施，引导流域工业产业结构优化和生产方式的改进。

依托东江湖的旅游资源，在保护环境基础上，根据生态环境承载力，强力调整沿湖旅游业无序、低端发展现状，控制游客数量和规模，优先发展购物、娱乐等高产值低污染的旅游形式，大力发展高端特色生态旅游业的现代旅游服务业，进一步完善流域基础设施配套，推进旅游业与生态农业的产业融合。逐步由传统的观光旅游向以休闲度假旅游为主导的新型旅游产品过渡，打造服务完善、基础配套、人文底蕴较强的东江湖旅游文化品牌。以发展生态旅游为主，带动交通、基础设施、旅游商品开发生产业、服务业等相关产业的发展，构建生态旅游产业链。东江湖流域景观资源和历史文化资源优势明显，需统筹规划，充分引导以生态旅游业为主的综合服务的发展。依托资兴市东江湖库区自然景观带、桂东红色旅游、生态旅游、汝城温泉-休闲度假及宜章莽山景区等特色优势，引导地方交通、住宿、餐饮、现代物流等产业互动，形成特色鲜明的现代化综合服务产业链。形成以生态农业和旅游业、环保绿色产业为主导的发展格局。

12.3　强化污染源综合整治，推进湖滨区生态保护

高度重视东江湖水污染治理问题，深化流域点源和面源污染综合治理，推动流域截污治污，并落实治理措施。在东江湖水环境容量计算及流域生态环境分区的基础上，针对湖泊流域点源、面源和内源等不同污染源，湖泊水污染水平与程度，不同地区、不同行业之间的污染特点和难点，深化流域点源和面源污染综合治理，充分考虑流域禁止开发区及饮用水水源地一级保护区的相关规定，采取分区防治，按照不同区域与水体污染特点和要求，提出相应的防治措施，有针对性地解决湖泊水污染防治的关键问题，有效削减入湖污染负荷。

12.3.1　深化污染源系统综合治理力度

产业结构调整优化和环境保护强化管理基础上，以污染削减和风险防控为目标，对东江湖流域主要污染源分布区域的矿山、化工等典型点源污染实施重点治理；优先开展环湖建制镇城镇污水垃圾处理设施建设；开展环湖农村环境综合整治；开展网箱养殖“退水上岸”工程；推动湖区船舶污染防治。在继续加强环湖和湖区污染治理基础上，将工业、城镇生活、农业农村等污染防控扩展到全流域，从根本上减少污染物产生量和入湖量。另外，东江湖水污染规律已经发生变化，因而需进一步加强东江湖水污染规律研究，从而提升保护与治理的针对性。

12.3.2 加强流域生态建设，着力构建健康生态屏障

大力推进东江湖缓冲带建设与生态修复，加大弃矿区污染控制，加强水土流失控制和水源涵养林建设，修复和提升东江湖生态屏障。对于东江湖流域及湖滨区生态建设，应从流域出发，以绿色和协调发展为理念，根据东江湖湖滨缓冲带现状，对于现有的自然湖滨带，主要进行保护，降低人为干扰，保证水生植物群落结构的稳定和协调。同时，采用多种适用工艺，结合不同湖滨的地理位置、使用功能及地形地貌等特征对东江湖最高蓄水水位线以上 200 m 陆域范围内及外围建立流域经济发展区与自然湖泊间的过渡区，构建湖泊缓冲带，有效拦截净化陆域污染，减缓人类开发活动对湖泊的压力，保护湖泊生态环境质量。

以绿色经济发展、生态修复及污染控制为主要手段，分别构建内圈禁止发展带、中圈过渡带和外圈发展带。通过三圈空间格局构建，实现技术减排、结构减排及管理减排的有机结合，最终有效控制东江湖入湖污染负荷，修复其退化生态环境，逐步恢复湖滨缓冲带健康的生态系统。

去除缓冲带人为干扰及各种不合理侵占，改善或恢复重点或主要功能区的自然景观及功能，实施构建缓冲带生态系统，修复东江湖缓冲带内的生态结构和功能，使其生态环境与自然景观有明显改善。进一步加强重点区域、敏感区域的污染控制与生态修复，做好断面达标方案，分解落实，确保东江湖水质不下降。

12.3.3 优化湖泊水生态调控，着力恢复东江湖生态系统

根据东江湖湖泊生态系统的受损程度，需先编制流域生态修复与保护方案。东江湖湖泊水体应以保育为主，不要轻易采取工程措施，因为此类湖泊水质总体很好，水生态健康。通过建立水生植物保护区和划定区域进行水生植物修复，可为后续的东江湖水生植被修复提供基础，调整优化渔业结构，提高东江湖生物多样性，提升水体生态系统功能，兼顾湖面保洁和管理，保持和维护湖面清洁，防止污染物进入东江湖，结合水生态全面监测，全面掌握东江湖突发性的水污染原因，做好应急对策，优化湖泊水生态调控，着力恢复东江湖生态系统，加强东江湖水体生境改善，促进东江湖生态修复。同时，通过饮用水水源保护区环境综合整治、合理布局东江湖水源地及其周边产业和加强水源保护区风险防范与应急处理能力等保护建议措施，严格保护及管理饮用水水源地，大力提高饮用水水源保护力度和效率，确保饮用水水源地水环境质量。

12.4 提升监管能力与效率，依法监管东江湖

伴随技术进步，特别是信息技术和通信技术等的发展，流域水环境监管日益

呈现信息化、智能化趋势。东江湖流域环境监管能力较为薄弱，急需加强流域生态安全调查，重点调查湖泊流域人类活动影响、湖泊生态系统健康状态、湖泊生态服务功能和人类活动影响调控等方面信息；做好东江湖基础环境信息资料收集整合，提升信息化智能化监管能力，以信息化手段，依法监管东江湖。

12.4.1　做好基础信息梳理，强化流域生态安全调查评估

湖泊基本信息调查应主要包括湖泊水面面积、湖泊容积、出/入湖水量、多年平均蓄水量、多年平均水深及其变化范围、补给系数、换水周期、流域地理位置、所涉及县(市)及其乡镇面积、流域土地利用状况、水资源概况及湖泊主要服务功能等。基本信息调查还应包括流域行政区划图、数字高程图、水系图、地表水环境功能区划图、植被分布图及土地利用类型图等信息。

流域人类社会经济活动是影响湖泊生态环境状况的关键所在。流域经济、社会的快速发展增加了流域污染排放，对湖泊生态环境的变化具有直接驱动力和压力。湖泊流域人类活动影响调查内容应包括社会发展和经济调查。社会发展调查指标包括基准年及以后每年的流域人口结构及变化情况，包括自然增长率、流域人口总数、常住人口、流动人口、城镇人口、非农业人口数量等。经济增长调查指标包括方案基准年及以后每年内国民生产总值、GDP 增长率、人均年收入、产业结构等流域经济发展情况。

湖泊流域污染源调查包括点源污染、面源污染和内源污染调查。点源污染调查包括城镇工业废水、城镇生活源及规模化养殖等。面源污染调查主要包括农村生活垃圾和生活污水状况调查、种植业污染状况调查、畜禽散养调查、水土流失污染调查、湖面干湿沉降污染负荷调查及旅游污染、城镇径流等其他面源污染负荷调查，内源污染调查应明确湖泊内源污染的主要来源。

湖泊主要入湖河流调查主要包括水文参数和水质参数两个方面。水文参数包括流量、流速等；水质参数包括溶解氧(DO)、pH、TN、TP、COD、高锰酸盐指数、氨氮、悬浮物(SS)等指标。

湖泊生态系统状态调查包括水质、沉积物、间隙水和水生态调查。水质调查共涉及采样点数量、采样点布设方法、采样频率和分析测试指标。沉积物和间隙水调查点位可根据水质调查点位设定。水生态调查重点关注浮游植物、浮游动物、底栖生物、大型水生维管束植物，有条件还可调查鱼类。湖泊流域生态服务功能调查应包括饮用水水源地功能、栖息地功能、对污染负荷的拦截净化功能、水产品供给、人文景观功能等。湖泊生态环境保护调控管理措施调查包括资金投入、污染治理、产业结构调整、生态建设、监管能力和长效机制调查。

12.4.2　建立水环境预警监测体系，依法监管东江湖

实施互联网+河湖管理保护行动。以东江湖为核心，针对东江湖河湖水系及生态要素，依托互联网、云计算平台，开展水资源保护、水域岸线管理保护、水污染防治、水环境治理、水生态修复、执法监管、水质监测等运营监管、风险监控与预警。充分开发利用东江湖湖长制信息平台，加强河湖环境治理、维修养护和保洁监管，实施河长巡河定位监控和问题线索处理线上反馈。

构建先进的水环境预警监测体系。优先应用先进技术装备，统筹先进的科研、技术、仪器和设备优势，充分利用全天候、多区域、多门类、多层次的监测手段，及时调动包括高频的数据采集系统、先进的计算机网络支撑系统、快捷安全的数据传输系统、充足的数据库存储系统、功能完备的业务处理系统和及时的监测信息分发系统，科学预警监测和报告，实施联动的预警响应对策。

严格贯彻相关法律法规。基于东江湖水环境脆弱性及水资源保护价值，着力构建监管保障体系，尽快建立健全东江湖水污染治理工程体系和监管体系，加大检查与督办的力度，确保环保设施能正常运行。综合采用行政、法律、经济等手段，确保实现东江湖流域水污染防治的各项目标，负责东江湖治理综合管理决策，逐步理顺东江湖治理的体制机制，落实好东江湖治理的各项措施。

东江湖流域正处于快速发展阶段，经济社会发展势必会给流域的生态安全带来较大压力。治理和控制流域污染源的同时，高水平开展全流域环境监测及综合管理。按照“谁开发谁保护、谁受益谁补偿”的原则，建立健全流域生态补偿机制，建立完善的流域生态安全管理机构和信息系统。通过流域污染源控制和环境监测及预警体系建设，形成流域水环境管理与决策服务信息平台，且对湖泊水质水生态变化实时监控。

以建设先进的流域水环境质量监测预警体系为目标，整合流域内监测等信息资源，评估现有监测指标，建立健全统一的质量管理体系、点位管理制度及数据整合平台，完善流域质量评价技术方法与信息发布机制，健全东江湖保护的管理体系与协调机制和实施生态补偿制度，确定并实施流域综合管理措施。将东江湖流域建成布局合理、覆盖全面、功能齐全、指标完整、运行高效的水环境监测网络和健全的水环境管理体系，实现湖泊水污染防治长效运行机制。

12.5　两手发力，培育东江湖治理和保护市场主体

污染物减排、污染源监控体系建设、污染物减量处理市场化、污水大规模资源化利用是河湖污染治理的四大关键问题，这些问题没有解决好，认识根源在于传统观念根深蒂固，体制根源在于传统做法和计划体制相当普遍，法制根源在于

政策法律不完善。启动流域生态综合治理，提升河湖管理保护水平，流域生态治理、产业发展上有突破，打造河长制湖长制示范河流，推动流域生态治理与地区经济社会发展相互促进。以市场化、专业化、社会化为方向，加快培育环境治理、维修养护、河道保洁等市场主体。

12.5.1　政府引导，推动东江湖治理和保护的市场化

政府一方面要强化河湖管理保护综合执法的模式，进一步探索建立适应东江湖各地实际的河湖生态环境综合执法体制，提高执法效率，加大执法力度。另一方面要利用市场，推动东江湖治理和保护的市场化，着力解决责任主体不明晰、资金保障困难、工作落实不到位等问题，推进河湖管理保护工作健康稳定发展。以规范市场活动为手段，打造政府、企业、社会三元共治共管新格局。

坚持政府引导，企业主体原则。充分发挥市场配置资源的决定性作用，培育和壮大社会第三方服务市场主体，提高社会公共服务效率，形成多元化的河湖环境治理、维修养护和日常保洁体系。推行河湖环境治理、维修养护和日常保洁第三方服务、政府和社会资本合作，引导和鼓励技术与模式创新。强化执法监督，规范和净化市场环境，发挥规划引导、政策激励和工程牵引作用，调动各类市场主体参与河湖环境治理、维修养护和日常保洁的积极性。

适度采取形式多样的政府支持措施，发挥政府资金引导带动作用。各县(市、区)在确定政府与市场边界条件的基础上，将河湖环境治理、维修养护、日常保洁列为各级财政保障范畴。发挥政府资金杠杆作用，采取投资奖励、补助、担保补贴、贷款贴息等方式，调动社会资本参与河湖管理与保护。推动投资主体多元化，吸引资本参与投资、建设、运营和维护。市县财政要下大力整合林业、草原、河湖、水土保持等生态工程项目建设资金，充分发挥政府主导的引领和带动作用，鼓励支持符合条件的企业、农民合作社、家庭农场、民营林场、专业大户等经营主体参与投资河湖环境治理、维修养护、日常保洁等建设项目。建立和完善以政府为主导，包括市场主体在内的利益相关者参与的补偿机制，充分体现“谁开发、谁保护，谁破坏、谁恢复，谁受益、谁补偿，谁污染、谁付费”的原则。

加强融资平台建设。各县(市、区)政府要积极整合资源、资产，加大资本金注入力度，尽快组建投融资平台，将现有水利资源、资产打捆，纳入市水务集团进行融资，用于河湖环境治理、维修养护和日常保洁等。鼓励和支持水利企业通过发行企业债券、资产证券化等方式进行融资。

建立健全激励机制。各县(市、区)在完善收费和价格机制、优先供应用地指标、支持科技创新等方面，侧重向河湖环境治理、维修养护和日常保洁等工作倾斜，以“立足市场发展，营造良好环境”为目的，积极建立健全激励机制。完善

收费机制，征收污水处理费标准不低于国家规定的最低标准，稳步提高城镇、农村生活垃圾统一集中收集处理能力。完善水环境、水生态服务市场化价格机制，在垃圾焚烧处理服务价格、污水处理服务价格、小型水利工程供水价格、农业用水价格、工业用水价格等方面，依据规定全额落实。建立和完善绿色债券市场长效配套机制，以支持绿色债券市场可持续发展，真正发挥资金引导作用。研究制定水资源保护、水环境治理、水生态修复、水污染防治等给予支持用地指标或合理置换等优惠政策。鼓励企业科技创新，落实企业研发费用税前加计扣除优惠政策，不断提升市场主体技术研发、融资及综合服务等能力。

12.5.2 激发市场主体活力，培育社会第三方服务

构建市场化运营模式。大力推行 PPP 模式，各县(市、区)组建融资平台，加大投融资力度，加快河湖水环境治理。在水利设施设备维修养护领域，积极借鉴小型水利工程体制改革经验，以落实管护主体、责任、经费为基础，以创新管理机制为保障，以盘活资源、提升效益为重点，依据工程分类分别采取承包、租赁、股份合作、拍卖和用水合作组织管理等多种管养形式，大力推行第三方维修养护模式。创新河湖维养与日常保洁模式。充分利用好国家、省、市相关政策，将美丽乡村创建、护林防火与河湖维养保洁等任务有机结合，采取政府购买服务、引进社会资本，鼓励和引导贫困人口参与综合服务保障机制。

推行企业综合服务模式。大力推广河湖环境整体服务方案、区域一体化服务模式，政府由过去购买单一项目服务，向购买河湖整体环境质量改善服务方式转变。鼓励企业为河湖管理保护提供定制化服务。

要加快建设市场交易体系。充分发挥公共资源交易平台作用，进一步建立完善排污权、水权、林权等交易制度，统筹自然资源、环境资源的管理，规范市场交易行为；探索实行公共资源的公开竞价及拍卖方式。

依法规范市场秩序。建立健全随机抽查、动态管理的工作机制，强化市场执法监管，重点加强水环境基础设施项目招投标市场监管，依法清理有悖于市场统一的规定和做法。建立健全联合激励、联合惩戒机制，推动信用体系的有机融合。推动市场信息公开，开展同业信用等级评价，建立健全信息发布机制，制定水环境基础设施 PPP 项目强制信息公开制度，有效遏制恶性竞争。建立健全河湖环境治理、维修养护、日常保洁绩效评价体系，强化全周期绩效管理。

提升网格化管理，不断增强社会服务水平；提升市场化管理，持续抓好城乡环境卫生；提升河湖长制管理，逐步从“行政河长制”深化和升华为“全民河长制”，逐步创新全民河湖管理，建立社会认领的全民河长。

完善制度并强化监管。制定湖泊生态保护引入市场机制的相关制度，对准入门槛、合作模式、利益保障、风险防范、监督机制等进行规定，特别是要防范引

入市场机制后湖泊公益性功能不能有效发挥的风险。依法加强对湖泊治理保护及相关活动的监督管理，维护公平竞争秩序，通过规范招投标管理、制定技术规程、出台成本控制和考核奖惩办法、组织信用评价等措施，加强质量和服务的监督管理。涉及信息安全的委托业务要对市场主体进行严格审查，并强化监控和管理。创新机制，充分发挥公众参与监督的作用。加强信息公开，让市场主体了解参与方式、运营方式、盈利模式、投资回报、技术利用与推广等相关政策，稳定市场预期，为市场主体参与湖泊生态保护营造良好社会环境和舆论氛围。

12.6　本章小结

东江湖保护治理已经取得了较好效果，在流域经济社会快速发展的大环境下，其水环境质量总体较好，但水污染趋势加重，尤其氮浓度不容忽视，水生态系统已呈现退化迹象；东江湖水污染规律与特征已经发生变化，东江湖水质已由原来主要受上游流域污染排放影响逐步转变为主要受上游来水和湖区周边污染共同影响，与全流域经济社会快速发展与治理措施相对滞后等密切相关。以防控东江湖富营养化为目标，以东江湖水环境保护与水生态保育为重点，提出了东江湖富营养化防控总体设计，并从流域产业结构调整、污染源系统治理、入湖河流与河口区环境综合整治、流域及湖滨缓冲带生态建设、水生态保育与应急处置和流域综合管理等方面给出了东江湖水环境保护治理及修复建议。

根据国家流域生态建设最新要求及发展趋势，下一步东江湖水环境保护需要重点做好如下几个方面的事情。①转变发展思路，做好顶层设计。通过实施湖长制，真正落实主体责任；统筹流域发展与湖泊保护治理及修复，优化湖泊保护空间；抓好湖泊水资源节约与保护，提升湖泊生态服务功能。②推进东江湖流域山水林天湖一体化保护与修复，建设绿色流域。将流域作为绿色发展的基本统筹单元，推进实施基于流域一张图综合管理的体制改革，优化调整产业结构及空间布局。③强化污染源综合整治，推进湖滨区生态保护。深化流域污染源系统综合治理力度，加强流域生态建设，着力构建流域健康生态屏障。④提升流域监管能力与效率，依法监管东江湖。做好东江湖基础信息资源整合，强化湖泊流域生态安全调查与评估；建立流域水环境预警监测体系，依法监管东江湖。⑤坚持两手发力，培育东江湖治理和保护市场主体。政府引导，推动东江湖治理和保护的市场化；激发市场主体活力，培育社会第三方服务体系。

参 考 文 献

陈雷. 2018-01-05. 以湖长制促进人水和谐共生. 人民日报.
陈荣，李雄华. 2015. 主因子分析法在东江湖水质评价中的应用. 湖南文理学院学报(自然科学版)，4(27)：64-68.
崔凤军，杨永慎. 1998. 产业结构对城市生态环境的影响评价. 中国环境科学，18(2)：166-169.
邓必平，严恩萍，洪奕丰，等. 2013. 基于 GIS 和 DEM 的东江湖流域水文特征分析. 湖北农业科学，15(52)：3531-3536.
郭翔，杜蕴慧，刘孝富，等. 2013. 东江湖流域农业面源污染负荷研究. 环境工程技术学报，4(3)：350-357.
惠秀娟，杨涛，李法云，等. 2011. 辽宁省辽河水生态系统健康评价. 应用生态学报，22(1)：181-188.
金相灿，胡小贞. 2010. 湖泊流域清水产流机制修复方法及其修复策略. 中国环境科学，30(3)：374-379.
金相灿，尚榆民，徐南妮，等. 2001. 湖泊富营养化控制和管理技术. 北京：化学工业出版社：147-153.
邝奕轩，杨芳. 2008. 城市湿地可持续利用的经济学分析. 城市问题，(3)：27-68.
李春华，叶春，赵晓峰，等. 2012. 太湖湖滨带生态系统健康评价. 生态学报，32(12)：3806-3815.
李贵宝，熊文，吴比. 2017. 河长制湖长制市场十大技术需求剖析，中国水利，(4)：66-68.
李世杰，窦鸿身，舒金华，等. 2006. 我国湖泊水环境问题与水生态系统修复的探讨. 中国水利，(13)：14-17.
李重荣. 2014. 流域污染负荷与水质变化预测研究. 武汉：武汉大学.
刘建康. 1999. 高级水生生物学. 北京：科学出版社.
刘文新，张平宇，马延吉. 2007. 资源型城市产业结构演变的环境效应研究——以鞍山市为例. 干旱区资源与环境，21(2)：17-21.
孟伟，范俊韬，张远. 2015. 流域水生态系统健康与生态文明建设. 环境科学研究，28(10)：1495-1500.
庞靖鹏，张旺，王海锋. 2009. 对流域综合管理和水资源综合管理概念的探讨. 中国水利，15：21-23.
秦伯强，杨柳燕，陈非洲，等. 2006. 湖泊富营养化发生机制与控制技术及其应用. 科学通报，51(16)：1857-1866.
王浩，唐克旺. 2018-01-25. 生态文明建设应基于生态流域的绿色发展. 经济参考报.
王建平，廖四辉，李发鹏. 2017. 培育湖泊治理和生态保护市场主体的对策研究. 中国水利，(10)：1-5.
王磊，张磊，段学军，等. 2011. 江苏省太湖流域产业结构的水环境污染效应. 生态学报，31(22)：

6832-6844.
王圣瑞，李贵宝. 2017. 国外湖泊水环境保护和治理对我国的启示. 环境保护，(10)：64-68.
王圣瑞. 2015. 中国湖泊环境演变与保护管理. 北京：科学出版社.
王双玲. 2014. 基于流域水生态承载力的污染物总量控制技术研究. 武汉：武汉大学.
王苏民，薛滨，沈吉，等. 2009. 我国湖泊环境演变及其成因机制研究现状. 高校地质学报，15(2)：141-148.
吴锋，战金艳，邓祥征，等. 2012. 中国湖泊富营养化影响因素研究——基于中国22个湖泊实证分析. 生态环境学报，21(1)：94-100.
吴静，王玉鹏，蒋颂辉，等. 2001. 某市供水藻类污染及其毒理性研究. 中国环境科学研究，21(2)：137-143.
谢平. 2009. 翻阅巢湖的历史. 北京：科学出版社：62-63.
熊威. 2015. 洱海湖泊污染与流域产业发展关联分析. 武汉：华中师范大学.
闫人华，高俊峰，黄琪，等. 2015. 太湖流域圩区水生态系统服务功能价值. 生态学报，35(15)：5197-5206.
颜昌宙，金相灿，赵景柱，等. 2005. 湖滨带的功能及其管理. 生态环境，14(2)：294-298.
袁兴中，刘红，陆健健. 2001. 生态系统健康评价——概念构架与指标选择. 应用生态学报，12(4)：627-629.
赵海超，王圣瑞，焦立新，等. 2013. 洱海沉积物中不同形态氮的时空分布特征. 环境科学研究，26(3)：235-242.
Ahmad S R, Reynolds D M. 1999. Monitoring of water quality using fluorescence technique: prospect fo on-line process control. Water Resource, 33: 2069-2074.
Artinger R, Buckau G, Geyer S, et al. 2000. Characterization of groundwater humic substances: influence of sedimentary organic carbon. Applied Geochemistry, 15(1): 97-116.
Burdige D J, Kline S W, Chen W H. 2004. Fluorescent dissolved organic matter in marine sediment pore waters. Marine Chemistry, 89: 289-311.
Coble P G. 1996. Characterization of marine and terrestrial DOM in seawater using excitation emission matrix spectroscopy. Marine Chemistry, 51(4): 325-346.
Du Y, Xue H P, Wu S J, et al. 2011. Lake area changes in the middle Yangtze region of China over the 20th century. Journal of Environmental Management, 92(4): 1248-1255.
Fu P, Wu F, Liu C, et al. 2007. Fluorescence characterization of dissolved organic matter in an urban river and its complexation with Hg (Ⅱ). Applied Geochemistry, 22: 1668-1679.
Hakkari L. 1978. On the productivity and ecology of zooplankton and its role as food for fish in some lakes in Central Finland. Biol Res Rep Univ Jyväskylä, 4: 3-87.
He X S, Xi B D, Wei Z M, et al. 2011. Physicochemical and spectroscopic characteristics of dissolved organic matter extracted from municipal solid waste (MSW) and their influence on the landfill biological stability. Bioresource Technology, 102: 2322-2327.
He X S, Xi B D, Li X, et al. 2014. Fluorescence excitation-emission matrix spectra coupled with parallel factor and regional integration analysis to characterize organic matter humification. Chemosphere, 93(9): 2208-2215.

Herberrt R A. 1999. Nitrogen cycling in marine ecosystem. FEMS Microbiology Reviews, 23: 563-590.

Hooper B. 2005. Integrated river basin governance, learning from international experience. London: IWA Publishing.

Huguet A, Vacher L, Relexans S, et al. 2009. Properties of fluorescent dissolved organic matter in the Gironde Estuary. Organic Geochemistry, 40(6): 706-719.

Hur J, Lee B M, Shin H S. 2011. Microbial degradation of dissolved organic matter (DOM) and its influence on phenanthrene-DO Minteractions. Chemosphere, 85: 1360-1367.

Ishii S K L, Boyer T H. 2012. Behavior of reoccurring PARAFAC components in fluorescent dissolved organic matter in natural and engineered systems: a critical review. Environmental Science and Technology, 46 (4): 2006-2017.

Korshin G V, Li C W, Benjamin M M. 1997. Monitoring the properties of natural organic matter through UV spectroscopy: A consistent theory. Water Research, 31(7): 1787-1795.

Li Y P, Wang S R, Li et al. 2014. Composition and spectroscopic characteristics of dissolved organic matter extracted from the sediment of Erhai Lake in China. Journal of Soils and Sediments, 14: 1599-1611.

Li Y, Wang S, Zhang L. 2015. Composition, source characteristic and indication of eutrophication of dissolved organic matter in the sediments of Erhai Lake. Environmental Earth Sciences, 74(5): 3739-3751.

Li Y, Zhang L, Wang S, et al. 2016. Composition, structural characteristics and indication of water quality of dissolved organic matter in Dongting Lake sediments. Ecological Engineering, 97: 370-380.

Marhuenda-Egea F C, Martínez-Sabater E, Jordá J, et al. 2007. Dissolved organic matter fractions formed during composting of winery and distillery residues: evaluation of the process by fluorescence excitation-emission matrix. Chemosphere, 68(2): 301.

Mitchell B, Hollick M. 1993. Integrated catchment management in Western Australian: transition from concept to implementation. Environmental Management, 17(6): 735-743 .

Mounier S, Patel N, Quilici L, et al. 1999. Fluorescence 3D de la matière organique dissoute du fleuve amazone: (Three-dimensional fluorescence of the dissolved organic carbon in the Amazon river). Water Research, 33(6): 1523-1533.

Murphy K R, Stedmon C A, Waite T D, et al. 2008. Distinguishing between terrestrial and autochthonous organic matter sources in marine environments using fluorescence spectroscopy. Marine Chemistry, 108: 40-58.

Newman S, Reddy K R. 1993. Alkaline Phosphatase Activity in the Sediment-Water Column of a Hypereutrophic Lake. Journal of Environmental Quality, 22(4): 832-838.

Ni Z K, Wang S R. 2015. Economic development influences on sediment-bound nitrogenand phosphorus accumulation of lakes in China. Environmental Science and Pollution Research, (22): 18561-18573.

Nishijima W, Jr S G. 2004. Fate of biodegradable dissolved organic carbon produced by ozonation on biological activated carbon. Chemosphere, 56(2): 113-119.

Paer H W. 2006. Assessing and managing nutrient enhanced eutrophication in estuarine and coastal waters: Interactive effects of human and climatic perturbations. Ecological Engineering, 26: 40-54.

Peuravuori J, Pihlaja K. 1998. Multimethod characterization of lake aquatic humic matter isolated with sorbing solid and tangential membrane filtration. Analytica Chimica Acta, 364(1-3): 203-221.

Smith V H, Tilman G D, Nekola J C. 1999. Eutrophication: impacts of excess nutrient inputs on freshwater, marine, and terrestrial ecosystems. Environmental Pollution, 100(1): 179-196.

Stedmon C A, Markager S. 2005. Tracing the production and degradation of autochthonous fractions of dissolved organic matter by fluorescence analysis. Limnology & Oceanography, 50(5): 1415-1426.

Vugteveen P, Leuven R S E W, Huijbregts M A J, et al. 2006. Redefinition and elaboration of river ecosystem health: perspective for river management. Hydrobiologia, 565: 289-308.

Wang Y, Zhang D, Shen Z, et al. 2013. Revealing sources and distribution changes of dissolved organic matter (DOM) in pore water of sediment from the Yangtze Estuary. PLoS ONE, 8(10): e76633.

Wang Y, Zhang D, Shen Z Y, et al. 2014. Characterization and special distribution variability of chromophoric dissolved organic matter (DOM) in the Yangtze Estuary. Chemosphere, 95: 353-362.

Yamashita Y, Jaffe R. 2008. Characterizing the interactions between trace metals and dissolved organic matter using excitation-emission matrix and parallel factor analysis. Environmental Science and Technology, 42(19): 7374-7379.

Yao X, Zhang Y, Zhu G, et al. 2011. Resolving the variability of CDOM fluorescence to differentiate the sources and fate of DOM in Lake Taihu and its tributaries. Chemosphere, 82(2): 145-155.

Zbytniewski R, Buszewski B. 2005. Characterization of natural organic matter (NOM) derived from sewage sludge compost. Part 2: multivariate techniques in the study of compost maturation. Bioresource Technology, 96: 479-484.

Zhou S Q, Shao Y S, Gao N Y, et al. 2014. Influence of hydrophobic/hydrophilic fractions of extracellular organic matters of microcystis aeruginosa on ultrafiltration membrane fouling. Science of the Total Environment, 470: 201-207.